高等院校教材

建筑初步新教程

JIANZHU CHUBU XINJIAOCHENG

（第二版）

朱德本
朱　琦　编著

同济大学出版社
TONGJI UNIVERSITY PRESS

内　容　提　要

本书是作者总结多年教学的研究成果，采用新的观念、新的体系、新的方法进行编写的建筑及相关专业的启蒙教育和专业基础读物。全书共5章：认识建筑、建筑文脉、设计理念、表现技法、作业训练。另有教学大纲和附录。全书图文并茂，精品实例和附录均有长远的参考价值，并兼容其他有关参考书籍，具有显著的实用性和经济性。

本书主要供高等院校（含高职高专）建筑学、城市规划、景观建筑、园林建筑、建筑装饰、室内设计、艺术设计、土建等专业学生以及广大建筑行业从业人员使用。

图书在版编目（CIP）数据

建筑初步新教程/朱德本，朱琦编著. —2版. —上海：同济大学出版社，2009.12（2023.8重印）

高等院校教材

ISBN 978-7-5608-4223-3

Ⅰ.建...　Ⅱ.①朱...　②朱...　Ⅲ.①建筑学—高等学校—教材　Ⅳ.①TU

中国版本图书馆CIP数据核字（2009）第235144号

建筑初步新教程（第二版）

朱德本　朱　琦　编著

责任编辑　宋　磊　　责任校对　徐春莲　　封面设计　陈益平

出版发行　同济大学出版社　　www.tongjipress.com.cn

（地址：上海市四平路1239号　邮编：200092　电话：021-65985622）

经　　销　全国各地新华书店

印　　刷　常熟市大宏印刷有限公司

开　　本　889mm×1194mm　1/16

印　　张　15.75　插页6

印　　数　29 801-30 900

字　　数　528 000

版　　次　2009年12月第2版

印　　次　2023年8月第9次印刷

书　　号　ISBN 978-7-5608-4223-3

定　　价　32.00元

建筑是无声的诗歌

建筑是凝固的音乐

让我们

乘着理想的翅膀

遨游在建筑太空

……

第二版 前 言

《建筑初步新教程》自2006年8月发行以来，深受读者厚爱，连续印刷4次，在重印时，对书中个别错字作了修正，并对部分插图作了调整。这次再版，对本书进行了全面修改与增补。

修订原则：

1.原书构思、文稿框架和教材性质不变；第一版原有的新观念、新体系、新方法的编写特色依旧保留。

2.及时反映学科领域的发展以及教学改革的深入。

3.对正文、插图及说明在版面安排上尽量精益求精，对某些内容作必要的修改、补充和更新，对一些文字上的差错和不妥之处也进行了修正，但仍保持全书内容的整体性和系统性。

修订内容：

第一章 认识建筑：增加绿色建筑内容、2010年上海世界博览会部分实例，删除“生态环境”一节内容。

第二章 建筑文脉：删除中国古代单体建筑屋顶式样图，对部分插图作了调整、编排和重画。

第三章 设计理念：增加室内设计实例、侵华日军南京大屠杀遇难同胞纪念馆新馆实例、建筑图表示方法图解，删除了部分实例。

第四章 表现技法：增加水彩绘画的色彩、色相概念、两幅水彩画实例，删除浆糊裱纸法等内容，更新钢笔画和工作模型实例。

第五章 作业训练：作业参考图例中增加“建筑设计作品”（14个实例）一节，删除建筑小品一节、水彩色环等内容。

附录：增加附录2中国古代单体建筑屋顶形式；附录3中国的世界遗产，部分内容进行了补充和更新。

封面、每章首页：重新设计。

本书出版过程中承蒙同济大学出版社张平官、宋磊、陈益平、朱爱民等负责同志全力、热情支持，王璐、孙宜俊同志参加部分绘图和搜集资料工作，在此表示衷心感谢。

书中存在不足之处，恳切希望广大读者、专家的指正，以便进一步修订。

朱德本 朱琦

2009年10月

朱德本：东南大学建筑系教授、全国一级注册建筑师；

朱　琦：东南大学建筑学硕士、南京工程学院建筑工程系讲师。

第一版 前 言

20世纪50年代我入大学学习“建筑初步”课时，正值全国解放初期。记得入学第一天，由一代宗师杨廷宝先生给我们上建筑的启蒙课，“建筑初步”课基本上是参照美国宾夕法尼亚大学（Pennsylvania University）的教学内容和方法，除了讲述西方古典建筑的知识（五柱规则）外，主要是淡墨渲染画练习（如西方古典柱式、中国古代建筑、公园大门等）。当时没有“建筑初步”正式教材，连讲义也十分缺乏。时至今日，才陆续出版了有关“建筑初步”的教材和参考书籍。

我大学毕业后留校任教，也教授“建筑初步”课程，直至现在。但有一个问题常引起我深思，即“建筑初步”课究竟应包括哪些内容？我也曾参加一些学生座谈会听取意见。目前的教学内容存在着“三多三少”的状况，即：绘画多，设计少；技法多，理论少；旧的多，新的少。尤其遗憾的是，有些学校由于各种原因对开设这门课“弹性”很大，以至影响这门课的教学质量。出于对教学的责任心，促使我产生写这本书的想法，并幸运地得到同济大学出版社的大力支持。将我多年的教学体会，一片诚心地呈献给青年学子。

本书书名为《建筑初步新教程》，主要是为了与现有的相关教材有所区别，突出了一个“新”字，说明本书具有一定的特色。主要体现在下述几点：

（1）新的观念 明确绘图与设计、技法与理论、继承与革新三者并重的辩证关系；

（2）新的体系 以建筑知识、设计理论、表现技法三方面为主要内容，采用最基本、最概括、最简练的方式表达；

（3）新的方法 采用讲课与课堂练习相结合、理性与感性相结合的教学模式，紧扣课程目的共有12个练习题，循序渐进，充分发挥教师的主导作用和学生的主观能动性。

此外，本书兼容有关参考教材，既方便读者，又节约购书费用，具有明显的实用性和经济性。

全书共分5章。第一章，认识建筑，对建筑、设计、三要素主要问题作了详述，使读者对建筑有一个全面、正确的认识，并有一个共同的专业语言；第二章，建筑文脉，论述了历史沿革和文化背景下中外建筑的主要基本特征，重点对中国古代建筑的斗拱、西方古典建筑的柱式、中外建筑瑰宝以及现代建筑中的4位建筑大师进行了介绍，其中新增加中、外建筑瑰宝2节，也为本书特色之一。目的是使读者胸怀祖国，放眼世界，对中、外名建筑有个全方位的了解；第三章，设计理念，包括建筑设计的理论和方法，主要对建筑绘图、设计方法、形态构成进行了详细论述，为以后建筑设计打下必要的基础；第四章，表现技法，主要对铅笔绘画、钢笔绘画、水彩绘画、水粉绘画、快速绘画以及工作模型分别进行了论述，并各附精品实例，突出建筑师的画法，并以画建筑物、培养艺术素质为主；第五章，作业训练，结合建筑入门必须掌握的内容，共列12个练习题，循序渐进，着重培养动手能力，所附作业参考资料可以扩大思路，并具有灵活选择的余地。

书中精品实例和附录（常用建筑图例、中国的世界自然与文化遗产、课程推荐参考书目）均具有长远的参考价值。

书中所选实例都是国内外精湛、具有魅力的作品，有的为稀世珍品，利于读者站在一个高标准的起点。但由于其他原因，不能多用彩色版面，因此不得不将它们变成黑白（小）图，这样，必然使原作减色不少；有些作品将它们“断章取义”，这些均请读者谅解。另外，书中部分插图引自公开出版的书刊，并经过重新编绘，在此向原作者致以诚挚的谢意。

本书为高等院校教材，可作为高等院校建筑学、城市规划、景观建筑、园林建筑、建筑装饰、室内设计、艺术设计、土建等专业学生以及广大从事建筑工作者学习用书。

参加本书主要工作人员：陈文超、高硕。

衷心感谢东南大学、同济大学、南京工程学院，以及济光学院叶祖豪院长、朱谋隆系主任，同济大学出版社张平官副总编辑、宋磊责任编辑，以及下列诸位先生的支持和关心：卢济威、顾如珍、赵莲生、吴裕秋、邬人三、张奇、李军、沈瑞莲、陈金寿、黄华光、李奕飞、王巧玲、沈玉石、丁亮、陈国屏、王长贵、江毅、张铭等。

并以此书献给每一位过去和现在学习建筑初步课的学生们，是他们给了我创作的灵感。

由于时间仓促，书中肯定有不足之处，尚祈读者、专家指正，以便再版时修改。

朱德本

2006 年 4 月

教学大纲

讲述本课程的目的、意义、内容、特色和教学计划，主要明确教和学的要求和方法。教学时，可根据实际情况作适当调整，但不应忘了本课程的目的性和系统性。

（1）目的意义

本课程是有关建筑专业的启蒙教育课和专业基础课，讲授的内容和基本功的训练直接为今后设计课服务。可以这样说，有没有学过这门课，对学生以后学习专业会大不一样。它不同于“建筑概论”、“建筑设计基础”、“建筑绘画”、“建筑制图”、“形态构成”等课程。

本课程主导思想：

①着重体现以应用为目的，以必需、够用为度，以讲清概念、强化应用为重点。不仅注意内容和体系的改革，还注重方法和手段的改革，以适应科技发展和生产实际的需要。

②以建筑的基本知识、设计概念和表现技法为主要内容，用最基本、最概括、最简练的语言讲述。

③汲取国内外宝贵经验，破旧立新，明确坚持继承和更新、理论和技法、设计和绘图并重的原则，正确处理相互之间的辩证关系。

此外，学生对本课程应有正确的认识和定位。建筑学专业除开设政治、数学、外文、体育等一般公共课外，大致有下述专业课（表 0-1）。

表 0-1　**建筑学专业课**

课　程	主 要 内 容
建筑设计	建筑初步、各种类型民用建筑设计、室内设计、住宅小区规划和城市规划设计等
设计理论	中外建筑史、建筑设计原理，有关建筑艺术理论等
表现技法	美术、画法几何及阴影透视、建筑初步（部分）、CAD 绘图等
工程技术	建筑力学、建筑结构、建筑材料、建筑构造、建筑物理、供热与通风、供电照明、给水排水等
职业教育	国家有关建筑设计的职业道德、法令和规范、建筑技术经济与管理等

建筑设计是建筑学专业的主干课，而建筑初步又是建筑设计的基础课，由此可知建筑初步是“重中之重”的基础课。但又不是唯一的基础课，所以，学生应防止强调本课程而偏废其他课程的学习。

（2）教学模式

本课程主要采取讲课与课堂作业相结合的教学模式。有系统地集中讲授，然后结合课堂练习运用基本原理动手操作（包括教师示范辅导）。

讲授理论和作业练习这两部分是相辅相成的，既动脑，又动手，理性与感性相结合，符合科学认识规律。作业以课堂为主，另外适当布置课外作业，由学生自行完成。教学中，教师应起主导作用，循序渐进；学生应发挥主观能动性，课前做好充分准备，上课时，要带全绘图器材、资料，遵守课堂纪律。

本课程因内容较分散，且技能训练所占比例较大，所以无专门考试，课程成绩根据平时作业成绩综合评定。

（3）教学计划

根据教学计划规定的总教学时数，确定周学时，本课程共分2个学期完成。第一学期主要讲授建筑知识和设计理论，并完成6个作业练习；第二学期主要讲授形态构成、色彩原理和表现技法，并完成6个作业练习。学时分配根据具体情况而定。详细计划见表0-2。

表0-2 **教学计划**

第一学期		第二学期	
讲课	练习	讲课	练习
教学大纲	工程字体	形态构成	形态构成
认识建筑	工程线条	表现技法（1）	铅笔绘画
中国古代建筑	建筑配景	表现技法（2）	钢笔绘画
西方古典建筑	中国古代建筑	色彩原理	水彩绘画
设计理念	西方古典建筑	表现技法（3）	水粉绘画
建筑绘图	建筑抄（测）绘	表现技法（4）	快速绘画

注：1.讲课尽量与练习内容相结合，课外作业另外布置：
2.每次练习时、教师应作示范辅导；
3.根据具体情况可调整。上述计划仅供参考。

本课程由于内容较丰富，在有限的教学时数内如何安排好教学计划，值得探讨。这里要说明的是：教学计划是一个开放的体系，教学内容不是固定的，相对来说，教学目的是不变的；教学计划也不是一个绝对的“列车时刻表”，教学过程中尚需根据实际情况随时调整。

目 录

RENSHI JIANZHU

1 认识建筑

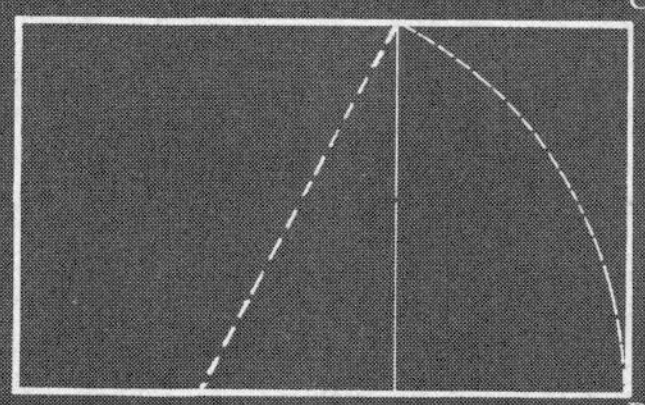

RENSHI JIANZHU

文中述及的不仅是一般常识，也不是探讨一个什么样的定义，而要对这些根本问题有全面、完整、正确的理解，避免误入歧途，使我们有一个共同的专业语言和扎实的专业知识。

1.1 什么是建筑

人类从事建筑活动，除去史前时期，有文字记载及有实物可考证的，大概只有七千余年。原始社会在人类历史上，占了相当长的一段时期，当时，人们用树枝、石块构筑巢穴躲避风雨和野兽的侵袭，开始了最原始的建筑活动。如从五千多年前的中国西安附近的姜寨和半坡村氏族聚落遗址中，可看出当时人们在长期经营自己的生活环境中，除具体的房屋建造技术外，已经考虑到居住与劳作、个体与群体活动的分区，以及防卫乃至殡葬等多种生活内容对环境的要求（图1-1，图1-2）。

这种聚居环境不仅是当时人们的需要，如阳光、空气、水、食物等，同时也为人们提供了劳作、交往、集会、娱乐和安全等多种需求的保证，而穴屋这一建筑形式是这个环境中的重要组成部分，它与周围的人工部分（如围栏、壕沟、窑场等）和自然部分（如河流、台地、树木等）共同构成一个建筑整体，而真正从事大规模的建筑活动是从奴隶社会建立后才开始的。

图1-1 姜寨氏族聚落示意图

由于社会不断发展，建筑早已超出了一般居住范围，建筑类型日益丰富，建筑技术日益提高，建筑形象发生巨大变化，建筑事业日新月异。

根据人类历史社会中出现的建筑活动，可以明显地证实："建筑"是营造出供人们进行生产、生活或其他活动的人为环境、空间、房屋或场所。"建筑"一词也指建筑工程或土木工程的营建活动。一般情况下，仅指建筑物或构建物。广义包括各类土木工程，如桥梁、道路、铁路、隧道、大坝等。

建筑的形成是受政治制度、自然条件、经济基础、物质技术等因素决定的。所以也可以说，某个时代的建筑是这个时代政治、经济、物质文明、生活水平、文化教育的具体反映（表1-1）。

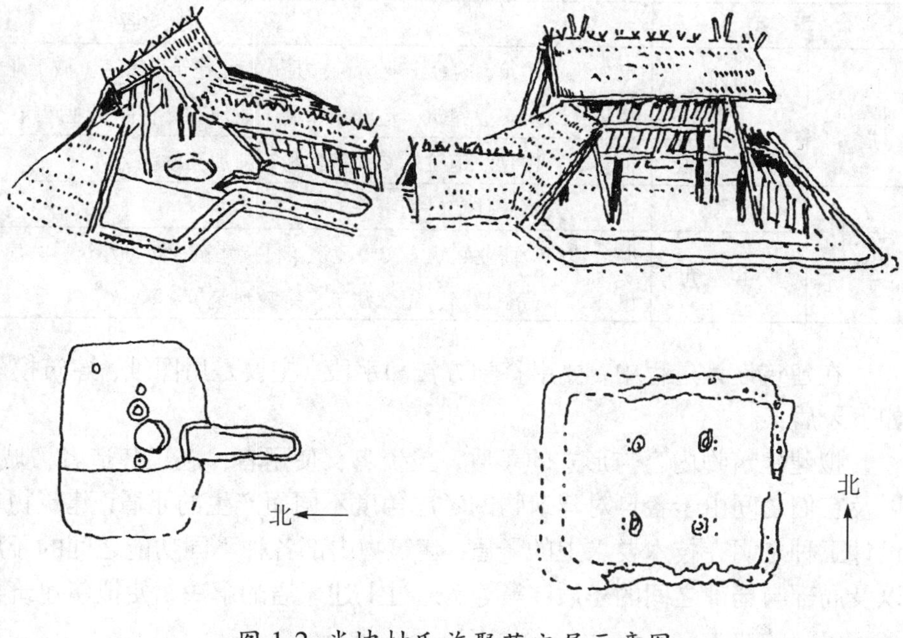

图1-2 半坡村氏族聚落穴屋示意图

表 1-1

"建筑"词语含义考证

文种	书写	含义
英文	Architecture	来自拉丁语 architecture,由"archi"和"tecture"组成,原意"艺术"+"技术"
俄文	Архитектура	是从希腊文沿用下来,原意是"大的技术",即包罗万象、综合性的科学技术
日文	けんち	是明治维新(1867年)后从西方传入的词汇
中文	建筑	是一个多义词。它既表示营造活动,又表示这种活动的成果。中国古代把建造房屋及其相关土木工程活动统称"营建"、"营造",而"建筑"一词则是从日语引入汉语的

在技术上和艺术上高度结合,使建筑产生了丰富的感染力。最典型的如作家雨果将巴黎圣母院建筑(12－13世纪)称为"建筑是石头的史书";诗人歌德在德国莱茵河边的斯特拉斯堡主教堂(12－13世纪)前面说出了"建筑是凝固的音乐"等著名论断。这都说明一座伟大的建筑物在人类文化史上所产生的重大影响。

1.2 什么是设计

建筑学是研究建筑物及其环境的学科,旨在总结人类建筑活动的经验,以指导建筑设计创作,创作某种人为环境。而建筑设计是建筑学的核心问题。

建筑设计是为满足建筑物的功能和艺术要求,在建筑物建造之前对建筑物的使用、造型和施工作出全面筹划和设想,并用图纸和文件表达出来的过程。

建筑设计要考虑使用与功能、技术与经济、表现和艺术等原则;要研究各类型建筑的特点、空间环境、人的行为活动的需求及相应的工程、设备技术条件;要解决建筑物内部各种使用功能和使用空间的合理安排。建筑物与周围环境、各种外部条件的协调配合,外部和内部的艺术造型、细部构造以及各技术工种(结构、水、暖、电、消防等)设计的综合协调,最终使所设计的建筑物满足适用、经济、美观的要求。建筑物分类如表1-2所示。

表 1-2

建筑物按照使用性质分类

类型		内容
生产性建筑	工业建筑	电力工业建筑、冶金工业建筑、机械工业建筑、精密机械工业建筑、化学工业建筑、建材工业建筑、纺织工业建筑、造纸和印刷工业建筑、食品工业建筑
	农业建筑	饲养场、粮仓、拖拉机站、粮食和饲料加工站等
非生产性建筑	居住建筑	宿舍、公寓、住宅、别墅等
	公共建筑	办公建筑、商业建筑、文娱建筑、科技建筑、博览建筑、医疗建筑、体育建筑、交通建筑、电讯建筑、旅馆建筑、纪念建筑、宗教建筑等

在建筑设计过程中,要用科学方法和手段(主要是用图纸、建筑模型以及计算机)解决和处理如下矛盾:

拟建建筑物内容与形式的矛盾;投资者、使用者、施工建造者、城市规划部门与设计者之间,以及它们之间由于各自对建筑物的考虑角度不同而产生的矛盾;建筑物单体与群体之间的矛盾;各设计工种之间在技术要求上的矛盾;建筑物内部各种不同功能之间的矛盾;建筑物局部与整体之间以及局部与局部之间的矛盾;等等。通过上述矛盾的解决,使拟建建筑物臻于完善,达到适用、经济和美观的要求。

建筑工程一般要经过设计和施工两个步骤,其程序如图1-3、图1-4所示。

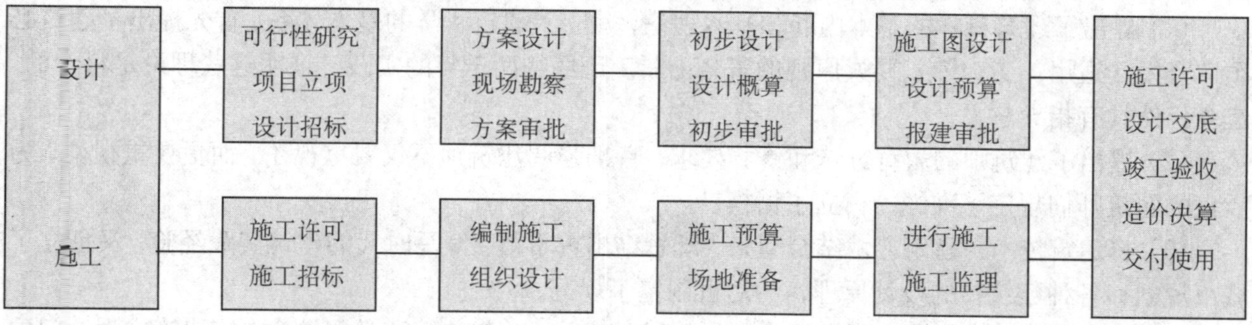

图1-3 建筑设计、施工程序

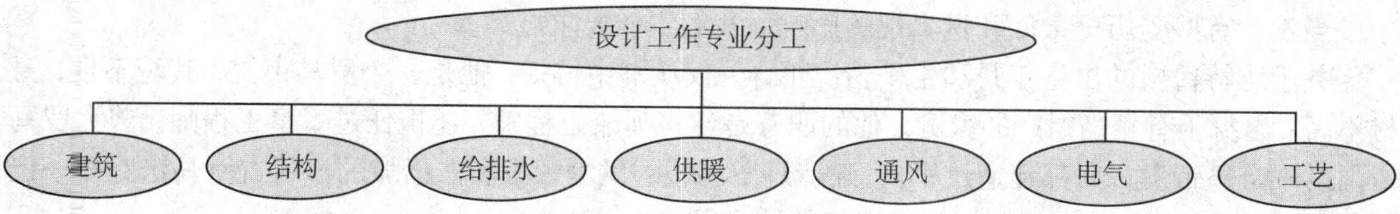

图1-4 设计工作专业分工

建筑设计通常包括资料搜集、方案设计、初步设计和施工图设计等阶段，因设计项目的规模和复杂程度不同而有所增减（如招投标等）。

建筑设计图通常包括方案设计、初步设计、施工图纸和工程概、预算等文件。

古代建筑的设计和施工是合二为一的,后来由于建筑功能、技术日益复杂，各专业有了分工，在工业建筑中，有工艺设计专业，电气专业分强电、弱电专业。

建筑设计时，应重视“三法”。

想法（Idea）——即立意和构思，立意是目标思维，构思是手段思维，属高层次的，逻辑思维和形象思维二者都很重要。设计是创造空间的过程，应注意要素（包括物质要素和空间要素），要符合创作规律（原则和规范）。

方法（Method）——指设计的途径。强调应用理性分析的思维以补充经验方法的不足，是提高建筑设计科学化的重要手段。特别要强调培养综合能力，知识是在前人的基础上发展起来的，综合本身也是个创造。建筑设计主要特征是一种图示思维和不断解决矛盾的过程。

技法（Technique）——是表达设计意图的重要手段，“绘画是建筑师的语言”（包括CAD绘图），是建筑师的基本功，“看家本领”。要加强动手能力。

1.3 建筑三要素

公元前1世纪罗马奥古斯都时代,伟大的建筑师维特鲁威（Vitruvius）撰写了著名的《建筑十书》。具体撰写时间大约在公元前32－前22年之间，前后经历了10年的岁月。该书是以向奥古斯都皇帝上书的形式用拉丁文撰写的。可惜原文不久遗失，只流传下手抄本。到中世纪，在修道院书库保存下来的手抄本才偶然为营造教堂的修道士所发现。这部著作不仅是全世界保留到今天的唯一最完整的西方古典建筑典籍,而且是对后世建筑科学领域具有重大价值的著作,对建筑创作有着深远影响。

全书共分为“十书”：第一书，建筑师的教育、城市规划及建筑设计的基本原理；第二书，建筑材料；第三、四书，庙宇和柱式；第五书，其他公共建筑；第六书，住宅；第七书，室内装修及壁画；第八书，供水工程；第九书，天文学、日晷和水钟；第十书，机械学和各种机械。

该书具体在以下方面作出了卓越贡献：

(1) 提出了建筑科学的基本内涵和基本理论，建立了建筑科学的基本体系。首先提出了建筑必须“坚固、适用、美观”三要素原则的著名论断。历经约两千年的实践，证明这些理论是科学的，迄今仍然具有指导意义。

(2) 提出了建筑师的教育方法和修养要求，特别强调建筑师不仅要重视才，而更要重视德，为后世的建筑师们规定了准绳，树立了楷模。

(3) 将建筑技术与建筑艺术结合起来，既总结出古希腊、罗马时代的建筑实践经验，又创立了城市规划和各种建筑物的设计原理，为后世制定了规范。

(4) 介绍了当时唯物主义哲学思想和自然科学成就，并与建筑科学相结合，使建筑成为一门独立的学科。

当然，有些受历史条件和世界观的影响，我们不能要求过高。

关于维特鲁威的出生年月和生平情况不详。仅从书中得知，他是一个罗马市民，其貌不扬，身材不高，出身于有相当财产的家庭。他的职务是建筑师兼工程师，还担任过军事工程师。曾为罗马帝国第一个皇帝奥古斯都建造过军械，建造过罗马城的供水工程和法诺城的一所古罗马法庭——巴西利卡（Basilica）。其知识渊博，曾以建筑著作得名而受嘉奖。

1.3.1 建筑功能

人们盖房子总有具体的目的和使用要求，这在建筑上称作功能。满足建筑物的功能要求，为人们的生产和生活活动创造良好的环境，是建筑设计的首要任务。例如，住宅设计是为了居住的需要，学校设计是满足教学活动的需要，而厂房设计则应满足生产工艺的要求。不同类型的建筑物，由于其使用要求各不相同，如建筑规模、房间大小、形状、门窗的位置、面积大小等，都必须符合一定的功能要求，而反映在其形式上也各有特色。

但不论是何种类型的建筑物，都应满足下述基本功能要求。

（1）**人体活动尺度要求**

人们的各种活动尺度与建筑空间有十分密切关系。为了满足使用活动的需要，应熟悉人体活动的一些基本尺度（图 1-5、图 1-6）。

（2）**人的生理要求**

主要包括对建筑物的朝向、保温、防潮、防热、隔声、通风、采光、照明等方面的要求，它们都是满足人们生产或生活所必需的条件（图 1-7）。

随着物质水平的提高，满足上述生理要求的可能性将会日益增大，如改进材料的各种物理性能，使用空气调节设备来改善温度、湿度等。

（3）**使用过程特点的要求**

人们在各种类型的建筑中活动，经常是按照一定的顺序或路线进行。

如铁路旅客站必须充分考虑旅客的活动顺序和特点，才能合理安排售票厅、大厅、候车室、进出站口、行李房等各部分之间的关系。

各种建筑在使用上又常具有某些特点，如影剧院建筑的视觉和听觉上的要求，图书馆建筑的出纳管理，一些实验室对温度、湿度的要求，等等，它直接影响着建筑的使用。

如在工业建筑中，许多情况下，厂房的大小和高度不一定取决于人的活动尺度，而是取决于设备的数量和大小。某些设备和生产工艺对建筑的要求甚至比人的生理要求更为严格，有时，二者甚至是互相矛盾的，如食品厂的冷冻车间、纺织厂对湿度的要求等。此时，建筑的使用过程也常是以

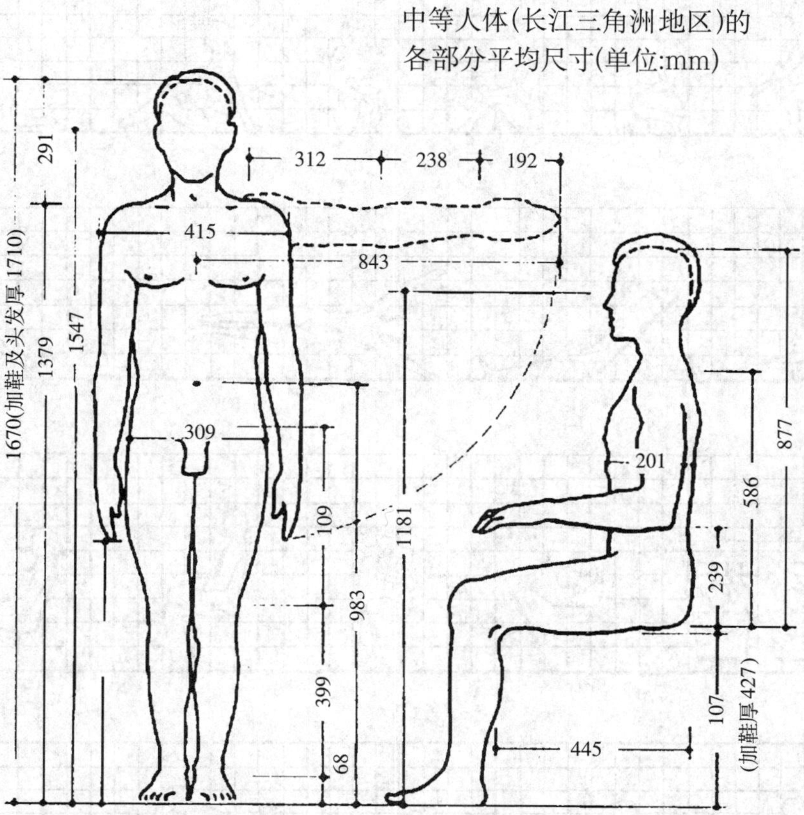

(a) 成年男子

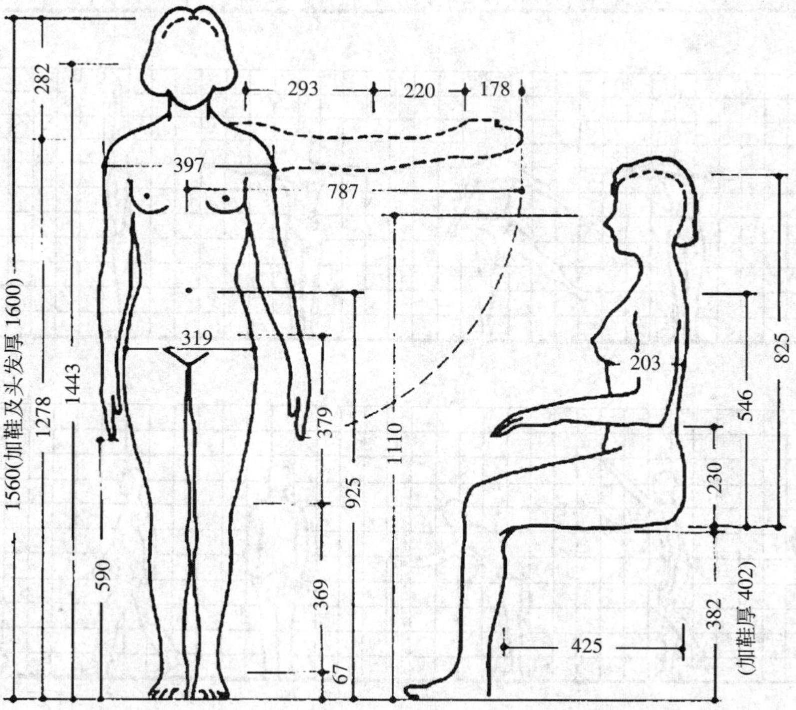

(b) 成年女子

图 1-5 人体尺度

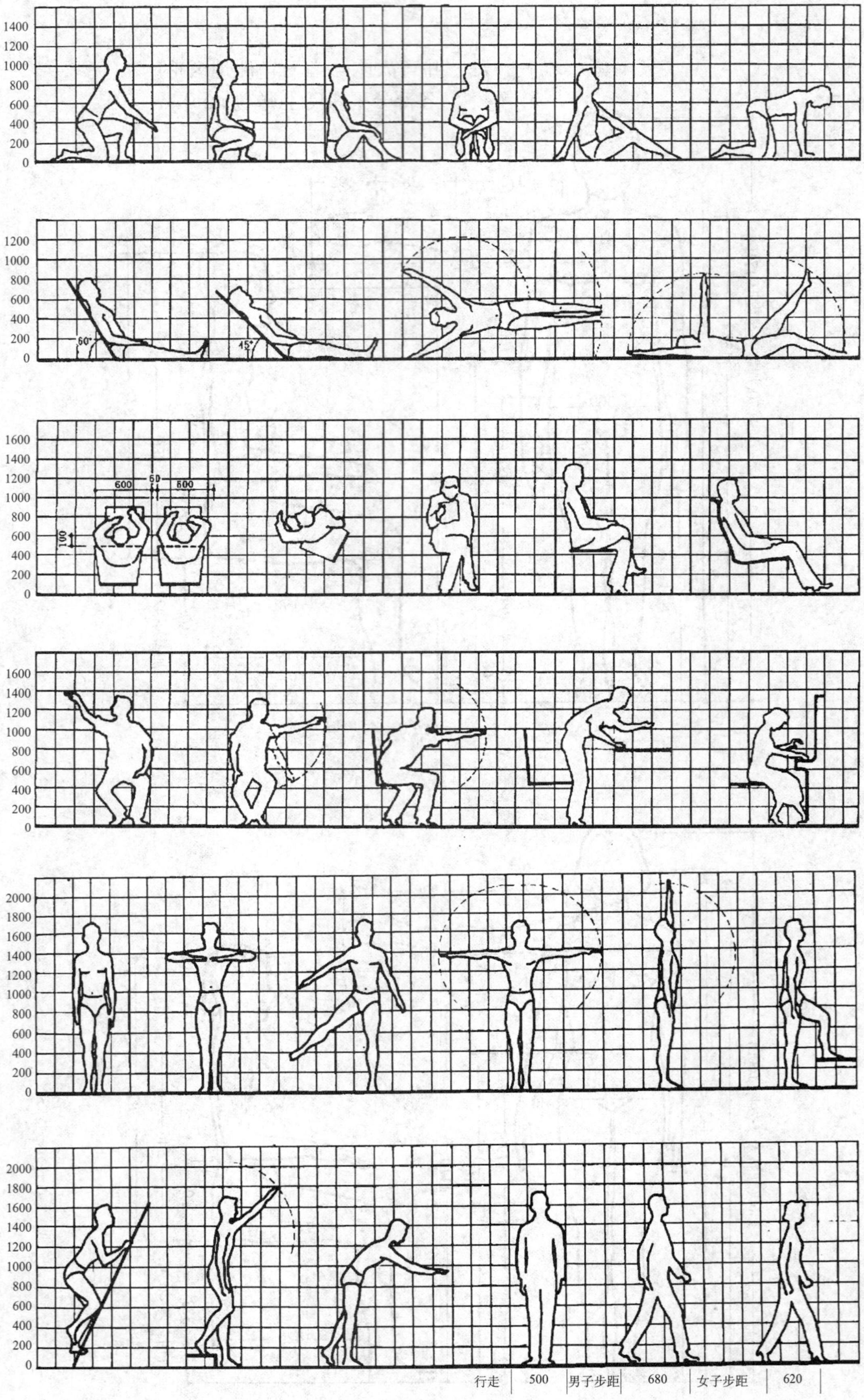

图 1-6 人体活动尺度

注：图中各项人体活动尺度已包括一般衣服厚度及鞋的高度（各为 20mm），寒冷地区应按冬衣厚度适当增加（人体宽度及厚度各增 40mm）。在考虑人的组合间隔时采用：人与人之间隔 ≥ 40mm，人与墙之间隔 ≥ 20mm。

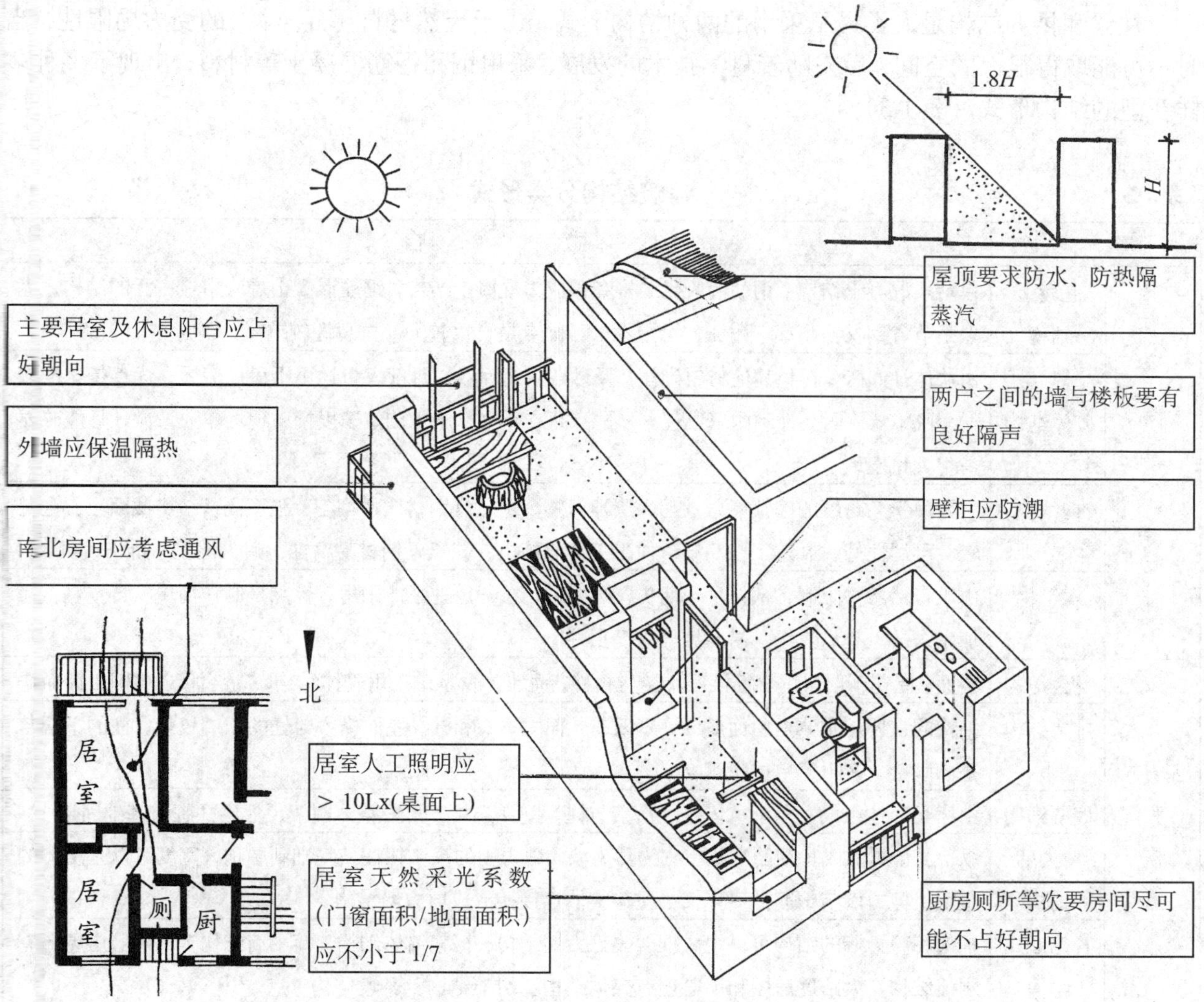

图 1-7 人的生理要求

产品的加工顺序和工艺流程来确定的，但同时也要体现对工作人员的关怀。这些都是工业建筑设计中必须解决的功能问题。

1.3.2 建筑技术

建筑技术包括建筑结构、建筑材料、建筑施工技术和建筑中各种设备、生态环境等内容。是建筑功能得以满足的主要手段和措施，否则，建筑所需的空间只能是幻想。

（1）建筑结构

结构是建筑的骨架，它为建筑提供合乎使用的空间并承受建筑物的全部荷载，抵抗由于风雪、地震沉陷、温度变化等可能对建筑引起的损坏。结构的坚固程度直接影响建筑物的安全和寿命。

建筑物一般都包含基础、墙体、柱、楼板、屋盖等结构构件。这些结构构件组成房屋的骨架，形成结构整体，承受各种外部作用（如荷载、温度变化、不均匀沉降、地震等）。这种建筑物的结构整体称为建筑结构。

结构是建筑物的基本组成部分，是建筑物赖以生存的物质基础。合理选择结构材料和结构形式，既可满足建筑物的美学原理，又可以带来经济效果。建筑设计人员只有对基本的结构知识有较深入的了解，才有可能胜任自己的工作，处理好建筑与结构的关系。

柱梁和拱券结构是人类最早采用的两种结构形式，由于天然材料（石、木）的受力局限性，当时不可能取得很大的空间，后来随着科学技术的发展，采用钢和钢筋混凝土等材料，出现了多种多样新型的结构形式（表1-3）。

表1-3 建筑结构分类形式

形式		内容
按材料分类	混凝土结构	包括素混凝土结构、钢筋混凝土结构和预应力混凝土结构。钢筋混凝土是应用最广泛的结构。优点是节省钢材、耐火、耐久、可塑性好；缺点是自重较大、抗裂性较差
	砌体结构	由块体（如砖、石和其他材料砌体）及砂浆砌筑而成，目前大量运用于民用房屋。优点是就地取材、成本低、耐久性和耐腐蚀性好；缺点是自重大，施工砌筑速度慢，现场作业量大，且烧砖要占用大量土地
	钢结构	主要用于大跨度的建筑屋盖及超高层建筑物。优点是钢材质量均匀、强度高、结构截面小、重量轻、可焊性好、制造工艺简单、便于工业化施工；缺点是钢材易腐蚀、耐火性差、价格较贵
	木结构	由于自然条件限制，木材生长期长，必要时，在一定地区才采用。优点是制作简单、自重轻、易加工；缺点是易燃烧、易腐蚀、易受虫蛀
按受力和构造分类	混合结构	楼面、屋盖一般采用钢筋混凝土结构构件，而墙体及基础采用砌体结构，“混合”之名即由此而得
	排架结构	结构的主要承重体是屋面横梁（屋架或屋面大梁）和柱。屋面横梁与柱的顶端铰接，柱的下端与基础固接。多用于单层建筑物
	框架结构	由横梁和柱组成主要承重体系。横梁与柱为刚性连接，形成整体刚架；低层柱脚与基础固接
	剪力墙结构	纵、横布置的成片钢筋混凝土称为剪力墙，剪力墙的高度往往从基础到屋顶，宽度可以是房屋的全宽。剪力墙与钢筋混凝土楼、屋盖整体连接，形成剪力墙结构
	其他形式结构	框架和剪力墙的结构可以组成框架－剪力墙结构、框架筒体结构、筒中筒结构等。单层房屋还有刚架结构。大跨度房屋和屋盖还有壳体结构、网架结构、悬索结构等

（2）建筑材料

建筑材料是建筑的物质基础。建筑材料对于建筑发展有着重要的影响，如砖的出现,使拱券结构得以发展；钢和水泥的出现促进了高层框架结构和大跨度空间结构的发展；而塑料材料则带来了面目全新的充气建筑。同样,材料对建筑的装修和构造也十分重要,如油毛毡的出现解决了平屋顶的防水问题,而采用胶合板和各种其他材料的饰面板则正在取代各种抹灰中的湿操作。

建筑材料可分为天然的和非天然的两大类，分成许多品种。为了“材尽其用”，首先应该了解建筑对材料有哪些要求以及各种不同材料的特性（主要是物理性质和机械性质）。

常用建筑材料特性比较（图1-8）：

①强度——在各种力(如拉力、压力、弯曲等)作用下如何？

②耐久性——在时间变化条件下如何？

③重量——用人工移动还是用机械移动？

④耐火程度——属于易燃烧？难燃烧？不燃烧？

⑤隔热隔声——保温、隔热效果？吸声？反射？共振？

⑥防潮——在干湿变化的条件下如何？

⑦胀缩——在温度变化下的条件如何？

⑧装饰效果——色彩、质地、品种如何？

⑨维修——是否易于维护和修理?

⑩加工就位——加工的难易，工具要求如何?是否易于安装?

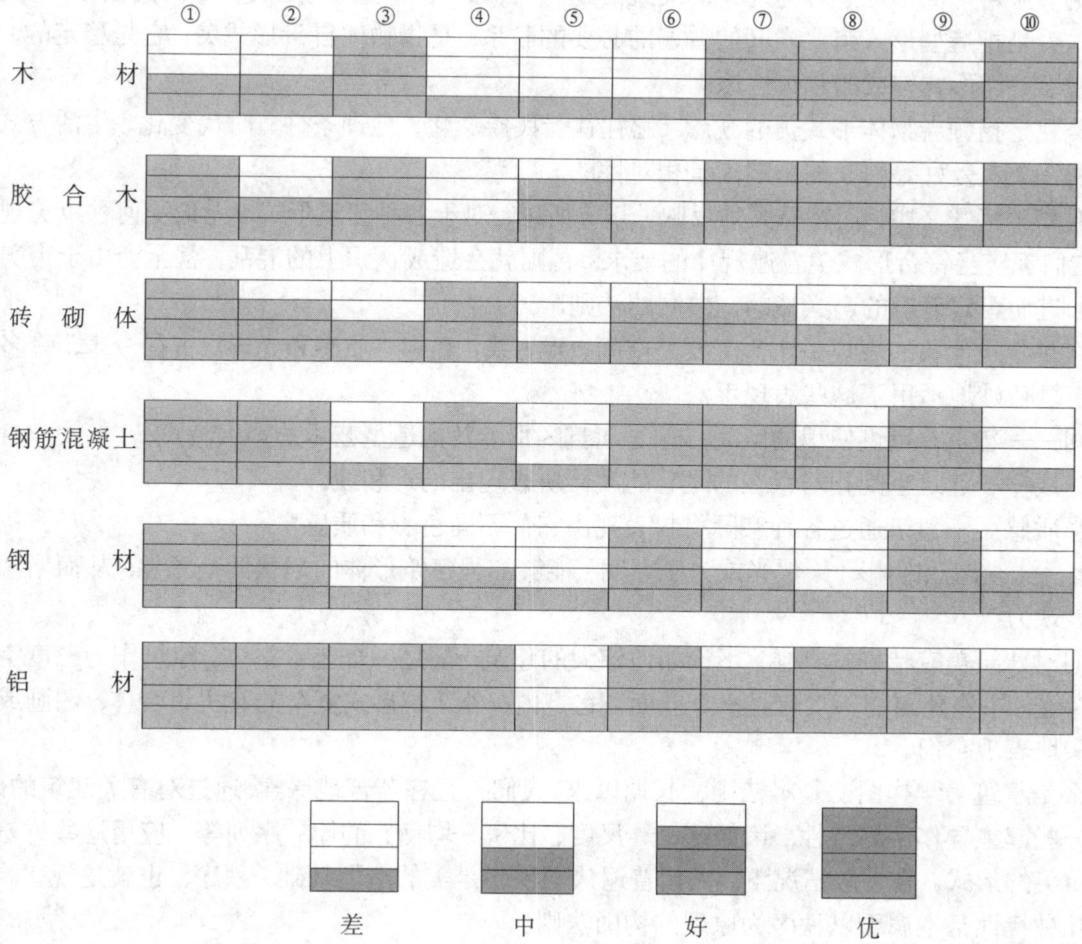

图 1-8 常用建筑材料特性分析

一般情况下，建筑材料要求强度大、自重小、性能高和易于加工。此外，尚要注意材料的经济性能和就地取材。建筑材料表示方法可阅附录1常用建筑图例。

(3）建筑施工

建筑物通过施工，才能将设计变为现实。建筑施工一般包括两个方面的内容。

①施工技术：人的操作熟练程度、施工工具和机械、施工方法等；

②施工组织：材料储运、进度安排、人力调配等。

而施工技术与建筑有着密切关系，由于建筑的体量庞大，类型繁多，同时又具有艺术创作的特点,许多世纪以来,建筑施工一直处于手工业和半手工业状态,只是在20世纪初建筑才开始了机械化、工厂化和装配化的进程，这样可大大提高建筑施工的速度。

机械化指运输、混凝土搅拌、振捣、吊装等均采用机械操作，门窗等均采用机械加工。工厂化指各种构配件都在工厂预制，甚至厕所间等也可整个做成一个“盒子”。装配化指用塔式起重机等吊装主体结构单元。

建筑设计的一切意图设想最后都要在施工实际中深化和实现。因此，设计人员不但要在设计时严密考虑建筑的施工方案，在施工时，还应经常深入现场，了解施工情况，以便协同施工单位等共同解决施工过程中可能出现的各种问题。

1.3.3 建筑形象

建筑形象可以简单地解释为建筑的美观问题。而形式美和审美观是两种不同的概念。

形式美是指造型形式诸要素间的普遍的必要的联系，是指物体自身形式美，它是稳定的，永恒的，是指导一切形式构成的永久性原则。

审美观是指领会物体形式美的观念，它往往受民族文化、地理条件、时代变化、生活方式、年龄、性别、个人爱好等因素的影响，是相对性的。

一般寓于特殊之中，而特殊必须反映一般，所以，对于各种建筑形式，无论受何种审美观念的影响，它们都应当符合形式美普遍规律的要求，否则就会造成认识上的混乱，甚至会由于审美观念的差异，进而否定普遍的、必然的、共同的法则。

什么是建筑形象的表现手法？主要是空间、形、线、色彩、质感和光影。古往今来，许多优美的形象正是巧妙地运用了这些表现手法。

空间——建筑有可供使用的空间，这是建筑区别于其他造型艺术的最大特点；

形、线——建筑空间相对存在的是它的实体所表现出的形和线；

色彩质感——建筑通过各种实际材料表现出它们不同色彩和质感；

光影——光线和阴影（天然光或人工照明）能够加强建筑形体的起伏凹凸感觉，从而增添它们的艺术表现力。

我们对建筑美有特别的兴趣。不论如何伟大的建筑，都是一个艺术整体。建筑作为三度空间的实体而存在，一座建筑物不仅仅是一个立面，它是内、外建筑形式复杂的有机组合体，图画或照片不能如实地表现它们。

什么是建筑美学构图的基本法则？长期以来，人们一直在苦苦地探索，通过对有关建筑的研究，发现了一些起主导作用的特性，诸如统一、尺度、比例、均衡、韵律、序列等，应用这些方法，能创造建筑美的形式。在一般情况下，人们普遍认同秩序是美的造型基础。秩序，也就是规律。下面介绍的几种特性基本属于以秩序为原理的构图法则。

（1）统一（unity）

建筑构成一般是由若干部分所组成，这些组成部分之间既有区别，又有内在的联系，通过一定的组织方法，使之构成一个有机的整体处理方法。建筑构图的统一是建筑形象美完整性的准则，它包括部分与整体之间的关系，细部与主体之间的关系，同时也包括平面、立面、剖面三者之间的关系。要注意应在统一中求变化、在变化中求统一的原则。

（2）尺度（scale）

研究建筑物整体或局部的实际尺寸与其视觉感受印象之间是否统一，建筑形象能否正确表现其真实存在的重要法则。尺度常与人体密切相关，尺寸相对固定的建筑部件作为标尺，使人一目了然地衡量出建筑的大小，通过人的尺度感受，建立正确的尺度感。一般采取功能尺度、自然尺度、夸张尺度等设计处理手法，表现出所预期的尺度效果。

在建筑尺度构图中，常应用对比（contrast）手法。对比是获得生动形象的重要原则，其特征是使具有鲜明的差异、矛盾的双方，在一定条件下共处于一个完整的形象美统一体中，使二者相辅相成而产生鲜明及生动的变化，以强化建筑的表现。

对比需要一定的前提，即对比的双方总是要针对某一共同的因素或方面进行比较。如在体量、大小、形状、方向、虚实、明暗、质地、色彩、光影等不同程度的比较，采取夸张的方法表现建筑的形象美，而取得丰富多彩或突出重点的效果，反之，不恰当的对比则可能显得杂乱无章。

对比的反义词是调和，调和也可以看成极微弱的对比。常用建筑形体、色彩等的过渡和呼应来减弱对比的程度。调和易使人感到统一和完美，但处理不当会使人感到单调呆板。

（3）比例 （proportion）

指建筑构成各部分和各部分之间的相互关系，以及各部分与整体之间的比较关系，不涉及具体尺寸。历史上由于建筑材料、结构的不同，建筑功能的变化，传统建筑的影响，以及人们审美观念的改变，各个时代、各类建筑、各个地区和不同民族，都有不同的建筑比例，形成了多式多样的建筑风格，建筑构图中研究建筑的比例，有各种分析方法，主要有轴线分析、几何比率、黄金分割等。建筑比例是建筑构件中的一种量度，取决于相互的比较和比率，而并不是追求于绝对的尺寸。但建筑比例脱离不开绝对的尺度，有了具体的尺度，才具有比例的真正意义。

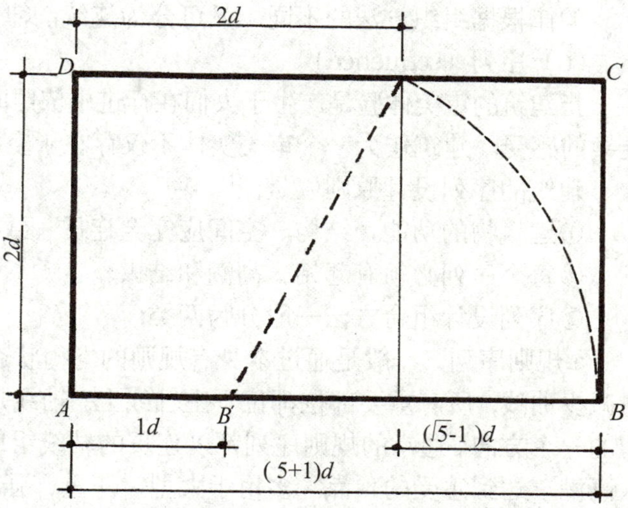

图 1-9 黄金比

所谓黄金分割（golden section），又称黄金比，起源于毕达哥拉斯学派的宇宙万物都统一在数中的观念，用黄金比例达到和谐的美(图1-9)。即将一线段*AB*分割成两部分*AB*´和*B*´*B*,使*AB*´和*B*´*B*之比等于矩形短边*AD*和长边*AB*之比，其比值约为0.618。即*AB*´/ *B*´*B*= *AD*/ *AB* ≈ 0.618，这个0.618值称为黄金比。由这一比例绘制的矩形被称为有黄金比例的矩形。由于这个数字较复杂，在实际应用时，多以近似比2:3 ≈0.667来代替，也能达到比例的和谐。

（4）均衡（balance）

均衡又称平衡。指建筑构成中各部分在某种条件下获得安定的感觉。建筑的均衡问题主要是指建筑的前后左右各部分之间的关系。一般采用对称均衡、非对称均衡与动态均衡等。由于受建筑功能、结构、地形环境等条件的制约，对称均衡是少数，大多数是非对称均衡。动态均衡是指具有某种动势或倾向的均衡。

此外，均衡与稳定的概念常联系在一起，稳定是指建筑物的上下关系在造型上所产生的一定艺术效果，人们根据日常生活经验，知道物体的稳定与它的重心位置有关，当建筑物的形体重心不超出其底面积时，即底部大上部小的造型，稳定感好，俗称“稳如泰山”。所以，人们公认埃及金字塔是世界上最杰出的稳定造型。

初学者特别要注意应该从立体（三维空间）的效果上去考虑取得均衡。而且不仅局限在外部设计，在室内设计中同样也需要均衡。另外还应当考虑人的力感惯性这个因素。人们在构图习惯上，右手一边要求分量重些，因此，在造型中，一定要注意平衡这种心理，在构图上要适当加强右面，才能取得实际视感的平衡。

（5）韵律（rhythm）

指建筑体型组合和构件组织进行有规律的重复和有组织的变化的表现。韵律具有一种超越人们意识、无可争辩的吸引力，激起人们一种美的享受。韵律关系，就像交响乐和谱曲由创作灵感控制一样，成为建筑美的一个首要因素。

韵律是建筑构图统一中求变化的手段，而在建筑物中，体量或线条的韵律是取得统一和趣味最可靠的方法。首先是形状的重复——窗、门、柱、墙面等，其次是尺寸的重复，如柱距或跨间，前者（形状的重复）当间距改变时，不破坏韵律特性。相反，间距相等而单元的尺寸和形状不同，其韵律仍然保持不变。

韵律根据组织方法的不同，又可分为连续韵律、渐变韵律、起伏韵律和交错韵律等。

（6）序列（sequence）

指建筑的审美体验是产生于人们在行进中依照时间先后顺序通过建筑空间系列时所获得的整体连续的感受。建筑作为一个审美实体不仅存在于空间之中，也在时间上展开。

建筑的序列设计原则应是：

①建筑物的功能、结构、空间应完全连贯一致，并且组织得很完美。

②每个序列必须有起始、高潮和结束。

③序列设计组合方法一般分为两类：

a.规则序列。一般是通过本身有规则的均衡状态的空间，通常是以贯通平面的直线为基础，尽量减少曲线，所有重要部位都位于主轴线上。轴线是人们自然行走的一条路线，是指示人们自然观望的一个方向。通常的规则序列都以连贯的轴线组织空间，在具有明确结束的轴线逐步分层次地引入高潮，达到感受的顶点。多用于大型、庄重、强调宏伟效果有纪念意义的建筑中。

b.不规则序列。是一种自由均衡的感受，而不是对称均衡的感受。不规则序列的布局，首先是使人们感到惊讶的构思，其次是运用曲折多变的轴线和不规则的视觉平衡。但高潮的出现常具有戏剧性的意外效果，如突然由暗转亮，或是突然由小到大等。由于具有这些特性，不规则序列常被建筑师所采用成为许多优秀建筑的设计手法。

上述有关建筑形式美的六项基本法则，是人们在长期建筑实践中的积累和总结，对建筑创作有重要指导意义（表1-4）。但需要指出，人们对建筑的审美标准随着历史的发展，也在发生着变化。“形态构成”作为一门新兴的学科，对建筑形式美正在产生明显的影响。更丰富了建筑形式美的内容。

关于建筑造型（包括建筑立面设计）问题，本书各章有关实例可供参考。中国2010年上海世界博览会的主题是：城市，让生活更美好（Better City, Better Life），图1-12是2010年上海世界博览会几个国家展览馆最后揭晓的建筑设计方案，一定程度上反映了当代建筑设计水平和动向。主要应准绳建筑三要素，特别是形式美的基本原则进行构思。

总而言之，建筑具有双重性，既是科学，又是艺术；既是物质产品，又是精神产品；既属于经济基础，又是上层建筑。建筑三要素——功能、技术、形象三者是辩证统一、相互制约的关系。

建筑功能是建筑的主要目的，物质技术条件是实现建筑的手段，而建筑形象则是建筑功能、技术和艺术内容的综合表现，也就是说，三要素的关系是目的、手段和表现形式的关系。

1.4 绿色建筑

绿色建筑是20世纪初期提出的新课题，是当代人类对生态环境危机严重挑战的选择。迄今中国在绿色建筑方面已颁布了《中国生态住宅技术评估手册》、《绿色建筑评估标准》等，但对绿色建筑实践尚属起步阶段，有待进一步推广应用。

绿色建筑，欧洲称为生态建筑或可持续建筑，而在中国和美国才被称为绿色建筑。其实说到底，绿色建筑就是建筑。其建筑内涵在建筑设计、建筑功能、建筑技术、建筑材料、建筑建造和建筑运行管理以及建筑拆除等方面，无一不体现建筑的意义与作用。但绿色建筑与传统建筑在学科理论体系、技术措施和方法上又有质的差异。绿色建筑不仅关注建筑与人的关系，同时也关注资源消耗与资源使用效率的关系，特别是建筑与人居系统安全、和谐的共生优化关系，它与人类社会、历史、哲学、文化、经济综合生态观有密切关系。

绿色建筑的定义是：以符合自然生态系统客观规律并与之和谐共生为前提，充分利用客观生态系统环境条件、资源、尊重文化、综合适宜的建筑功能与技术系统，坚持本地化原则，具有资源消耗最小及使用率最优能力；具备安全、健康、宜居功能并对生态系统扰动最小的可持续、可再生及可循环的全生命周期建筑。

绿色建筑的目标是通过人类的建筑行为，达到人与自然安全、健康、和谐共生、满足人类追求适宜生存居所的需求愿望。

涉及建筑专业的具体内容主要是：

(1) 保护环境

包括建筑物周边的小环境及城市、自然的大环境保护，强调人与环境和谐，建筑与环境和谐。

(2) 节约资源

最大限度减少对地球资源的负荷和影响，最大限度利用资源。充分利用自然资源（太阳能、风能、地热能、生物质能等），节能、节地、节水、节材。

(3) 减少污染

创造健康、舒适的生活环境，具有良好的自然采光系统和自然通风条件，有宜人的室内外环境；重视建筑物合理的结构布置、朝向、形状、绿化配置。

绿色建筑的实施方法是遵循科学发展观，通过具体的基础科学理论研究，落实科技成果的转化与应用技术的实践。同时，由于绿色建筑的应用具有功能性、地域性、社会性和特殊性，因此还要符合复杂的生态系统构成要求。

绿色建筑的学科构成，从宏观上可分为三个方面：

(1) 城市生态系统学科

涉及两类基础学科，一类是生态学、建筑学和规划学；另一类是自然科学（包括地质、水文、气候、植物、动物、微生物、土壤、材料等），人文科学（包括经济、社会、历史、交通等）。

(2) 绿色建筑自身系统学科

除建筑学科一般内容外，包括与建筑相关的学科，如热环境、光环境、风环境、声环境、能源及材料等。

(3) 与人之间的关系学科

建筑是人类生活的全部载体，人类的信仰、情感和美感、经济、政治等各门学科有密切关系，都会反映到绿色建筑上。

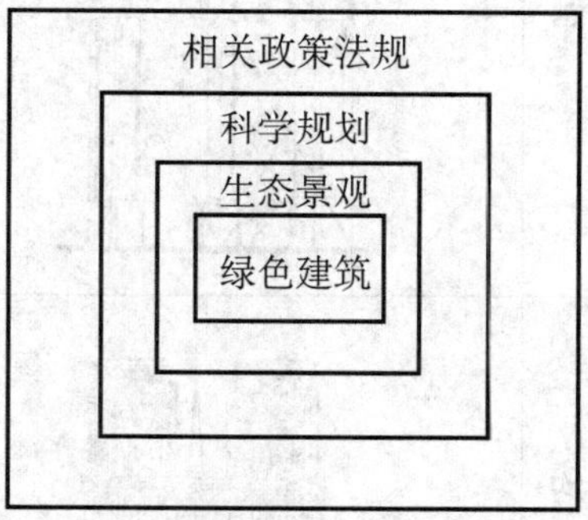

图 1-10 绿色建筑的科学体系

综上所述，可以得知：

从科学规划到生态景观，再到绿色建筑，是层级递进的关系。科学规划与绿色建筑是控制保证关系；生态景观与绿色建筑是相互作用关系；相关的政策、法规的规范与绿色建筑是保障与管理关系（图 1-10）。

它是多专业跨学科的，保证自然系统安全和人类社会可持续发展的交叉学科体系。不仅包括建筑本体，特别是建筑外部环境生态功能系统及建构社区安全、健康的稳定生态服务与维护功能系统，也包括绿色建筑的内部（图 1-11）。

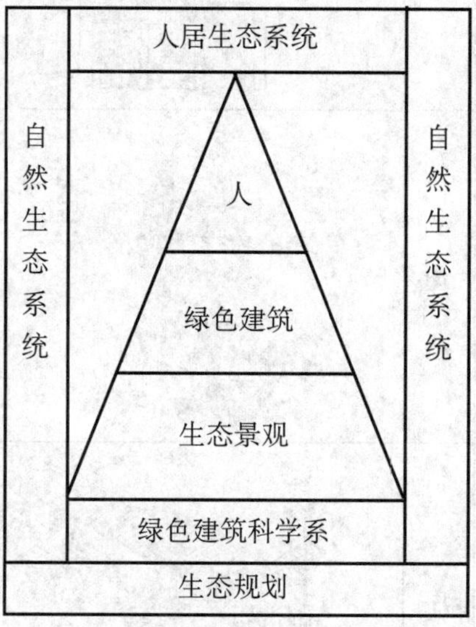

图 1-11 绿色建筑的体系关系

绿色建筑设计的技术体系构成由城乡时空序列中的功能配置；自身构成的整体综合系统集成；设计、施工、使用中的技术综合系统集成三个部分组成。各项部分包括了绿色建筑的生态、设计、生态策略和方案施工图设计的内容。

表 1-4 **应用形式美基本法则的建筑举例**

特性	图例	内容
统一	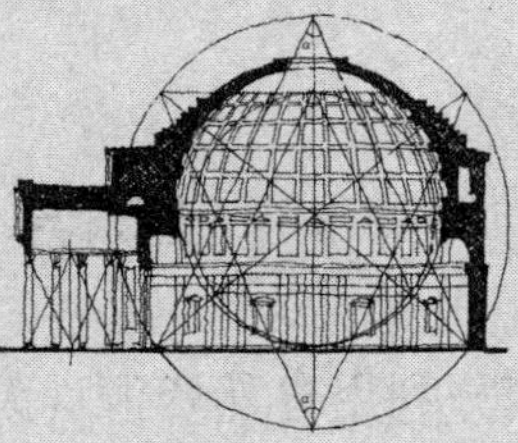	用简单的几何形状取得统一。 罗马万神庙，作为建筑物的主体——神殿部分——不仅平面呈圆形，而且整个剖面（包括半球型穹隆顶）比例也非常接近于圆形，从而通过圆获得了高度的完美统一性
尺度		形式本身并不存在尺度。尺寸的感觉只有当它与其他部分有一定关系的情况下才会产生。要记住一个主要原则：在一座建筑物中，那些与人的活动和人体功能有着最紧密联系的部分，是赋予建筑物以尺度的最有力的元素。如埃及大金字塔，与人畜相比，就显出金字塔的伟大
比例		用几何分析法探索比例。 几百年来，曾以各种不同的方法来探索建筑的比例问题。其中最流行的一种方法是：建筑物的整体，特别是外轮廓以及内部各主要分割线的控制点，凡符合或接近与圆、正三角形、正方形等具有确定比率的简单几何图形，就可能由于某种几何的制约关系而产生和谐统一的效果。 图示高直建筑礅洞的几何分析：各主要控制点连接所构成的三角形均为大小相等的正三角形
均衡		对称均衡。 中国古代建筑和西方古典建筑，非常注重对称形式的运用，一直延续到近代。尤其是纪念性建筑还因对称形式格局而具有均衡的外观和庄严雄伟的气氛。 图示法国巴黎圣母院正立面，由角塔、连同由玫瑰窗强调的中间部分、三个门中最大的一座门和在平面交叉处的尖塔组成有力的均衡
韵律		渐变韵律。 由于韵律本身具有极其明显的条理性、重复性、连续性，因而在建筑物设计中借助于韵律处理，既可以建立起一定的秩序，又可以获得各种各样的变化。 图示中国西安大雁塔，以大小与高度递减的圆礅与出檐交替重复出现，既取得了渐变的韵律感又满足了结构稳定的需要
序列	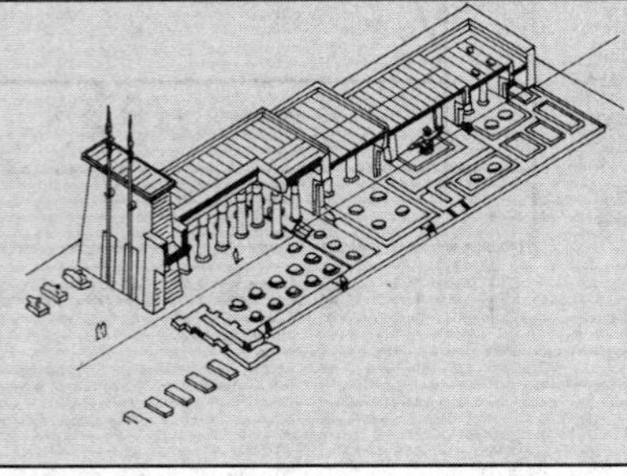	由高到低的空间序列。 在西方古典建筑的神庙中，常运用从大到小的空间序列，从而强调了其神圣感和神堂超尘脱世的冥世感。只有祭祀才能接近它，整个平面使偶尔入内的参观者也会感到室内那种隐世感和神秘莫测的存在。 图示埃及卡那克孔斯神庙，与大多数埃及神庙一样，是一种从高到低的空间序列

中国国家馆

主题：城市让生活更美好——城市发展中的中华智慧、东方之冠、鼎盛中华、天下粮仓、富庶百姓。

意大利国家馆

主题：理想之城，人之城——功能模块、方便重组。

图 1-12 2010 年上海世界博览会国家展览馆建筑造型（1）

卢森堡国家馆

主题：小也是美——“袖珍”的森林和堡垒。

加拿大国家馆

主题：充满生机的宜居城市，包容性、可持续发展与创造性。

图 1-12　2010 年上海世界博览会国家展览馆建筑造型（2）

JIANZHU WENMAI

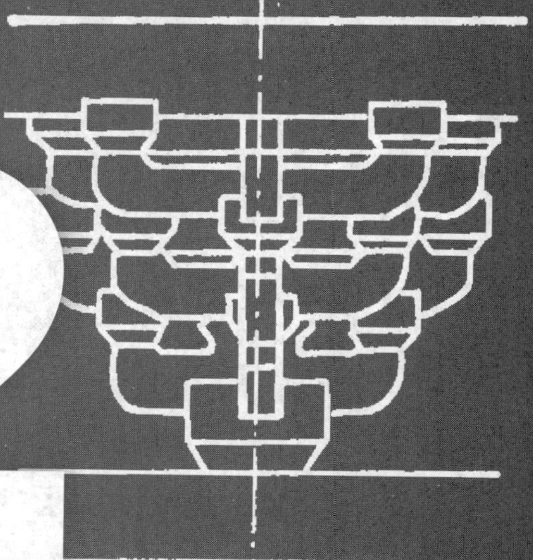

2 建筑文脉

JIANZHU WENMAI

建筑文脉是指建筑与周围事物的外在和内在的时空承接关系。本章重点论述历史沿革和文化背景下中外建筑的基本特征，可以说是世界建筑精华和世界建筑艺术瑰宝的一部分，是人类历史留给我们的最宝贵财富。

①世界建筑文化，是全人类共同创造的财富。世界不同国家以及同一个国家的不同阶段历史建筑发展是不平衡的。且每一个历史时期具有典型意义的、成就比较高的、影响比较大的建筑并不是很多。文中只是简要叙述建筑文化舞台演变的主线，仅涉及少数几个国家和几个时代，它不等同于中外建筑史。

②文艺复兴和工业革命造就了西方古典建筑和现代建筑的成就，但只能作为我们的借鉴，而不是我们所要追求的目标。中国的建筑事业正在经历一个新的文化振兴时代，同样提供了这样的机遇。我们要抓住这样的机遇，站在未来的高度，继承与发扬，努力探索创造中国的建筑之路。

2.1 中国古代建筑

中国古代建筑的发展演变，可以从1840年鸦片战争以前上溯到六七千年前的上古时期，并以封建社会为主。建筑特征总是在一定的自然环境和社会条件的影响和支配下形成。中国是一个地域辽阔、历史悠久的多民族国家。各地区的地质、地貌、气候、水文条件变化很大，各民族的历史背景、文化传统、生活习惯各有不同，因而形成各具特色的建筑形式。中国古代建筑在技术和艺术上达到了很高的水平，虽然多姿多彩，却又具有统一的风格，在世界建筑文化宝库中独树一帜。

2.1.1 建筑特征

(1) 建筑外形

中国古代建筑的外形特征最为显著，与世界上其他建筑迥然不同，它们都具有台基、屋身和屋顶三个部分（即所谓“三段式”）。这种独特的建筑外形，完全由建筑物的功能、结构与艺术高度结合而产生的。

台基是中国古代建筑不可缺少的部分，使建筑外形具有稳重感。一般为普通石台基，在重要的建筑上多为雕刻丰富的白石须弥座，配以栏杆、台阶，有时可以做到两三层，这样更显得雄伟、壮观。

屋身部分为建筑物主体，由于木构架用柱承重，柱间完全可以灵活处理。外墙正面很少做墙壁，多为花格木门窗。

屋顶部分特点最明显，有时比屋身更突出，在外形上占有如此突出地位，世所罕见。屋顶对建筑立面起着特别重要的作用。它那远远伸出的屋檐，富有弹性的檐口曲线，由举架形成的稍有反曲的屋面，微微起翘的屋角（仰视屋角，角檐展开犹如鸟翅，故称“翼角”），以及硬山、悬山、歇山、庑殿、攒尖、十字脊、盝顶、重檐等众多屋顶形式的变化，加上灿烂夺目的琉璃瓦，使建筑物产生独特而强烈的视觉效果和艺术感染力（附录2）。通过对屋顶各种组合，又使建筑物的形体和轮廓线变得愈加丰富。而从高空俯视，屋顶效果就更好，更具有魅力。

几种主要屋顶特征如下。

①庑殿：分单檐和重檐两种。一般用于皇宫、庙宇中最主要的大殿，特别隆重的用重檐。单檐的有中间正脊和四角垂脊，共5脊。重檐的另有下檐围绕殿身的4条博脊和位于角部的4条角脊。

②歇山：分单檐和重檐。由正脊、4条垂脊、4条戗脊组成，再加上山墙（博风板上有重点装饰）的2条博脊，共有脊11条。建筑规格仅次于庑殿，在宫殿中的次要建筑和住宅、园林建筑中，又常使用无正脊的卷棚歇山。

③悬山：是两坡顶的一种形式，特点是屋檐两端悬伸在山墙以外。一般有正脊和垂脊，较简单的仅有正脊，也有用无正脊的卷棚。山墙处常露出木构架的柱、梁或枋，若围以土、砖墙，其山尖部分多做成五花山墙。建筑规格仅次于歇山顶。

④硬山：也是两坡顶的一种形式，但屋面不悬出山墙之外，山墙高出屋面。一般用于居住建筑。

⑤攒尖：特点是屋面较陡，无正脊，而以数条垂脊交合于顶部，其上再覆以宝顶。平面有方、圆、三角、五角、六角、八角、十二角等，一般以单檐为多，较少为二重檐，但塔例外。常用于面积不大的建筑屋顶，如塔、亭、阁等。

(2) 结构

中国古代建筑的结构体系基本属于木构架结构体系。公元前六七千年在浙江省余姚的河姆渡村就出现了人类最古老的木构架建筑。大约在公元前一千五百年间就形成了这种结构的房屋。后来经过不断完善，并形成了一套完整的体系，是世界古代建筑中延续时间最久的一个独特体系。

这种木构架结构体系大致说来是先在地上筑土为台，台上再安石础，立木柱，然后在柱上安置梁架。梁架与梁架之间用“枋”连接组成一“间”（即前后四柱之间称为一间）。在梁架上再架檩，檩的上面架椽以承托屋顶的荷载。从而形成了“构架”，也即现代所谓的框架。中国古代建筑的重量都由构架承受，而墙不承重，有句谚语“墙倒屋不塌”，生动地说明了木构架的特点。

木构架建筑如此广泛地被作为一种主流建筑类型，其优点是：取材方便，适应性强，有较强的抗震性能，施工速度快，便于修缮、搬迁；但也存在根本性缺陷：木材生长慢，用料来之不易，且森林大量砍伐，不利生态环境，易遭火灾，易于受潮朽坏，其次木构架建筑基本上是简支梁体系，难以满足更大、更复杂的空间需求。因此，进入20世纪后，当新的建筑需求、新的建筑材料、新的结构理论出现时，传统的木架建筑终于成为一种被逐步取代的构筑方式。

木构架建筑的结构体系主要有穿斗式和抬梁式两种（图 2-1）。

穿斗式木构架的特点是：用穿枋将柱子串联起来，形成一榀榀的房架；檩条直接搁置在柱头上；在沿檩条方向，再用斗枋将柱子串联起来。这种木构架广泛用于中国江西、湖南、四川等南方地区。

抬梁式木构架的特点是：柱上搁置梁头，梁头上搁置檩条，梁上再用矮柱支起较短的梁，如此层叠而上，梁的总数可达3～5根。当柱上采用斗拱时，则梁头搁置于斗拱上。这种木构架多用于中国北方地区及宫殿、庙宇等规模较大的建筑物。

相比之下，穿斗式木构架用料少，整体性强，但柱子排列密，只有当室内尺度不大时（如居室、杂屋）才能使用；而抬梁式木构架可采用跨度较大的梁，以减少柱子的数量，取得室内较大的空间，所以适用于宫殿、庙宇等建筑，南方的一些庙宇、厅堂常混合使用这两种结构体系。

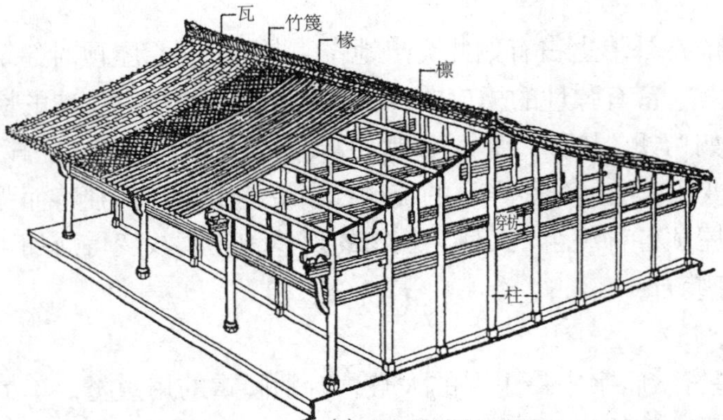

(a) 穿斗式木构架示意图

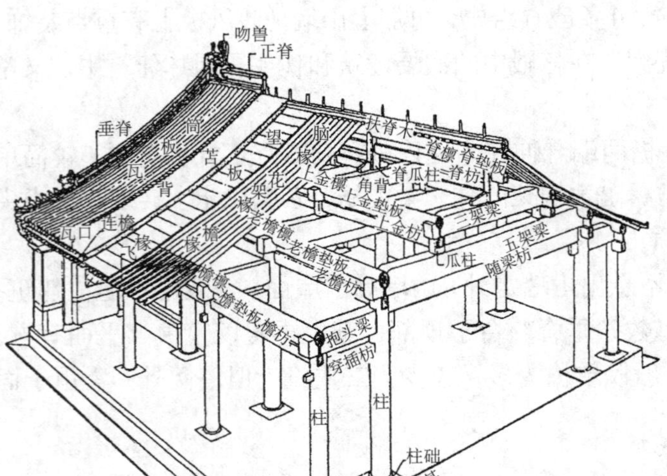

(b) 抬梁式木构架示意图

图 2-1 木构架体系

（3）建筑组合

中国古代单体建筑的特点是简明、真实、有机。

“简明”是指平面以“间”为单位，由“间”构成单座建筑，而“间”则由相邻两榀房架构成，因此，建筑物的平面轮廓与结构都十分简洁明确，人们只需观察柱网布置，就可大体知道建筑室内空间及其上部结构的基本情况。

“真实”是指对结构的真实性显示。在各类建筑物中，除了最高等级一类的建筑(如皇宫、殿堂等)需要表现庄严、华丽的气氛，构作天花板遮住梁架外，一般的建筑都是无保留地暴露梁架、斗拱、柱子等全部木构架部件。这种暴露正好展示了中国古代建筑的结构美。

“有机”是指室内空间可以灵活分隔，以满足各种不同功能的要求；并易于与环境融为一体，室内外空间可相互流通渗透。这种现象在园林和南方气候温暖地区表现得最为淋漓尽致，使室外庭院空间及花木景物与室内相互交融。

中国古代单体建筑的另一个特点是平面、结构、造型三者的不可分割性。例如，在决定一座房屋的进深时，必须同时考虑它的屋架用什么长度的梁和用几根檩条；而在画立面时，必须首先确定剖面梁架尺寸，否则难以在立面上得出屋顶的高度。所以可以说，中国古代建筑是没有独立的立面设计，也就是说，建筑物的立面必须与它的平面、结构同时考虑。

中国古代建筑群以群体组合见长。如宫殿、陵墓、坛庙、衙署、邸宅、佛寺、道观等，都是众多单体建筑组合起来的建筑群。其中特别擅长于运用庭院的组合手法来达到各类建筑的不同使用要求和精神目标。人们对所在建筑群的生活体验和艺术感受也只有进入到各个庭院才能真正获得。因此可以说，庭院是中国古代建筑群体布局的灵魂。

庭院是由屋宇、围墙、走廊围合而成的内向性封闭空间，它能营造出宁静、安全、洁净的生活环境。在易受自然灾害袭击和社会不安因素侵犯的社会里，这种封闭的庭院是最适合的建筑布局方案之一。庭院是房屋采光、通风、排泄雨水的必需，也是进行室外活动和种植花木以美化生活的理想解决办法。

庭院的围合方式大致有三种：一是在主房与院门之间用墙围合；二是主房与院门之间用廊围合，通常称之为“廊院”；三是主房前两侧东西相对各建厢房一座，前设院墙与院门，通常称之为“三合院”；如将前面的院墙改建房屋“门屋”，则称“四合院”。在园林中，常采用庭院来组成小景区，形成园中安静的一隅，这种庭院形状和围合方式就可设计得非常自由、灵活、不拘一格。

规模较大的建筑群体则由若干个院子组成，一般都有显著的中轴线。沿着轴线，可以对称或不对称地布置一连串形状与大小不同的庭院和建筑物，烘托出不同的环境氛围，使人们在经受了这些庭院与建筑物的空间艺术感受后，最终达到某种预期的精神境界——或崇敬、或肃穆、或幽静情趣，这是中国古代建筑群体组合所特有的艺术手法。有人比之为“作中国山水画的长卷”，能产生步移景异、引人入胜的效果。

（4）装饰与彩画

中国古代建筑大部分是由梁枋、斗拱、檩椽、屋脊、屋面、瓦等构件经过艺术加工而发挥其装饰作用，此外还综合运用了工艺美术以及绘画、雕刻、书法等方面的卓越成就，如额枋上的匾额、柱上的楹联、门窗上的棂格等，显得丰富多彩，变化无穷，具有浓厚的传统民族风格（图 2-3）。

色彩的运用也是中国古代建筑最显著的特征之一，与世界上其他国家不同。如古代希腊建筑的色彩呈现一种洁净风格；欧洲哥特式建筑色彩又过于沉重；俄罗斯的古代建筑色彩虽然十分华丽，但却有较强的神秘感；日本古代建筑虽然与中国比较接近，但色彩过于简素。而中国古代建筑用色强烈、图案丰富、使用色彩的部位多、面积大，但彼此间又十分和谐统一，具有绚丽、活泼、生活气氛浓厚的艺术风格。如宫殿庙宇中用黄色琉璃瓦顶，朱红色屋身，屋檐下阴影中用蓝绿色略加点儿金，再陪衬白色石台基，各部分轮廓鲜明，建筑物更显得富丽堂皇。北京故宫金碧辉煌，江南园林秀丽高雅，充分体现了色彩与建筑形式和功能的有机结合。在一般住宅建筑中，多用青灰色的砖墙瓦顶，或用粉样（白）瓦檐，木柱、梁枋、门窗等用黑色、褐色或本色木料，也显得十分雅致。可以说，中国古代建筑在运用色彩上有成熟的造诣。

彩画是中国古代建筑装饰中的一个重要部分，所谓“雕梁画栋”，正是形容中国古代建筑这一特色。彩画多做在檐下及室内的梁、枋、斗拱、天花或柱头上。彩画的色彩丰富，一般交替使用青、黄、朱等冷暖颜色，又以黑、白、金色为分界线，不使其相混，创造了既有强烈对比效果、又有一定基调倾向的绚丽多彩的图案。彩画的构图都密切结合构件本身的形式。

彩画常用有 3 种形式：和玺彩画，以龙凤锦纹为主题，表示华贵气氛，只限于用在宫殿建筑；旋子彩画，以旋子花为主题，表示素雅气氛；苏式彩画，以山水、花卉、禽鸟为主题，表示活泼气

1.吻兽

2.斗拱、卷杀

3.瓦当、滴水

8.雀替、彩画　7.匾额　6.门簪、门钉　5.棂格　4.博风、墀头

图 2-2 装饰细部

氛，在园林建筑和住宅中应用较广泛。

今天我们继承传统彩画的精髓，除了在技艺上应该继续发扬改进之外，更重要的是要充分理解作为装饰手段的彩画在建筑艺术上的重要作用及其成功经验。

（5）**文献典籍**

在有文字可考的三千余年间，中国古代历史遗留下浩如烟海的文献典籍中有关建筑技术方面的屈指可数。如：《周礼 · 考工记》，宋代《营造法式》、《木经》，元代《大元仓库记》，明代《园冶》、《长物志》、《鲁班经》、《梓人遗制》、《工部厂库须知》，清代《工程做法》、《内庭作法规例》、《圆明园工程作法规例》等。虽然有些典籍过于疏漏，有些仅余残段，有些仅为建筑某一方面的记载，但仍能给我们提供中国古代建筑发展的大致概况，是一份难得的珍贵文献。

下面简要介绍 4 部影响较大的典籍：

①《周礼 · 考工记》

中国奴隶社会制定的一套指导、监督和考核官府手工业、奴隶生产工作制度的古籍，为战国齐人所著。

主要内容记述有关百工之事，分别对车舆、宫室、兵器、织物和礼乐诸器等的制作、检验、生产管理等作了详细记载。其中《匠人》一篇论述都城选址、规划及水利工程诸事，对中国古代城市规划、王宫规制都具重大影响，也是中国现存最早的记载城市规划及建筑技术的古籍。

②《营造法式》

北宋李诫编修的中国古代完整的建筑学名著，1068年开始编写，最后于1100年成书，1103年颁行。全书正文34卷，共有357篇，内容分5部分：

a.释名。对48种建筑物和构件的名词进行解释。

b.制度。包括壕寨、石作、大木作、小木作、雕作、旋作、竹作、瓦作、泥作、彩画作、砖作、窑作共13种工种的尺度标准以及基本操作要领，类似现在的建筑工程标准做法。

c.功限。详细规定了各种工程和构件所需的劳动定额。

d.料例。详细规定了各种工程和构件所需的材料规格和用料数量。

e.图样。对各种木制构件、屋架、雕刻、彩画、装修等均附有详细图样。

《营造法式》关于建筑的设计、施工、计算工料等各方面的记述相当完善，特别是详细说明了“村分制”，从中可知中国古代建筑的根本法则。《营造法式》内容精确，记叙全面，具有高度的科学价值，对后世的建筑技术发展有一定的影响。

③《园冶》

中国造园史上仅存的一部造园专著。明末造园大师计成撰写，1631年成稿，1634年刊行。

全书分三卷、共十二篇。第一卷为“兴造论”、“园说”，是全书的总论，分别叙述园林的相地、立基和个体建筑形式。第二卷讲述栏杆及其造型。第三卷讲述门窗、城垣、铺地、叠山、造石、借景等诸多技法。总计万余字，辞藻华丽，典故连篇，图文并茂。

《园冶》提出了造园艺术的典型特征在于“虽由人作，宛自天开”的天然意趣，并以“巧于因借，精在体宜”作为造园设计的根本原则，是对中国古代造园艺术的一个高度概括。

《园冶》原刊本早就流行于日本，备受推崇，称之为“夺天工”之作。而《园冶》于清代却因阮大铖所题序文之故，遭禁而绝迹。直至近代，才又由日本引入。在寂然三百年后，其价值重被世人所认识和珍视，成为中国造园史上的宝贵遗产，也为园林史上的不朽名著。

④ 清工部《工程做法》

清代官式建筑的设计规范，共74卷，1734年刊行。

它是继宋代《营造法式》之后官方颁布的又一部较为系统全面的建筑工程专著。全书内容为房屋营造范例和应用工料估算额限两部分。所举27种不同形式的建筑，自土木瓦石、搭材起重、油画裱糊以至铜铁件安装等，分门别类，各有详尽的规程，大木作并附有屋架详图。

《工程做法》总结了前代传统建筑经验结果，特别是以斗口为模数的设计方法和工料的估算，既是工匠营造房屋的标准，又是主管部门验收工程、核定经费的明文依据。对控制营造质量和规定工料定额起了很大的作用。

《工程做法》一书的应用范围主要是针对宫廷营建的“坛庙、宫殿、陵寝、仓库、城垣、寺庙、王府”等官工范围。虽然不包括民间房舍，但从书中可知当时中国古代建筑技术发展的主要水平。

2.-.2 建筑斗拱

斗拱是中国古代建筑中特有的构件，也被世人公认为中国古代建筑的特色和标志（中国建筑学会会徽图案就是以斗拱为主题）。它位于木构架建筑的屋顶与屋身的过渡部分，主要作用是支撑出挑的屋檐，保持整体稳定，并将重量传递到柱子，同时也具有装饰美化作用，多用于宫殿寺庙等大型建筑，作为中国封建社会中森严等级制度的象征，民间很少使用。

宋唐以前，斗拱的结构作用十分明显，布置疏朗，用料硕大。明清以后，斗拱的装饰作用加强，排列丛密，用料变小，远看檐下斗拱，犹如密布的一排雕饰品，但其结构作用（承托屋檐）仍未丧失。

由于斗拱的演变过程在一定程度上反映了中国古代建筑的演变，因此它常被用作鉴定古代建筑年代的重要依据之一。

斗拱因其位置不同，可分为柱头斗拱、柱间斗拱和转角斗拱三种类型，它们所起的作用也各有差异（图2-3）。在柱头上的斗拱称为柱头斗拱，是承托屋檐重量的主体；在两柱之间置于枋子上的斗拱，称为柱间斗拱，起辅助支撑作用；在角柱上的斗拱称为转角斗拱，起承托角梁和屋角的作用，也是主要构件。至于屋内斗拱通常仅支撑天花板的重量或梁头节点的联系构件，其结构作用显然不及檐下斗拱明显。

斗拱构件主要由拱、昂、斗以及次要的翘、坐斗、升等组成（图2-4）。

“拱”是短悬臂梁，形状似弓，与枋平行，是斗拱的主要构件；“昂”是斜的悬臂梁，与枋垂直，与拱的作用相同；“斗”为一立方体木块，上开十字形槽，是拱与昂的支座垫块。而“翘”是向外出挑的拱，与枋垂直；“坐斗”是斗的一种特殊形式，是一组斗拱最下面的座托；“升”为一立方体木块。上开一横槽，位于拱头之上。

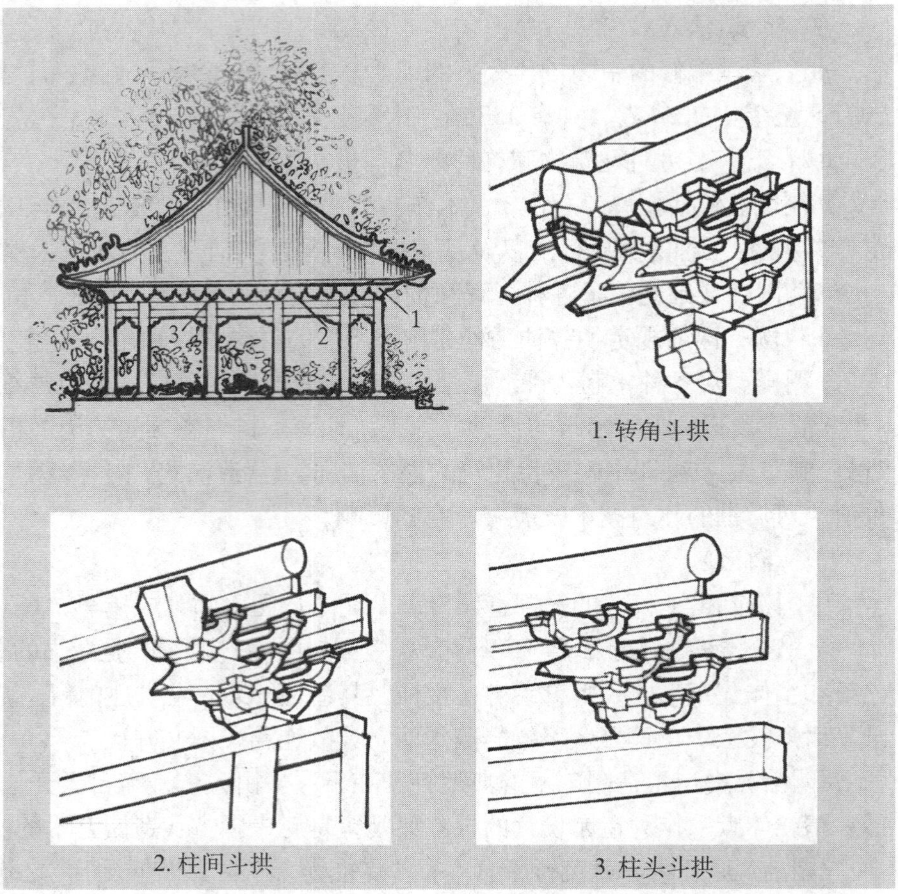

图 2-3 斗拱类型

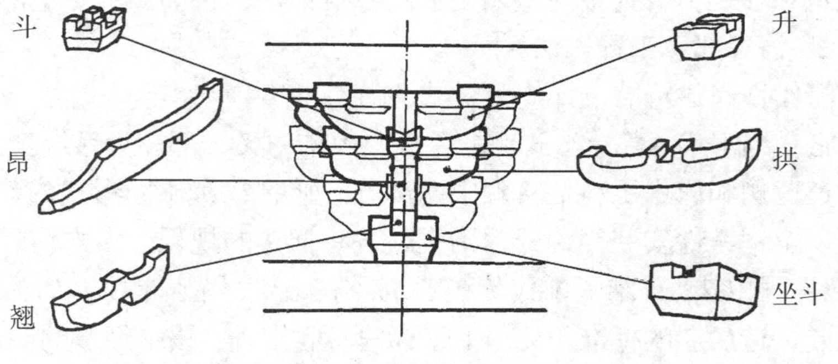

图 2-4 斗拱组成

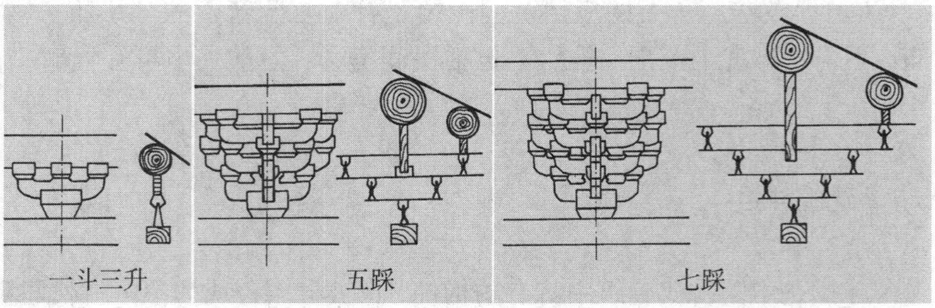

图 2-5 斗拱形式（正面、剖面）

斗拱根据需要，可以有多种形式（图2-5），最简单的为“一斗三升”；在“一斗三升”内外各加一层拱，就增大了一段支撑距离，称作“出跺”，成了三跺斗拱；较复杂的还有五跺、七跺、九跺乃至十一跺。

中国古代木构架体系所以应用范围广，持续时间长，另一重要原因是它具有标准化与多样化相结合原则。至迟到唐代已发现用“拱”的高度作为梁枋的基本母度，这就是初期的模数。宋代《营造法式》称这种模数为“材”。清代《工程做法》用“座斗”的斗口宽度（即卯口宽，也就是拱材木料的宽度）为模数，作为建筑及构件尺度的计量标准，这样，不仅加快了施工进度，而且还可以取得和谐的建筑轮廓和均衡的比例。

2.1.3 建筑瑰宝

中国是世界五大文明古国之一，历史悠久。中国古代建筑在艺术和技术上都达到了很高的水平。在世界建筑史上有着极其丰富而辉煌的成就,对世界建筑文化作出了十分伟大的贡献。今天我们了解和学习中国古代建筑的宝贵“遗产”，除了感到自豪外,更重要的是继承和发扬。

(1) 万里长城（图2-6）

图2-6 万里长城

长城起源于战国时诸侯间相互攻击自卫防御之用。从公元前7至16世纪,先后有20多个朝代和诸侯国参与修筑。秦统一全国后，扩建原有长城，连成了约3000km的防御线，以后历经汉、北魏、北齐、隋、金等各朝修建。明长城东起鸭绿江，虽然秦时所筑长城至今犹存一部分遗址，但是现在所说的长城一般是指1368 － 1600年前后由明朝在前代基础上进行大规模增建而形成的“明长城”。西至嘉峪关,全长约6350km，“万里长城”由此而得名。

长城由关隘、城台、烽燧和城墙四部分组成。关隘也称口子，设于交通要冲和军事险地，是长城的咽喉;城台分墙台、敌台和战台3种，专供巡逻、救应和作战之用；烽燧又叫烽火台,是传报敌情的专门设施；城墙是长城的主体,随地势而筑，其两侧以条石和砖块砌筑，中间堆土夯实；顶部路面铺贴方砖，凡遇陡坡均设梯步。保存比较完好的八达岭长城，城墙平均高7.8m，墙基平均宽6.5m，据计算,需耗工料1.8亿m^3夯土和6000万m^3砖石。长城工程之浩大，由此可见。

巍峨万里长城，烽燧城台遥相呼应，城墙关隘雄奇险峻。沿着蜿蜒的山峦，长城迂回盘旋，如同游龙啸天、巨蟒窜洞，气势磅礴。

长城是世上最伟大的工程，1987年被列为世界文化遗产。它是中华民族的骄傲,是世界建筑史上的不朽丰碑。

图 2-7 秦始皇陵

(2) 秦始皇陵 (图 2-7)

公元前247年，年仅13岁的秦始皇即位后，便在山西省临潼县骊山北麓开始为自己建造陵墓。全国统一后,秦始皇征集民夫70余万人花费十多年的时间，终于在公元前210年将陵墓建成。

陵墓规模浩大，经历2000多年的风雨侵蚀，现存有一座高约40m，底边为485m × 515m的方锥形坟丘。坟丘周围有夯土墙两重，以围成内、外两垣。内垣呈正方形，周长2525m；外垣呈长方形，周长6294m；两垣各有4门，正门朝南，是陵园的主要入口。虽然随着历史的推移，那些往日金碧辉煌的地面殿宇已不复存在了，但城垣的遗迹仍依稀可辨。

据《史记》所载，墓体由铜液浇注而成。墓室内部如同宫殿，不仅立有百官塑像，还摆设着无数的奇珍异宝，亦设有弩机，以防盗墓。墓体四周地面挖沟用水银灌注，象征气势磅礴的四渎百川和五岳九州。秦始皇尸体入葬时，不仅将未曾生育的宫女全部活埋陪葬，为防泄密，还将所有筑墓的工匠活埋于墓道之中……直至今日，由于技术等诸方面的原因，陵墓尚未被发掘，因此，墓内真实情况还是一个未解之迷。

秦始皇陵比古埃及的胡夫金字塔在体量上大得多，不愧为世界上最大的陵墓。

(3)敦煌莫高窟(图2-8)

图2-8 敦煌莫高窟(a)

位于甘肃的敦煌曾经是丝绸古道的必由之路。前秦建元二年(公元366年),有一位名叫乐传的僧侣来到此地,在距敦煌县城东南25km的鸣沙山东麓的断崖上开凿了第一个窟龛(早已无存),自那以后,历经十几个朝代的不断开凿,最终形成了一个具有洞窟492个、木构古建5座的石窟群,名曰“莫高窟”,俗称“千佛洞”。

鸣沙山由砾石构成,不宜雕刻,所以工匠们用泥塑及壁画来代替雕塑,又由于敦煌人稀地僻且气候干燥,石窟才得以长期保存。石窟群上下共有5层,高低错落,鳞次栉比,逶迤连绵,南北全长1618m。在这座艺术宝库中,尚存壁画4.5万m^2,彩塑2451尊,莲花柱石和铺地花砖数千余块。壁画的题材有栩栩如生的巨幅经变画、本生图,也有五彩缤纷的装饰图案。如果将所有壁画以2m高的篇幅排列,可组成一条长达25km的绚丽多彩的世界上最长的(石窟)画廊。特别是壁画中还绘以数以万计的建筑画,描绘了从十六国末到西夏800年间各个时代的不同类型建筑物的多种形象,其中包括城垣、宫殿、佛寺、塔阙、住宅、院落、坟墓、草庵、舞台、穹庐、桥梁、栈道等,还详细勾画出如台基、装修、斗拱和屋顶等建筑细部,甚至生动再现了古代建筑工地的施工场面。它填补了魏晋南北朝直至中唐之前500余年建筑资料十分缺乏的空白,对研究中国古代建筑史和建筑艺术具有极其重要的历史价值。

图2-8 敦煌莫高窟(b)

可惜的是,在1899年石窟却遭到了斯坦因、伯希和、华尔纳和鄂春堡等外来强盗的强取豪夺;20世纪40年代,欧美和日本一伙入侵者又在石窟内进行了大肆盗窃……新中国成立后,莫高窟被列为国家重点保护文物并进行了全面修葺,使这颗镶嵌在茫茫戈壁滩上的艺术明珠又闪烁出灿烂的光芒。1987年,敦煌莫高窟被列为世界文化遗产。

图 2-9 安济桥

（4）安济桥（图 2-9）

河南省赵县城南 2.5km 处,有一座如“初月出云，长虹饮涧”的敞肩式石拱桥横跨于胶河上，这就是蜚声中外的世界最早敞肩式石拱桥——安济桥。因赵县古称赵州，故又名赵州桥。

安济桥建于公元 605−616 年，为拱形单跨，跨长 37.4m，跨高 7.23m。桥长 50.82m，宽 9.6m，桥身由 28 道纵向石拱并排砌成，为减重省料和分洪缓冲，两断拱肩分别设有两个小拱，这种“敞肩拱”的桥型，是世界建桥史上的首创。由于桥身低，跨度小，既方便人车通行，又利于小船游弋。

安济桥构思新颖，造型雅致，被比做“玉环”，又被喻为“长虹”。桥面两侧的望柱和栏板镌刻着行龙和走兽，其技艺精巧，形态逼真。特别是那穿岩回首的蛟龙，更是活灵活现，令人倾倒，故有“奇巧固护，甲于天下”之说。

安济桥凝聚着隋代匠师李春的聪明才智，为中国建筑史谱写了举世瞩目的光辉篇章。

（5）嵩岳寺塔（图2-10）

图 2-10 嵩岳寺塔

一座用青砖和黄泥垒砌的40m高的佛塔，在地震山摇和狂风暴雨等自然灾害侵袭之下竟然安然无恙地经历了将近15个世纪，这本身就是个了不起的世界奇迹。这座高15层的密檐式砖塔便是坐落在河南登封县城西北5km太室山南麓的嵩岳寺塔。

该塔建于北魏孝明帝正光四年（公元523年）。平面呈12边形，底层外径为10.6m，内径5m，墙厚2.5m。塔下为高1m的台座，塔身下部平素无饰，上部则砌叠涩密檐共15层。塔底层往东、西、南、北四面的券门可进入十二边形的塔心室，但塔室平面从二层起改为八角形，迢远直上，犹若空井，旧时曾以木楼板分隔为10层，现已损坏，不可登临。塔身未设置斗拱，密檐间门窗除7处外均为隐出，楣上皆以火焰形券做装饰。底层角柱平面为八楞，柱头置莲瓣、宝珠，都为国外传入的形式。整个塔的外轮廓呈上下收分、中部微凸的曲线，显得十分端庄秀丽。

整座砖塔充分显示了中国1400多年前高超的建筑技术，是中国也是世界现存的最古老的砖砌佛塔。1961年被定为全国重点文物保护单位。

图 2-11 佛宫寺释迦塔

（6）**佛宫寺释迦塔**（图 2-11）

塔建于辽代清宁二年(1056 年)，因位于山西省应县城关,故又称“应县木塔”。

木塔坐落在一个4m高的砖石台基上，平面呈八角形，直径30.27m。底层室内空间颇具匠心，内、外柱间是朝拜礼佛的通廊。门朝南，中心的佛坛上，供着一尊高约10m的释迦牟尼像，顶有藻井，四周有壁画，饶钹空鸣，佛香氤氲，室内气氛肃穆神玄。

塔有9层（外观5层，暗层有4层），共高67.31m，顶部塔刹高达10m。上、下层有木楼梯相通，每层塔外有平座勾阑，可循栏观赏四周景色。塔采用双层环形空间木构架形式，上、下层柱有收分，形成逐层向内递减的轮廓。塔出檐深远，端庄稳重朴实无华，表现了粗犷宏伟的辽代建筑风格。

全塔没有一钉一铆，全靠纵横交错的立柱、木环、梁架、斜撑和斗拱相互拉结，共同作用，以形成一个坚固稳定的木构架整体。近千年来，经多次强烈地震而安然无损。是中国现存的唯一一座古代木塔，也是世界最高大的木构架佛塔。1961 年被定为全国重点文物保护单位。

图 2-12 故宫

（7）故宫（图 2–12）

位于首都北京城的中心区域，旧称“紫禁城”，为明、清两代的皇宫。1406年开始兴建直至1420年初具规模。总平面呈长方形，南北长961m，东西宽753m，占地72hm^2。故宫拥有大小宫殿共70多座，房屋9000余间，总建筑面积多达15万m^2。故宫四周筑有10m高的城墙，城墙四周高耸着4座结构精巧，造型优美的角楼。角楼四面各设一门，正南午门为其正门。墙外是一条3800m长、52m宽的护城河。

故宫建筑布局分为“外朝”和“内廷”两部分。“外朝”是皇帝行使政治权利和举行隆重典礼的场所，以太和、中和、保和3大殿为主体。每殿均建在一座高8.13m的3层汉白玉须弥座上。“内廷”是皇帝处理日常政务和居住的地方，包括乾清宫、交泰殿、坤宁宫及东西六宫等宫殿。坤宁宫后面即为御花园。

故宫建筑布局的主要特点是强调中轴线和对称布局，运用院落的组合、变化空间形式和尺度以产生不同的空间气氛，进而构成一种规模宏伟、气宇轩昂、主次分明的空间格局，从而显示出封建帝王的威严和至高无上的皇权统治。

故宫中的建筑设计极为精湛，装修也相当华贵，色泽绚丽夺目，陈设雍容典雅。金碧辉煌的琉璃瓦屋顶，莹白无瑕的玉石雕栏，殷红肃穆的宫墙殿柱蔚为壮观，使人观后感慨不已、浮想联翩……不愧为世界最大的皇宫。1987 年被列为世界文化遗产。

图 2-13 天安门广场

(8) 天安门广场（图2-13）

位于北京城中心，原为明、清两代的皇城——紫禁城正门广场,呈“T”字形平面。当时，这里戒备森严，威武肃穆，是臣民望而生畏的禁地。20世纪以后，天安门广场却成了中华民族反帝反封建光荣历史的见证。它讴歌了多少悲壮的革命斗争场面，谱写了一曲曲体现中华民族坚强性格的赞歌。

新中国成立后，天安门广场经过两次大的整修和扩建，已成为一个占地44hm^2，可同时容纳100万人的世界最大的广场。广场东西宽500m，南北长880m，在它的四周，中国革命博物馆（含中国历史博物馆）、正阳门城楼、人民大会堂、天安门城楼这4座宏伟建筑巍然挺立。广场正中偏南，人民英雄纪念碑高高耸立，毛主席纪念堂拔地而起。这些建筑物和纪念碑虽然分别建于不同的时代，有着不同的功能，但它们通过自身风格和色彩的协调，使其产生内在的吸引力和统一感，而成为一个有机结合的整体。

天安门广场空间宽广，视野开阔，它那磅礴的气势和无穷的魅力，吸引着千千万万的各国游客慕名而来。它是新中国的象征，中华民族的骄傲。

图 2-14 避暑山庄

(9) 避暑山庄（图 2-14）

又名热河行宫、承德离宫。位于河北省承德市，建于清康熙四十二年（1703 年）至乾隆五十五年（1790 年），为清代帝王避暑行宫。山庄面积约 560hm²，苑墙长约 10km，宫苑园林建筑 110 余座，景点 72 处。

山庄坐落在一片西北山峦起伏、东南沟壑纵横、背山面水、地势高峻的半岛型山地上。总体布局分为宫殿区和苑景区 2 大部分。宫区占地很小，由正宫、松鹤斋和东宫 3 座主要宫殿组成，其建筑环境朴素淡雅、清静宜人，颇具离宫别院的生活气息。苑区占全部用地的 4/5，由湖区、平原区和山区 3 部分组成。湖区位于山庄的东南，几条纵横交错的堤岛将 29hm² 的水面划分为大小不等的 6 个湖面。这里湖水涟漪，垂柳依依，宫殿亭榭掩映，小桥回廊盘亘，显现出塞北江南的韵味。平原区内的试马埭和万树园 2 处设置蒙古包数座，使其富有浓郁的蒙古草原情趣。山区面积最大，在密林深处和沟壑之间，原有的几十座建筑虽然都已不复存在，但谷中的墙基、庙前的石阶、涧上的拱桥、山间的御道仍依稀可见，使人完全能够领略到雄浑的山川与俏秀的建筑浑然一体的形式美、环境美和自然美。

山庄外东、北侧，环列着喇嘛教佛寺 11 所，俗称“外八庙”，亦为当地名胜。

山庄汇集了中国南北造园艺术之精华，综合了中国各地建筑艺术的特色，造成了如此别具一格的塞北江南的旖旎风光和园林景观空间。这不仅令人为之赞叹，而且也是中国各地胜迹之大成的缩影，它闪烁着中国古代造园艺术的光辉，是现存占地最大的帝王宫苑，堪称世界一代名园，1994 年被列为世界文化遗产。

图 2-15 颐和园

（10）颐和园（图 2–15）

位于北京西北部，距城约 10km 的皇家艺苑。始建于 1750 年，当时称“清漪园”，1860 年被入侵的英法联军毁于一炬，1886 年，慈禧挪用大量海军经费进行重建，并改名为“颐和园”。

颐和园占地 $290hm^2$，总体布局是一山一湖的大空间格局，其中水面约为占地的 3/4。全园有各种形式的楼台殿阁3000余间，根据不同功能的组合，形成以东宫门内仁寿殿为中心的政治区；以乐寿堂为主体，包括玉澜堂、宜芸馆和建有 3 层大戏楼的德和园的生活区；以万寿山上佛香阁为中心的游览区。

游览区为颐和园之精华，由前山、后山和昆明湖 3 部分组成。在前山，沿着昆明湖北岸，一条绘有4000余幅彩画的728m长的长廊将分散的建筑物有机地连接起来。一条中轴线穿过湖边的云辉玉宇牌楼，排云门、二宫门、排云殿、佛香阁直至山顶的智慧海紧密地串联在一起，一眼望去，殿阁峥嵘、黄瓦起落，一派壮丽景色。在后山，以北宫门内山上的喇嘛庙为中心，东西两侧均衡地布置云会寺、多宝琉璃塔等寺塔，并以穿行于山坳中的幽径串通东西。这里，古松苍天，环境清幽，使人感到“柳暗花明又一村”，别有一番情趣。昆明湖位于万寿山以南，水面广阔，湖中有著名的南湖岛，湖岸四周建有知春亭、十七孔桥、西堤六桥和石舫等临水建筑，故有两堤六岛九桥之缩称。

颐和园的总体布局还采用了借景手法，将园外的西山和玉泉山的群峰作为远景巧妙地“借”入画面，使得空间更为深远，气势愈加磅礴。颐和园的园林设计集中国造园艺术之大成，蜚名世界，在中外园林艺术史上享有极其重要的地位。1998 年被列为世界文化遗产。

2.2 西方古典建筑

在地球上，由于地理位置的不同,从而形成了东、西两个半球。在这两个半球上，人类所从事的建筑活动，又由于彼此的自然条件、社会政治经济发展、哲学思想、生活习俗等各种因素的不同，又各自形成了独特的建筑体系。

位于东半球的古代希腊、罗马时期创造了一种以石制的梁柱和拱券作为基本构件，特别是以规则严谨的柱式为主要特色的建筑形式，后来经历了漫长的历史时期，一直延续到17世纪甚至更后一些时期。在世界上成为一种具有历史传统的建筑体系，这就是我们通常所说的西方古典建筑。西方古典建筑对欧洲乃至世界许多地区的建筑发展曾发生过巨大影响，它在世界建筑史中占有重要的地位。

2.2.1 建筑体系

纵观西方古典建筑的漫长发展历史可以知道，影响建筑体系发展和演变的有几个主要的历史时期，也可以说是“里程碑”。

1）古埃及建筑——大漠中的永恒

埃及、印度、中国、美索不达米亚、墨西哥被称为世界上五大文明古国。而埃及文化发展尤早。埃及位于非洲东北部尼罗河流域，最早的埃及人大约在一万年前便开始在这里定居，直到公元前3200年前后建立了古代埃及王国，成为统一的奴隶制国家。

埃及人是世界最早宣称灵魂不朽的民族，坚信人死后灵魂不灭，只要保护住尸体，日后就会在极乐世界里复活永生。因此，他们特别重视建造陵墓。这些为死人建造的陵墓随着人类对建筑空间的深入认识而变得越来越简单、有力，陵墓的形制从阶梯式逐渐简化到再也无法简化的正四棱锥体，其体量越来越大，直到最后从心理上征服每一个朝圣者，最终在公元前3000年左右形成了古埃及历史上最成熟、最辉煌的吉萨金字塔群。

金字塔有双重任务，首先，它必须埋葬和保存法老（皇帝）的遗体，使之免于腐烂，同时它又是歌颂法老万能、体现埃及宗教精神和供后人永志不忘的实体纪念碑。金字塔内部充满神秘，给人以幻想和威慑，但其外形却异乎寻常地简单明了，其巨大体量支配着周围的空间，给人以震撼和压迫。这种形式与内容的矛盾、使金字塔更具有精神上的魅力。

古埃及除了最伟大、最完美的建筑物金字塔外，还有神庙、石窟庙、石窟墓和住宅等。到了新王国时期（公元前16－前11世纪），是古埃及最强大的时期，皇帝被认为是高于一切的太阳神的化身。于是太阳神庙就代替陵墓成为皇帝崇拜的纪念性建筑物而占据有重要位置，并与地方神阿蒙的庙合二为一了。

神庙建筑的构思特点是体现隐晦、曲折和压抑的室内空间。神庙的形制先是有一些贵族的祀庙，后发展为贵族府邸的中央部分，在一条纵轴线上依次排列高大的门、围以柱式院落、大殿和一串密室，并采用原始的石梁柱结构。神庙门前一般都设立一对或两对方尖碑，作为太阳神的标志。通常为10～20m高，有的达30m以上，在门前有一条长长的神路，两侧密排着狮身人面像，约有一人半高。

神庙的艺术表现力主要体现在建筑内部，从金字塔和崖窟墓以外部表现力为主转向注重建筑内部的表现这是一个大的变化。在神庙主要建筑的大殿中，设立许多排列拥挤的粗壮石柱，多的可达134根。中央两排石柱（有的21m高）比两侧要高，形成了侧高窗。光线透过窗口的石栅射到柱子上,形成奇形怪状的光斑。在阴暗的大殿里，在光线映射下的柱子上的浮雕，色彩鲜艳而尺度很大。

朝圣的人无法知道这大殿究竟有多大，仿佛每根柱子后面都连通着更远的空间，心理上产生强烈的压迫感与恐惧感。这时候才能隐约见到正中的皇帝坐像，仪典时由火炬照亮。皇帝像的后面又有一串厅堂，一个比一个矮，一个比一个小，最后一个厅里放着一只木船，宗教节日时木船载着皇帝的木雕像巡游，接受臣民的膜拜。皇帝乘船巡游，象征他是尼罗河的主宰，而尼罗河是埃及的命脉。

（2）**魅力永恒的古希腊建筑——高贵的纯朴，壮穆的宏伟**

公元前8世纪,在巴尔干半岛、小亚西亚西岸以及爱琴海各岛屿上形成了许多奴隶制的小城邦国家，如雅典、斯巴达、奥林匹亚等，它们被统称为古希腊。

古希腊是欧洲文明的发源地。优越的自然条件、频繁的海上贸易以及不断的对外殖民，使希腊的经济得到迅速发展，再加上一些国家自由民阶层（如船主、手工业者、商人等）对贵族斗争的胜利，建立了奴隶制的民主共和政体，民主政治得到发展，从而进一步促进了希腊哲学、自然科学以及文化科学的全面繁荣。

古希腊的建筑同样也是西欧建筑的开拓者。它的一些建筑物的形制，石制梁柱结构构件和组合的建筑形式，建筑物和建筑群设计的一些原则，都成为西欧建筑的典范。特别是留给人类最宝贵的遗产——“柱式”这一建筑造型的基本元素，历经两千多年仍长盛不衰。

希腊的古典文化时期（公元前5世纪中叶—前4世纪中叶）是古希腊的繁荣时期，神庙建筑代表着古希腊建筑艺术的发展水平。古希腊的自由民要求神庙气氛不是神秘，不是威严，更不是蔑视人的感情与理智，而要求表现他们对现实生活的兴趣，表现他们的尊严、自信、乐观和力量，他们希望神庙有明朗、和谐、典雅的外表。因此，希腊神庙是作为城市居民社会生活中重大活动的场所，是社会财产和艺术品的仓库，具有公共性质,前面的广场是聚会和举行宗教祭祀的地方，神庙为人而建的性质并不因为是祀奉神而有所改变。这种对人类自我实现精神的颂扬正是古希腊建筑永恒魅力的关键所在。其中雅典卫城及其所有建筑就是杰出的代表作品。神庙建在一个三级台基上，两坡顶及东西两端形成三角形山花，这种格式被认为是古典建筑的基本形式。神庙外围廊上的多立克柱式被誉为此种柱式的使用典范。

在漫长实践过程中，古希腊人认识到充分体现神庙的气质都蕴涵在人体的形象之中。因此，在制定建筑法式和建筑物的比例关系时，常以健美的人体作为标准。希腊人创造了围廊式建筑形制，并形成了成熟完美的柱式体系，柱式成了表达建筑物个性与内容的造型语言符号，使建筑空间更理想化和规格化。

古希腊建筑最初也是木结构，后来逐渐演变成以石材为主的建筑。这种石结构是以梁柱为主，柱子由鼓形石料分段拼合而成。门窗多用过梁，且很少用窗，一般用门及天窗采光。屋顶为两坡顶，檩椽均为木制，然后架于四周柱子和墙上。对于重要建筑，室内设柱子，屋顶则采用石板和瓦。建筑平面布置简单，大多为对称，墙面多用大理石砌成，石块之间用金属连结。

希腊人创造了多立克柱式和爱奥尼、科林斯3种柱式，按照古希腊人的美学观点，多立克柱式体现了刚毅、力量、庄严，是男性人体的象征；而爱奥尼柱式则明快、华丽，体现着优雅与柔和，是女性人体的象征。古希腊的建筑类型除神庙外，还有大量反映当时发达市民生活的公共建筑，如露天剧场、竞技场、广场和敞廊等。

古希腊的建筑文化特点是青春、朝气、开朗明快。古希腊文明的核心则是户外活动，人成了建筑的精神主人，在雅典的国歌中唱着“世间有许多奇迹，人比所有的奇迹更神奇”。建筑空间里的人体尺度和民主意识具有永恒的精神魅力，给后人留下了一笔丰厚的精神财富和文化遗产。

（3）**古罗马的静态空间——征服者的建筑空间**

古罗马原是意大利中部的一个小城邦国，公元前5世纪实行了共和政体。公元前3世纪征服了整个意大利，至公元前1世纪末终于统治了大部分欧洲，版图包括了南到埃及和北非、北到现在的法国、东至叙利亚、西至西班牙等的大片领土。从此以后，变成了强大的横跨欧、亚、非三大洲的罗马帝国。这时期的世界不再由那些自由、进取、探索的人们所把持，而是换成了英雄、伟人和野心家。古罗马到处是为战争、为鲜血、为统治者享乐而建立起来的巨大建筑。

古罗马建筑继承了古希腊的建筑成就，发展达到了世界奴隶制时代建筑的最高峰。是世界建筑史最光辉的一页。在建筑上的伟大贡献主要有下述几方面：

①由于发明了以火山灰为活性材料的天然混凝土，从而创造了很完善的拱券结构体系，使建筑摆脱了承重墙。可以说，拱券技术使建筑发生了一场深刻的变革。

②为适应社会需要，扩展了建筑创作领域，建造了许多新的建筑类型。除了神庙外,还出现了剧场、竞技场、浴场、罗马人首创的角斗场和巴西利卡等公共建筑，以及雄伟壮丽的战争凯旋门、记功柱和城市广场。每种类型建筑都有相当成熟的功能形制和艺术样式。

③空前地开拓了建筑内部空间，发展了复杂的内部空间组合，创造了相应的室内空间艺术和装饰艺术。如罗马城的万神庙（又名潘泰翁神庙）穹顶直径达43m，曾是现代结构出现之前世上跨度最大的建筑物。

④丰富了建筑艺术手法，增强了建筑的艺术表现力。罗马的建筑艺术在空间尺度方面见长，比希腊建筑艺术更富丽豪华。罗马人继承了希腊柱式，又加以发展，增加了塔斯干式和混合柱式两种柱式。其中混合柱式更为华丽。同时，他们又出色地解决了柱式与券拱的结合，出现了很成功的券柱式。在券柱式中，柱式被看成一种象征性的装饰构件。

⑤建筑先哲维特鲁威在公元前1世纪写就《建筑十书》名著。15世纪成为欧洲建筑师的基本教材。至今对建筑设计仍然具有指导意义。

古罗马的建筑成就主要集中在“永恒之都”罗马城，城市的大角斗场（82年建成）、万神庙（128年建成）和大型公共浴场（主要建于3世纪和4世纪初）代表了古罗马的建筑成就。

罗马的统一战争和征服意识造就了古罗马特有的大空间意识。其建筑空间可概括为：良好的布局，单一的功能，结构上的大胆与统一，空间里思想意识的豪放流露，基本形体的适当运用。因此，在建筑空间里，没有古希腊的纯朴、优美、高雅的精神内涵，只有发达的世俗和精力过剩的战争意识，内部空间体积取代了艺术雕刻而成为建筑的主角。这种内部空间是静态的，不管何种形状，其共同的规律是左右、前后对称，相邻各空间的关系是各自独立的。空间的超人尺度、壮观效果与观者的存在无关，这种空间不因有观者的存在而有任何变化，它是沉静、独立地存在着。虽然建筑空间缺乏细致入微的艺术处理，但毕竟是真正的建筑空间。

古罗马建筑遗产一直是欧洲建筑师灵感的源泉之一。到19世纪末20世纪初还有巨大的影响。迄今还没有完全失去意义。

（三）西欧罗马风建筑与哥特式建筑——矛盾、激情、冲突

罗马风建筑（又称似罗马建筑）和哥特建筑是西欧封建社会初期（9–12世纪）和盛期（12–15世纪）的建筑。

欧洲中世纪，基督教占统治地位，当时，基督教分成两个教会。西欧是天主教，东欧则奉行正教。正教的中心在君士坦丁堡。封建分裂状态和教会的统治，对欧洲中世纪的建筑发展产生了深刻影响。宗教建筑在这时期成了唯一的纪念性建筑，成为建筑成就的最高代表。西欧与东欧的中世纪历史很不一样，西欧的天主教堂和东欧的正教堂，在形制上、结构上和艺术上分别为两个不同的建筑体系。在西欧，发展了古罗马的拱顶结构和巴西利卡形制，在东欧，发展了古罗马的穹顶结构和集中式形制。预示着教堂建筑新的历史阶段的到来。

基督教在欧洲占统治地位后，基督徒们在罗马建筑的废墟上找到了建筑灵感，他们将希腊建筑的人体尺度与罗马建筑的室内空间概念结合起来，进行了功能性的改革，以满足基督教徒虔诚的默祷和向上的精神追求。于是，在分裂的欧洲土地上，出现了许多具有各民族特色而又混和着罗马精神和建筑形制的教堂建筑，这种形式上略有古罗马风格的教堂建筑被称为“罗马风”建筑。

基督教堂不再是保存上帝偶像的神秘建筑场所，而是一个聚会的场所，一个聆听上帝声音和掏空灵魂进行忏悔的场所，是基督教徒虔诚祈祷的场所。他们按人们在教堂中的行进路线和人们的精神寻求之间的适应关系来组织和设计建筑空间，因此，一个长长的拉丁十字形被确定为基督教堂的典型平面。

“罗马风”建筑有两个显著特点：一是建筑结构在空间塑造方面起了重要作用，结构形式和建筑艺术向着有机结合的方面发展；二是建筑内部空间已具有动态感，这种动态反映在立面上是一种强烈的垂直升腾感——这是罗马风建筑的主要成就。

公元8世纪以后，欧洲孕育着一种越来越不可遏制的愿望，就是要表达更强烈的民族情绪和宗教向往。于是，一个真正大众的、世俗的宗教建筑活动开始了，在法国以及欧洲各地，各种直刺青天的哥特式教堂纷纷建成。人们赋予哥特式建筑的精神特征是：在雄伟与崇高的静穆中，超越建筑的功能而显示出建筑本身的无限，体现更强烈的宗教情绪。

哥特式教堂的结构体系富有创造性，其特点是：第一，使用骨架券作为拱顶的承重构件，十字拱成了框架式，这样可减轻其余填充围护部分的重量，从而大大减小侧推力；第二，用独立的飞券在两侧凌空越过侧廊上方，在中厅每间十字拱四角的起脚抵住它的侧推力，飞券落脚在侧廊外侧墙垛上，飞券和骨架券一起使整个教堂的结构近于框架式；第三，全部使用二圆心的尖券和尖拱。因侧推力较小，有利于减轻结构，而且可以使不同跨度的券和拱达到同样高度。哥特式教堂的结构技术是非常光辉的成就，使许多教堂的高度可达百余米，如德国乌尔姆市教堂中厅竟高达161m。

教堂的形制基本上是拉丁十字形，由于出现了新结构体系，布局可更加复杂。教堂内部，中厅一般不宽，但它们很长（如巴黎圣母院宽度只有12.5m，长度则达到127m）。因此，教堂内部导向祭坛的动势很强，祭坛上铺金绣银，摇曳的烛光照着受难的耶稣基督，造成了强烈的宗教情绪。由于技术的进步，中厅越来越高，拱券尖顶、骨架券从柱头上散射出来，有很强的升腾动势。裸露着的框架式结构，窗子占满了支柱之间整个面积，窗户镶嵌彩色玻璃，玻璃颜色有21种之多，阳光照耀时，室内显得五彩缤纷。支柱由垂直线组成，筋骨嶙峋，几乎没有墙面。雕刻、壁画之类由于无所依附而显得峻峭清冷，体现出教会否定物质世界、宣扬“纯洁的”精神生活的虚伪说教。

哥特式建筑在建筑历史上首次表现出人体尺度与建筑空间明显对比的空间效果，引发观者的心理不平衡，从而产生出矛盾冲突的运动与激情，产生奋斗与忘我的情绪，而不是宁静沉思的气氛，是用空间体现宗教的成功典范。哥特式教堂的历史，同市民的独立战争和民主政体相始终。到15世纪，市民内部发生了明显的阶级分化，法国、英国等的王权已统一全国，哥特式教堂的发展也终于走到了尽头。但它的建筑空间迄今仍影响着教堂建筑的设计和发展。

（5）文艺复兴建筑——寻求秩序的建筑空间

欧洲资本主义的萌芽是从14世纪的意大利开始，15世纪以后遍及各地，16世纪下半叶日趋衰落。文艺复兴是14–16世纪欧洲文化和思想发展的一个时期，16世纪欧洲史学家认为它是古代文化的复兴，“文艺复兴”便因此而得名。

新兴的资产阶级为巩固和发展资本主义生产关系，展开了建立新的思想文化上层建筑的斗争。新思想的理论基础是人文主义，核心是争取个人在现实世界中的发展。斗争锋芒直指封建社会的否定人生、否定现实的宗教哲学。他们找到了被封建教会斥为异端、禁锢了千年之久的古希腊和古罗马的思想文化，重新认识了它的价值。掀起了如醉如狂的对古典文化的学习与再创造热潮。在思想文化各个领域的全面繁荣中，建筑各地也是思想大解放，创作活跃，充分利用当时科学技术的最新成就，造成欧洲建筑史中的新高潮。

文艺复兴时期的建筑不是简单的模仿或照搬希腊罗马的式样，它在建筑理论上、建造技术上、规模和类型上以及建筑艺术手法上都有很大的发展。埋没了近千年的古典柱式重新受到重视，又被广泛地应用于各种建筑中，各种穹顶、券廊、特别是柱式组合成为文艺复兴时期建筑构图的主要手段。文艺复兴建筑思想的伟大成就在于将古希腊神庙外部空间呈现出的青春朝气、生机勃勃的人类感情移入到室内空间中去。说得更准确些，就是将古罗马风时期和哥特时期仅限于平面设计的那种格律转变到空间效果中去。

文艺复兴建筑风格，无论是在建筑空间、建筑构件上，还是在建筑外形的装饰上，都具有一种秩序、一种规律、一种统一的理性空间概念。到了文艺复兴盛期，建筑空间表现出了新的体积感和雕塑感，表现了体量上的艺术规划和平衡。圆形和浑然一体的形式成为这时期常用的建筑形式语言。

中世纪的意大利佛罗伦萨是文艺复兴的中心。文艺复兴建筑的代表作有：意大利佛罗伦萨主教堂的大穹顶（1470年建成），穹顶内径42m，高30余m，整个建筑高107m；梵蒂冈圣彼得大教堂（1506–1626年），教堂平面为拉丁十字形，总高137.7m；英国伦敦的圣保罗教堂（1675–1710年），穹顶共3层，直径为30.8m，总高112m，为当时最美丽的一个教堂；还有威尼斯的圣马可广场等。

意大利文艺复兴时期的主力军是行会工匠，这时的建筑师还是工艺匠师。他们在反对中世纪的封建宗教的斗争中表现出了生动的创造性，杰出代表是：意大利早期文艺复兴建筑奠基人勃鲁乃列斯基（1379–1446年）和盛期文艺复兴建筑的奠基人伯拉孟特、米开朗琪罗（1475–1564年）、意大利晚期文艺复兴的主要建筑师拉斐尔（1483–1520年）、维尼奥拉（1507–1573年）和帕拉帝奥等。生气蓬勃的文艺复兴时期培育了群星璀璨的一代“巨匠”。他们在榛莽中前进，有曲折，有回环，但他们始终不屈不挠地朝着进步和发展的大方向，勇往直前。反映了他们的思想原则和技术原则上的坚定性。

总之，文艺复兴时期活跃的建筑理论，激烈的建筑思想斗争、繁荣的建筑创作、反叛的革命精神将永远激励着建筑文化的发展①。

（6）欧洲古典主义建筑——理性主义的建筑空间

从15世纪下半叶起，随着资本主义的萌芽，法国建筑开始发生变化，至16世纪，建筑风格上渐渐摆脱了哥特式建筑传统，走向文艺复兴。16世纪中叶，在法国的中央集权统治进一步加强，宫廷迁回巴黎，宫廷建筑成为法国建筑界的主流，倾向于古罗马的柱式体系，追求建筑的雄伟庄严，严整和统一。17世纪中叶，法国成为欧洲最强大的中央集权王国。为了标榜法国君主制是“普遍与永恒的理性”，提倡能象征中央集权统治的有组织、有秩序、有理性的古罗马文化。因此，法国建筑总是笼罩在古典的秩序、统一和法则之中，总要回归古典规范。17世纪的法国建筑正式形成了古典主义风格。这时期，西方思潮的领导权从意大利转到了法国，法国的古典主义建筑成了欧洲建筑发

①附注：在文艺复兴的基础上，后来又产生了巴洛克建筑和洛可可风格。

巴洛克建筑——巴洛克一词原意为畸形的珍珠，是稀奇古怪的意思，古典主义者便把它用来称呼那些离经叛道的建筑风格。17–18世纪流行于欧洲的意大利、罗马、德国和奥地利等国。常在文艺复兴建筑的基础上应用曲线与变形，并用强烈的装饰与鲜艳的色彩来追求一种自由、动态、神秘和富丽的效果。

洛可可风格——起源于18世纪20年代的法国，是在室内装饰、工艺美术、家具和绘画上应用的一种艺术风格，建筑中主要应用在室内装饰上，也可用于室外。具体设计手法是在巴洛克的基础上演变而来，主要特征是：应用明快的色彩和细腻的装饰（但不像巴洛克用强烈色彩和动态的浮雕），常用不对称构图，大量使用弧线、旋涡等作为装饰题材，天花和墙面常用曲面相连。在色彩上喜用黄、浅绿、粉红色等，天花则用蓝、白相间的颜色。

展的主流。古典主义者认为：古罗马建筑包含着超乎时代、民族等的绝对规则。这种绝对的规则就是纯粹的几何结构和数学关系，他们把比例尊为建筑造型中决定性的，甚至是唯一的因素，说“美产生于度量与比例……”只要比例恰当，连垃圾堆都会是美的。对古典柱式更是推崇备至，说“柱式给予其他一切以度量和规则”，把柱式建筑尊奉为“高贵的”，反对柱式与券拱的结合。强调建筑构图中的主从关系，突出轴线，讲求对称。主张建筑的真实，反对感情和情绪的表现（实际上，宫廷放荡奢靡的生活，珠光宝气豪华的装饰，始终在建筑物内部占重要地位）。

古典主义建筑代表作有：法国维康府邸（1656–1660年），是路易十四的财政大臣福克的住处，为早期古典主义作品，建筑物呈同一轴线对称布局，花园是全部几何形的；巴黎罗浮宫（1546–1878年）是法国历史最悠久的王宫，屡经改造和扩建，主要是文艺复兴盛期作品，东立面和东廊是古典主义作品。其中凡尔赛宫（1661–1756年）还是欧洲最大的王宫。

古典主义使法国建筑达到了崭新的阶段，获得重大成就，并产生了深远的影响。古典主义的建筑理论具有进步意义，相信建筑美的规律（特别是比例和数字关系）是可以认识到的，并提出了真实性、简洁、和谐、合理等一些理论原则，还在法国建立了欧洲最早的建筑学院。但我们要知道，那时对形式美的认识是形而上学的，没有看到对立统一的规律是形式美的基本规律，仅仅把和谐的比例作为最高原则，最终又使比例僵化地趋向形式主义了。

2.2.2 古典柱式

图 2-16 柱式组成

柱式是西方古典建筑最基本的组成部分，也是西方古典建筑艺术造型的主要特点。希腊时期有3种柱式:多立克柱式(Doric Order)、爱奥尼柱式（Ionic Order）、科林斯柱式(Corintain Order);罗马时期又增加了两种柱式：塔斯干柱式（Tuscan Order)、混合柱式(Composite Order)。希腊和罗马时期的各种柱式虽已形成了固定的风格和基本比例，但由于它们都经历了一定的发展和演变过程，所以，同一种柱式在各建筑物中常因具体情况不同而各有差异。文艺复兴时期，人们从对古建筑的大量测绘中，以5种柱式为基础，制定出严格的比例数据，总结成一定的法式（俗称五柱规范），其中以意大利维尼奥拉(1507–1573年)、阿尔伯蒂（1404–1472年）所制定的柱式规范影响最大并作为学习古典建筑的蓝本。

（1）柱式的组成、性格和比例

柱式一般由檐部、柱子、基座3部分组成，有时无基座（图2-16)。柱子是主要的承重构件，也是古典建筑造型的重要组成部分。从柱身高度的1/3开始，它的断面逐渐缩小，称为“收分”。柱子收分后，形成略微向内弯曲的轮廓线，加强了它的稳定感。

檐部、柱子、基座各自又有细部组成，大多是由于结构或构造的要求发展演变而来。檐口、檐壁柱等重点部位常有各种雕刻装饰；柱式各部分之间交接处也常带有各种线脚。柱式各部分之间都有一定的比例关系。由于建筑物的大小不同，柱式的绝对尺寸也不同，为了保持各部分之间的相对比例关系，一般采用下部的半径作为量度单位，称作“母度”(module)。母度的作用相当于中国古代建筑中的“斗口”。

柱式的性格特点主要是通过不同的造型比例和雕刻、线脚的变化来体现的，一般认为：

多立克柱式——刚劲、粗壮浑厚有力，象征男性的体态和性格；

爱奥尼柱式——优美典雅，象征女性的体态和性格；

科林斯柱式——纤巧华丽；

塔司干柱式——是罗马原有的一种柱式，雄壮；

混合柱式——由爱奥尼柱式和科林斯柱式混合而成，更为华丽。

柱式的比例数据见表2-1和图2-17。

从表中可知：

①各柱式的檐部、柱子和基座的大小比例相同，均为1/4：1：1/3。

②表中自左至右柱子比例愈来愈细长，柱高分别为柱径的7，8，9，10倍。

③柱头高度以爱奥尼柱式最小（*D*/3或*D*/2），科林斯柱式和混合柱式最大（7*D*/6）。

表2-1　各种柱式比较

<table>
<tr><th></th><th colspan="3">各部分名称</th><th colspan="2">塔司干</th><th colspan="2">多立克</th><th colspan="2">爱奥尼</th><th colspan="2">科林斯
混合式</th><th colspan="2">希腊多立克</th></tr>
<tr><td rowspan="9">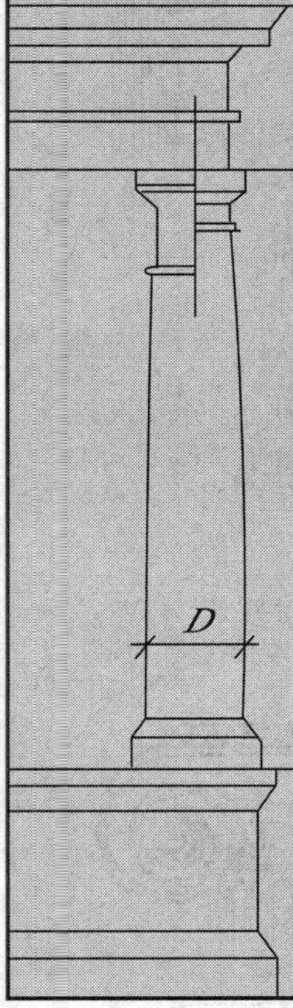
</td><td rowspan="3">檐部</td><td rowspan="3">1/4</td><td>檐口</td><td rowspan="3">7/4</td><td>3/4</td><td rowspan="3">2</td><td>3/4</td><td rowspan="3">9/4</td><td>7/8</td><td rowspan="3">5/2</td><td>1</td><td rowspan="3">2</td><td>1/2</td></tr>
<tr><td>檐壁</td><td>1/2</td><td>3/4</td><td>6/8</td><td>3/4</td><td>3/4</td></tr>
<tr><td>额枋</td><td>1/2</td><td>1/2</td><td>5/8</td><td>3/4</td><td>3/4</td></tr>
<tr><td rowspan="3">柱子</td><td rowspan="3">1</td><td>柱头</td><td rowspan="3">7</td><td>1/2</td><td rowspan="3">8</td><td>1/2</td><td rowspan="3">9</td><td>1/3(1/2)</td><td rowspan="3">10</td><td>7/6</td><td rowspan="3">4-6</td><td>1/2</td></tr>
<tr><td>柱身</td><td>6</td><td>7</td><td>8</td><td>25/3</td><td>4-6</td></tr>
<tr><td>柱础</td><td>1/2</td><td>1/2</td><td>1/2</td><td>1/2</td><td>无</td></tr>
<tr><td rowspan="3">基座</td><td rowspan="3">1/3</td><td>座椅</td><td colspan="8">座檐为基座高的1/9</td><td rowspan="3" colspan="2">没有基座，
但有三个
踏级的柱座</td></tr>
<tr><td>座身</td><td colspan="8">座檐为柱高的1/3</td></tr>
<tr><td>座础</td><td colspan="8">座础为基座高的2/9</td></tr>
</table>

注：1.柱子总高度假定相同。
　　2.直径*D*=2母度。

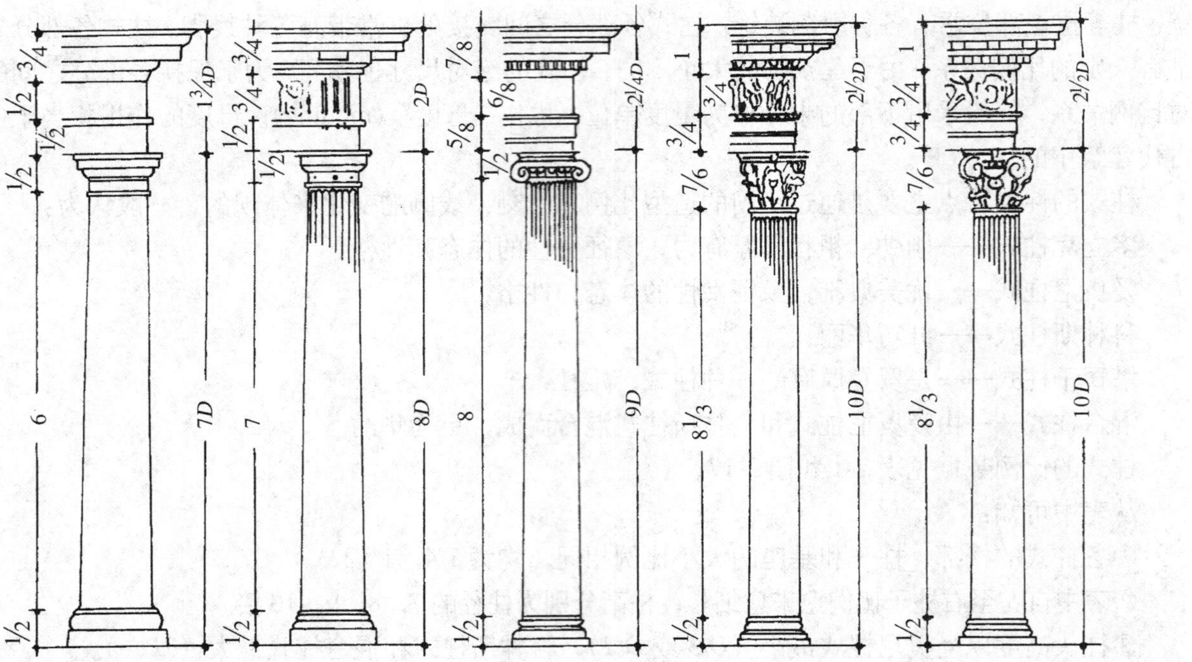

塔司干柱式　多立克柱式　爱奥尼柱式　科林斯柱式　混合柱式

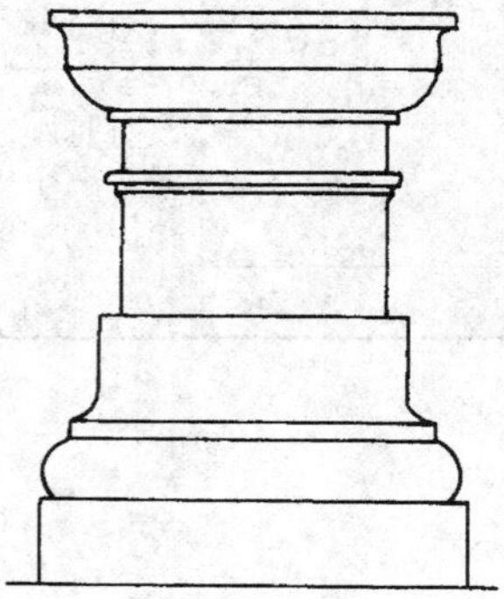

罗马塔司干柱式

罗马混合柱式

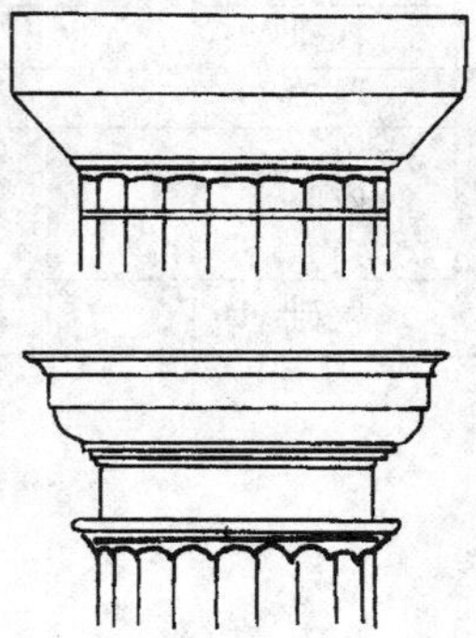

上：希腊多立克
下：罗马多立克

上：希腊爱奥尼
下：罗马爱奥尼

图 2-17 柱式比例、线脚装饰

④柱身断面：塔司干柱式——无槽；

爱奥尼柱式——20个连续凹槽，槽深小于槽半径；

爱奥尼、科林斯及混合式——均有24个带平齿的半圆形凹槽。

⑤檐部的装饰在表中自左至右渐趋复杂，如塔司干柱式的额枋是一个完整部分，而其他柱式则用线脚分割为2个或3个部分。

⑥各柱式的柱础均为$D/2$,但由于D的绝对尺寸不同，实际上，在表中，自左至右，柱础在柱子中所占比例在缩减，而柱础的线脚划分却在增多。

⑦各柱式的基座均分为3个部分，它们之间的比例关系都相同。

⑧各柱式的檐部分3个小部分，其比例在不同柱式中都有变化。

对于初学者来说，应该首先熟悉各种柱式的大比例关系，其他纷繁的数字比例可在需要时查阅有关资料。

（2）柱式装饰

古典柱式装饰主要是雕刻和线脚处理。

雕刻在西方古典建筑中的地位正如中国古代建筑中的彩画一样，是一个不可分割的组成部分。它们主要集中于山花、檐部、柱头、券洞、门套等部位。此外在屋脊、檐口、雨水槽、牛腿等具有构造作用的地方也常有各种雕饰。这些雕刻大多为立雕或浮雕（图2-18）。

一般装饰内容如下：

植物纹样——常以毛茛叶、棕榈叶、忍冬叶及卷草为母题；

几何纹样——如回纹、涡卷、连珠等；

人物——多以神话或战争故事为题材；

动物——如狮、牛、海豚以及拟想的怪兽等；

器物——如兵器、甲胄等；

文字——常见于女儿墙或额枋上，与其他雕刻不同，一般多用阴刻。

文艺复兴以后装饰有“安琪儿”、盾徽、鹰、花瓶等，内容更为广泛。

线脚是古典柱式构图中一个不可缺少的艺术元素，有人曾把希腊和罗马的建筑比做“花岗石的书”，称线脚是“石头的字母”。古典柱式的线脚一般由直线和曲线2种艺术元素组合而成，各自又有专门的名称。

线脚的发展变化与柱式的演变也密切相关，如希腊的线脚形态自然，刚劲挺拔，它的曲线轮廓很难用规整的弧线表现，而罗马的线脚则多采用直线与半圆或1/4圆进行组合。经过千百年的锤炼，柱式中线脚的组合达到了相当完美的境地。在各种线脚组合中，引用各种曲线刚柔的对比，疏密简繁的变化，以及受光、背光和阴影效果，对丰富柱式的造型和表现柱式的不同性格有着重要作用。它们既符合结构受力的特点，又满足人们的审美寻求，具有突出的装饰效果（图2-19）。

（3）柱式组合

柱式的各种组合构成了西方古典建筑丰富的内部和外部的立面构图。常见的柱式组合有列柱、壁柱、倚柱、券柱等（图2-20）。

列柱——由一排柱子共同支撑着檐部。它可以在建筑的一个立面形成柱廊，也可以形成矩形或圆形的围廊。列柱依靠柱子的重复排列而产生一种韵律感。

壁柱——实际上只是墙的一部分，并不独立承重，但保持着柱子的形式，主要起装饰或划分墙面的作用。壁柱按凸出墙面的多少可分为半圆柱、3/4圆柱和扁方柱等。

倚柱——柱子是完整独立的，与墙面离得很近，自承重量。主要也是起装饰作用，常与山花共同组成门廊，强调建筑物的入口部分。

①山花上部饰座　②山花面的主要雕饰　③山花下部饰座　④檐壁三陇板及陇间壁雕饰
⑤柱廊内墙壁上端的雕饰　⑥回纹饰　⑦檐口排水槽兽头　⑧柱头上的毛茛叶饰
⑨柱头上的涡卷及蛋舌形饰　⑩有时柱下部也有雕饰　⑪门套挑檐的支撑牛腿　⑫线脚中的叶饰、蛋形饰
⑬线脚中的甘菊花饰　⑭圆形雕饰

图 2-18 柱式雕刻装饰

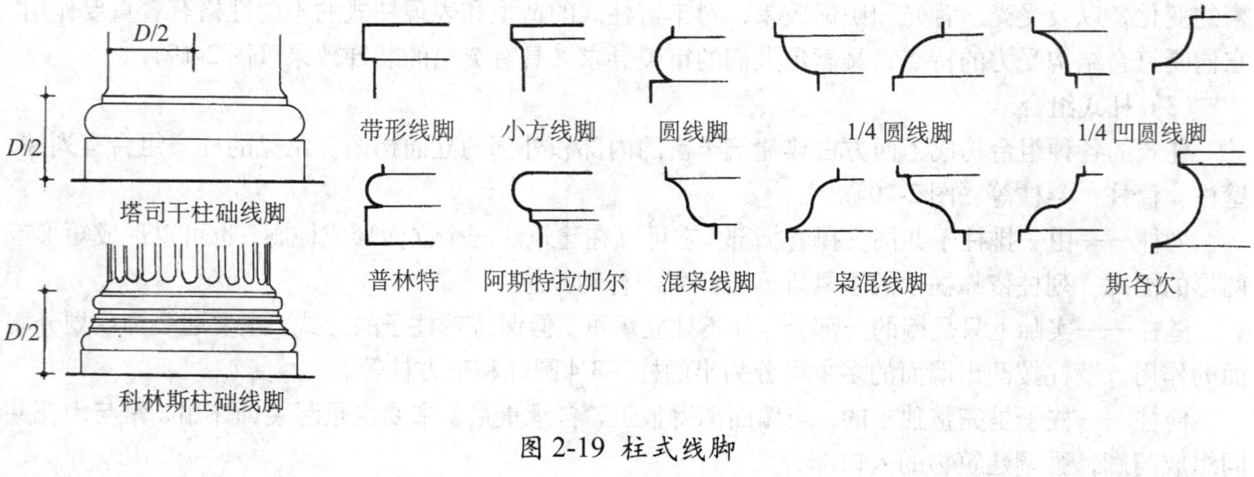

图 2-19 柱式线脚

券柱——发券与柱子的结合，使建筑物的立面构图增加了活泼的曲线。券柱式中的柱子已经没有结构作用，它们一般采用壁柱的形式，作成独立于墙外的“倚柱”。立面上重复安排同样的发券洞口称为“连续券”。文艺复兴时期的意大利建筑师帕拉帝奥把两个大柱子之间的方形开间里又增加了两个小柱子，由它们承托发券，这样，每个开间就被分割成为3部分（左、右两个小洞口和中间带有发券的大洞口）。从而造成了柱子有粗细高矮、洞口又有大小曲直的丰富变化。并可使每个开间左右延续，或上下叠合，使建筑物显得完美和谐，富于韵律感。这种处理手法被称为“帕拉第奥母题”。

其他还有巨柱（指柱子贯通两层高度）、双柱（将两个柱子并排在一起）、叠柱（将柱子按层设置），可使建筑物高大雄伟，富于韵律感。

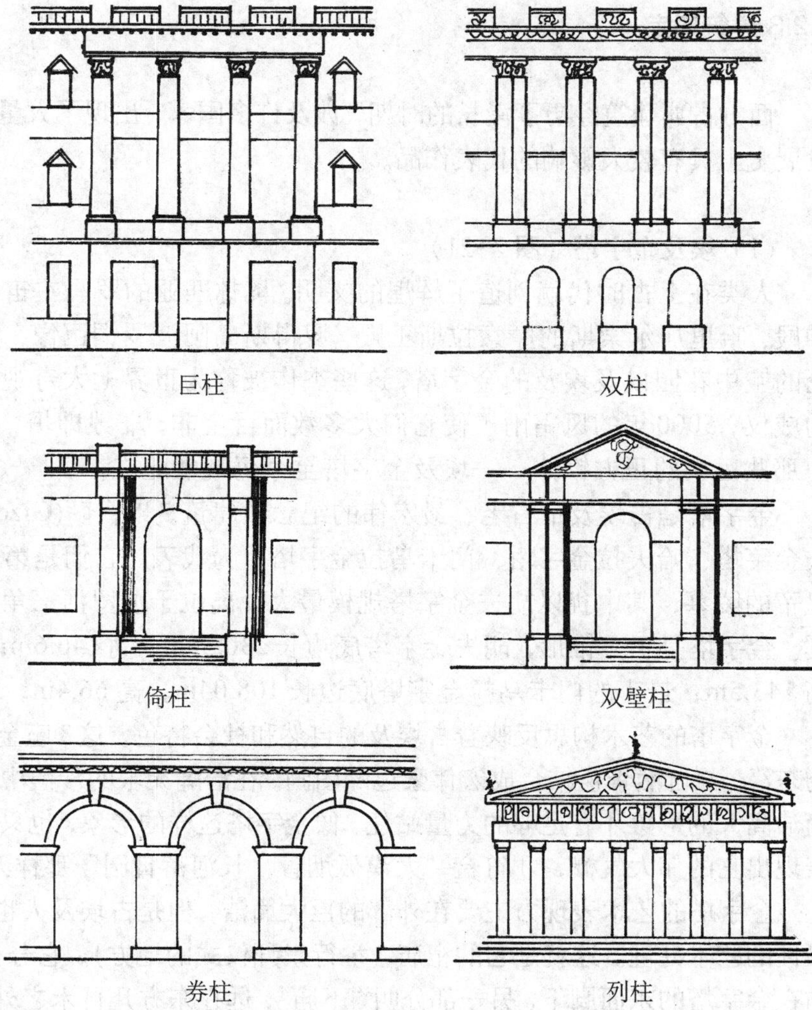

图 2-20 柱式组合

总之，从上可知，西方古典建筑中的一个基本特点是：强调构图的完整性和主从关系的协调。如柱式分为3段，柱子也分为3段，柱头又分为3段……从整体到局部，每部分都有头有尾，有主有从，透过一系列的比例关系所体现出来的正是它们的整体与分部之间，分部与分部之间的和谐和完美的关系。

2.2.3 建筑瑰宝

西方古典建筑经历了漫长的时期，涉及许多国家，出现了大量的优秀建筑。现介绍若干在建筑发展史上具有较大影响的代表作品。

(1) 埃及金字塔（图 2-21）

人类在上古时代就创造了辉煌的文明。奥林匹亚的罗马主宙斯神像、埃弗兹月亮女神戴安娜神殿、哈里加尔索斯的摩索拉斯王殿、罗得斯岛阿波罗铜巨像、罗得斯岛的亚历山大灯塔、巴比伦的空中花园以及埃及的金字塔，这些杰作被称为世界七大奇观。但现在我们已无法再目睹它们的威仪，5000年的风霜雨雪使它们大多数面目全非，非毁即坍，零落成泥，化做尘土，唯有沙漠中那些巨大的正方锥体——埃及金字塔至今仍巍然屹立。

金字塔是古埃及最古老、最宏伟的纪念性建筑。以吉萨(Gizeh)高地上的3座金字塔（包括胡夫金字塔、哈夫拉金字塔、门卡乌拉金字塔）为代表。它们是第四王朝（约公元前3000年之初）皇帝的陵墓，其中犹以胡夫金字塔规模最大，离位于尼罗河三角洲的首都孟斐斯（Memphis）不远。金字塔呈正方锥形，胡夫金字塔底边长230.35m，高146.6m；哈夫拉金字塔底边长215.25m，高143.5m；最小的门卡乌拉金字塔底边长108.04m，高66.4m。

金字塔的艺术构思反映着古埃及的自然和社会特色。这3座金字塔矗立在尼罗河西岸，大沙漠的东缘，与自然景色结合成宏伟豪迈的图画。在浩瀚无垠的沙漠中，只有像金字塔那样稳定、沉重、简洁高大的形象才有足够的力量站住，像金字塔这样的形象，也只有在平野漠漠的背景衬托下才能表现出它的伟大气概，才符合“大漠孤烟直，长河落日圆”那样无比壮阔而永恒的意境。

金字塔的艺术表现力主要在外部的巨大简洁，但是古埃及人也给它设计了神秘的、压抑的、震慑性的艺术处理。这就是它的祀庙（举行崇拜仪式的地方）。它分为两部分，一部分叫“上庙”，紧贴在金字塔的东面脚下，另一部分叫“下庙”，远在东方几百米之外的尼罗河边。上庙和下庙之间用石块砌一条全封闭的走廊，只容一个人通行。皇帝（当时被宣扬为自然神）死后，送殡的队伍通过下庙几百米黑暗的走廊进入豁然开朗的上庙，猛然看见灿烂的阳光中端坐着皇帝巨大的雕像，会立刻感到自己的渺小，并被强烈的崇拜之情控制住了。

在哈夫拉金字塔的下庙旁边，是一个巨大的狮身人面像（又称Sphinx),古埃及第四王朝皇帝哈夫拉为使自己的形象永存于世，乃令工匠在他的陵墓旁建造了这座头部按自己面目雕刻的雕像。像高19.8m，长73.2m，面阔4.1m，主体由整块岩石雕成。

金字塔用浅黄色石灰石砌筑，外面贴一层磨光的灰白色石灰石板。最大的胡夫金字塔中心有墓室，可以从北面的入口经通道进去，墓室顶上架着7块大石板，每块重量都达几十吨。这个估计由250多万块石头垒砌而成的精确的方锥体，在平均重量约为2.5t的每块石头之间，竟然拼合得十分密实，甚至连一片薄纸也无法插进去。在当时技术手段还十分原始的条件下，这简直是不可思议的事情，它为后人完全揭开金字塔的谜底蒙上了一层神秘的色彩。

为了建造如此浩大的工程，胡夫强征徭役。在整整30年之久的时间里，每批十万数量的奴隶在烈日曝晒和皮鞭抽打下轮番服役，终于建成了这座神话王权的陵墓。尽管如此，金字塔仍然毫无动摇地象征着古埃及的“永恒”，是世界最大的金字塔，是建筑史上的伟大奇迹。

(a) 埃及吉萨金字塔群

(b) 哈夫拉金字塔狮身人面像

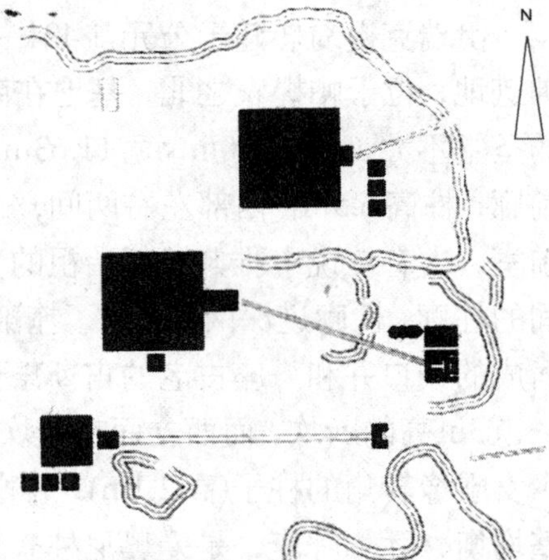

(c) 埃及吉萨金字塔群平面

图 2-21 埃及金字塔

（2）**雅典卫城**（图 2-22）

卫城在雅典城中央一个孤立的山冈上，高于平地70～80m，东西长约280m，南北最宽处约130m。地势险峻，仅在西面有一条上下出入的通道。建于公元前5世纪，是古希腊鼎盛时期最杰出的建筑创作。

卫城的主要建筑物有帕提农神庙、伊瑞克提翁庙、胜利神庙和山门等。因考虑到从山下四周仰望卫城的良好景观，这些建筑物基本沿周边布置；又考虑到在卫城内的观赏效果，它们相互之间既不平行，也不对称，而是利用地形把最好的角度朝向前来朝圣的人群。

山门建于公元前437－前432年。由于地面不平，而西边比东边低1.43m。屋顶也同样断开，这样就保持了2个立面各自的合适比例。山门的北翼是绘画陈列馆，南翼是个敞廊，它们掩蔽了山门的侧面。高、低两部分之间在内部用墙隔开，墙上开5个门洞。中央门洞前设坡道，可通马匹和车辆，其余门洞为踏步。

山门前后各有6根多立克柱。门的西半部坡道两侧，各有3根秀挺的爱奥尼柱，梁坊上彩绘着鲜艳的盾剑画。这两排装饰华丽的列柱作为山门的借景，背后又是湛蓝的天空，更烘托出山门的刚劲、庄重和动人效果。面对山门的是一座11m高的雅典娜铜像，铜铸而且镀金，手执长矛。铜像的垂直形体与周边横向建筑物产生对比，形成整个建筑群的构图中心。

胜利神庙在山门南侧向西凸出的悬崖上。体量很小，台基面积为8.14m × 5.4m，东、西两面各有4根爱奥尼柱。檐部上和女儿墙外侧浮雕题材都是反侵略战争的胜利。

帕提农神庙始建于公元前447年，于前438年完成。它是卫城上的主题建筑，是城邦保护神的庙宇，它是希腊本土上最大的多立克式庙宇。基座上沿长69.54m，宽30.89m。正面有8根柱子，侧面有17根柱子，柱高10.48m，全部用白色大理石砌成，铜门镀金，装饰雕刻都有浓重的色彩，并夹杂着金箔。它的内部分成两半。朝东的一半是圣堂，雅典娜女神塑像就矗立在大殿的正中，圣堂内部的南、北、西三面都有多立克列柱。朝西的一半是存放国家财务和档案的方厅，内设4根爱奥尼柱。

伊瑞克提翁庙建于公元前421－前406年。伊瑞克提翁是传说中的雅典人的始祖。庙址本是一块神迹地，位于帕提农之北。基地在南北向和东西向有断坎，传说中下有神迹。故不能改变地形。它的圣堂不大，长23.50m，宽11.63m。圣堂分两部分，东面仍然祭祀雅典娜女神，正面有6根柱子的前廊，柱高6.5m；西部左右两间，一间祀奉海神波塞冬，一间祀奉厄瑞克忒翁。两间之前公用一个前室，内有传说中雅典城邦始祖的墓。西部比东部低3.21m，只能由前室向北开门，门前有面阔三间的柱廊，柱廊进深两间，为了掩蔽传说中雅典娜和波塞冬为争夺对雅典的保护权时用三叉戟顿地而成的一口井和一座古老的宙斯祭台。圣堂的西墙外是传说中雅典娜手植的橄榄枝。庙的南墙紧贴一道3m高的断坎，而西立面在断坎之下。故巧妙地在西南角造了一个柱廊而连成一体。柱廊由6尊少女雕像转角的柱子(高2.1m)，雕像个个娴雅端庄,秀美健康。伊瑞克提翁庙体形较复杂，但构图完整均衡，互相呼应，是爱奥尼柱式最卓越的代表。

卫城建筑群精湛的设计和技艺讴歌了作为希腊文化摇篮的雅典古代文明。但是，卫城在希腊衰败之后不断遭到严重破坏。在1821−1830年希腊独立战争期间，卫城曾遭到严重的炮轰；1827年，土耳其军队把它夷为平地。英国诗人拜伦曾写道："美丽的希腊，一度灿烂之凄凉遗迹！你消失了，然而不朽，你倾塌了，然而伟大！……"美丽的雅典卫城伟大、不朽，然而消失了，倾塌了。人类文明最灿烂的花朵，举世闻名的古城堡，终于毁灭于人类自己的野蛮、贪婪和愚蠢之中。

(a) 雅典卫城全景

(b) 雅典卫城复原图

(c) 雅典卫城俯瞰

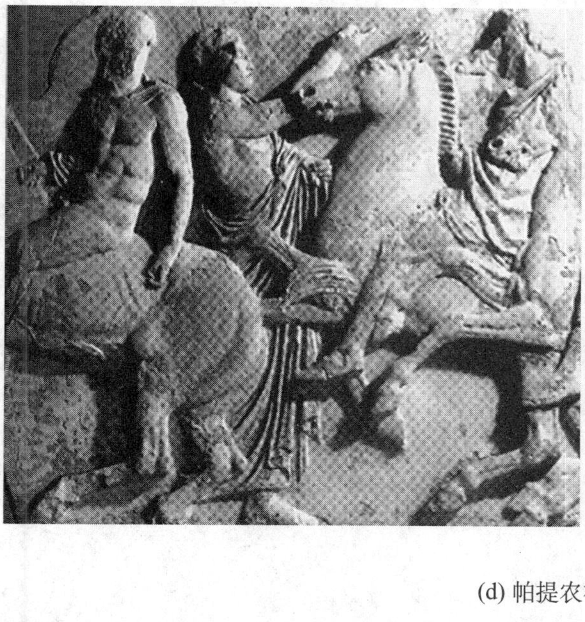

(d) 帕提农神庙局部雕刻

图 2-22 雅典卫城

（3）吴哥窟（图 2-23）

吴哥是柬埔寨的古都和文化摇篮。1113–1152 年，正值吴哥王朝二世鼎盛时期，为了祭祀“保护之神”毗瑟拏，在吴哥城南 1km 的丛林中，建成了吴哥寺，俗称吴哥窟。它既是一所寺庙，又是吴哥王朝一世的陵墓。

1861 年 1 月 23 日，法国博物学家亨利 · 穆奥尼在一片人迹罕至的茫茫榛莽中，神奇地发现了这座被悄悄淹没了 700 余年的稀世珍宝，从此，吴哥窟便一举成名。

吴哥窟地长约 1480m，南北约 1280m，围墙外是 190m 宽、8m 深的人工河。建筑群的中心是一座金刚宝座塔。金刚宝座塔在 2 层宽大的平台上，每层平台的边沿有一圈复廊，角上有亭，第二层平台的角亭的顶部高耸成塔。每边有门，西面是正面，2 层平台的西面都有 3 座门，它们之间用田字型的廊子连接。门和角亭的屋顶是十字脊，4 个山墙面都有错落,接应着廊子。金刚宝座塔在两条轴线的交点上。台基基底是 211m × 184m，上面沿边围一圈廊子，它们和 4 个长方形的过厅以及中央的方形神堂又组成一个田字型大布局，将 5 座塔连接起来。中央神堂上的塔高约 25m，连台基和两层平台一起总高大约 65m。以中央座塔为垂直构图主体的 5 个成簇尖塔破土而出，高高耸立，酷似春笋竞发，生动而庄重，它与水平的台基形成鲜明的对比，而又不失和谐统一，使得整座寺院构图完整，形态稳定，重心突出，主次分明。

在寺院底层回廊廊壁，布满了以印度佛经故事为题材的精美浮雕。座塔塔身和塔顶都细刻着莲花蓓蕾状的装饰。无论殿柱还是石阶，到处均可见到形貌绰约的浮雕和石像，其艺术价值之高，实为举世罕见。

吴哥窟是一项辉煌的成就，它体现了对体积、空间以及几何形体组合的深刻造诣。当时的建筑技术和风格非常有限，拱形结构和穹顶未为人知，但它的整体效果仍令人惊叹。它在世界建筑史中占有重要的地位。它的纪念性建筑形制是有独创性的，不愧为世界寺庙建筑群中最大和最著名的庙宇。

当今，吴哥窟作为柬埔寨宗教、历史、建筑遗产的一个非凡的楷模，将得到进一步保护和修复。

(b) 吴哥窟远景

(a) 吴哥窟的浮雕

图 2-23 吴哥窟

（4）巴黎圣母院（图2–24）

巴黎圣母院始建于1163年，由教皇亚历山大三世和法王路易七世共同奠基，历时182年，于1345年建成，是法国建筑史上耗时最长的建筑之一。位于巴黎市中心，屹立在塞纳河西岱岛的中央，周围碧水环绕，蓝天映衬，使这座雄伟的天主教堂更显雍容华贵之态。

圣母院有着典型的哥特式教堂的特点，大门朝西，其目的是为了让信徒们顶礼膜拜时能朝向东方——基督耶稣安息的地方。教堂内部空间被两排巨大的圆形石柱纵向分割为中厅和左、右侧廊。平面长约125m，宽约47m，中厅很高，是侧廊的3.5倍。柱与柱之间用尖拱廊相连。中舱是信徒们做礼拜的地方。内部装饰简洁,主要采用彩色玻璃艺术。玫瑰窗和大大小小方形及长形的玻璃窗上面都绘有宗教题材的故事，色彩绚丽斑斓，镶嵌细致精巧，极具装饰性，更有弘扬教义的作用。至于玫瑰窗，据说起意是因为玫瑰高洁清雅的气质会让人想起圣母玛利亚。窗上镶嵌着五彩斑斓的染色玻璃，阳光从这里透射到教堂里时，会给人一种亦真亦幻的奇妙感觉。

教堂正立面从上至下分为3层。底层设3个“拱券门”，中间最大的券门与教堂最高的塔楼形成有力的平衡。中层两侧各有券门一对，中央是一个象征着天堂、雕刻得玲珑剔透的玫瑰形大圆窗，上层为对称的两座塔楼，这3层之间有两道以尖券组成的水平箍带连结，从而奠定了法国哥特式教堂正立面的基本形式。

教堂四周的扶壁、墙桓和塔都是垂直向上的，其端部大多有锋利的、直刺苍穹的小尖顶。所有拱券、门上小花、扶壁和墙脊以及一切建筑细部的上端都是尖的。因此，整个教堂似乎蕴藏着一种向上的冲动，随时有可能升腾而起，直上青天。

侧门上端是一对钟楼，没有尖顶。沿着狭窄的旋转楼梯，踏上238级台阶，便到了最高层钟楼，巨钟由青铜铸就，重达1吨。想必这就是当年钟楼敲钟人——卡西摩多敲响的那口铜钟吧。据说，许多年来，有无数游人从世界各地慕名而来，就为寻找钟楼上那个丑陋而善良的敲钟人，并在暮色中聆听那凄婉忧郁的钟声。然而，许多年了，这口铜钟哑然无声，不再为谁而鸣响，只在浩荡的寂寞里默默地散发着清冷的寒光。如今，人们只能在礼拜日的晚上才能听见飘自圣母院的管风琴的呜咽。

由于圣母院整座建筑、包括柱、壁、窗、门以及所有的雕刻与装饰都是石头筑成的，是一座名副其实的石筑宫殿，一首震人心魄的石头的交响乐。无怪乎法国19世纪伟大的文学家维克多·雨果在他著名小说《巴黎圣母院》中曾作了一番脍炙人口的描述：

“这座可敬的历史性建筑的每一个侧面，每一块石头，都不仅仅是我国历史的一页，而且是科学史和艺术史的一页……简直是石头制造的波澜壮阔的交响乐……”

巴黎圣母院作为全世界一座最古老、最出色、最完美的哥特式教堂，将永远铭刻在人们心中。

(a) 巴黎圣母院

(b) 圣母院中部的拱顶

(c) 巴黎圣母院的西立面

(d) 圣母院中的玫瑰窗

图 2-24 巴黎圣母院

(5) 圣马可广场(图2-25)

圣马可广场位于意大利威尼斯大运河北岸的里阿托岛，面临亚得里亚海，基本上是在文艺复兴时期约15世纪前后完成。它其实包括两个相连的广场，一个小广场，在总督宫门前；一个大广场，在主教堂前面。从海上进入小广场，在入口处，由两根竖立着的红色花岗石柱，将海滨空间和广场空间巧妙地分割开来。小广场和大广场这2个空间，又由一座以红砖砌筑的钟塔分隔开来。约60m高的钟塔就像耸立于海面的灯塔，是整个广场的制高点和构图中心。钟塔设有新式的数字显示时间，两个雕刻的毛利人到时辰就自动敲打大钟，向广场上的人群和鸽子报告时间。

广场东面是一座始建于9世纪，曾被誉为世界最美的圣马可教堂，教堂的一侧坐落着堪称中世纪欧洲最杰出的建筑物之一的总督宫，总督宫对面则是立面为连续拱廊的旧市政厅。广场西端是广场的拱门入口，游览和休憩的人们一旦从曲折、幽暗的小街陋巷进入拱门，顿感豁然开朗，因为拱门入口的一侧是梯形广场2个短边，这样处理入口的方法就十分自然地调整和改善了广场强烈的透视效果，产生一种使人感到舒适宽阔和心旷神怡的视觉感受。圣马可广场与不同时期、不同风格的建筑物毗连，十分和谐。

传说，1797年的一天，拿破仑以征服者身份来到意大利的威尼斯。他从大运河乘两头高高翘起的小船，到圣马可广场登岸。一走进广场，就被瑰丽的建筑群感动了，禁不住叹了一句："啊！这是全世界最美丽的客厅。"随着做了一个"礼拜"的动作。传记作家们对这个动作有不同的描述，最深沉的是，这位身经百战的军人竟脱下了军帽，深深地鞠身了……拿破仑这时候"礼拜"的不是硝烟掩蔽下尸体堆成的山和鲜血流成的河，而使他弯下腰的是精美的建筑、富裕的城市和人民悠然自得的生活。此时此刻，灿烂的建筑文化却征服了这位"身经百战"的将军。由此可见圣马可广场的魅力。

圣马可广场无论在建筑风格还是尺度比例上，无一不保持着主次分明、相互映衬、协调一致的特色，加之广场空间的宜人尺度以及大小广场的有机组合，使之无愧为当今世上出类拔萃的美丽广场。

(a) 大钟楼及总督宫

(b) 圣马可广场俯瞰

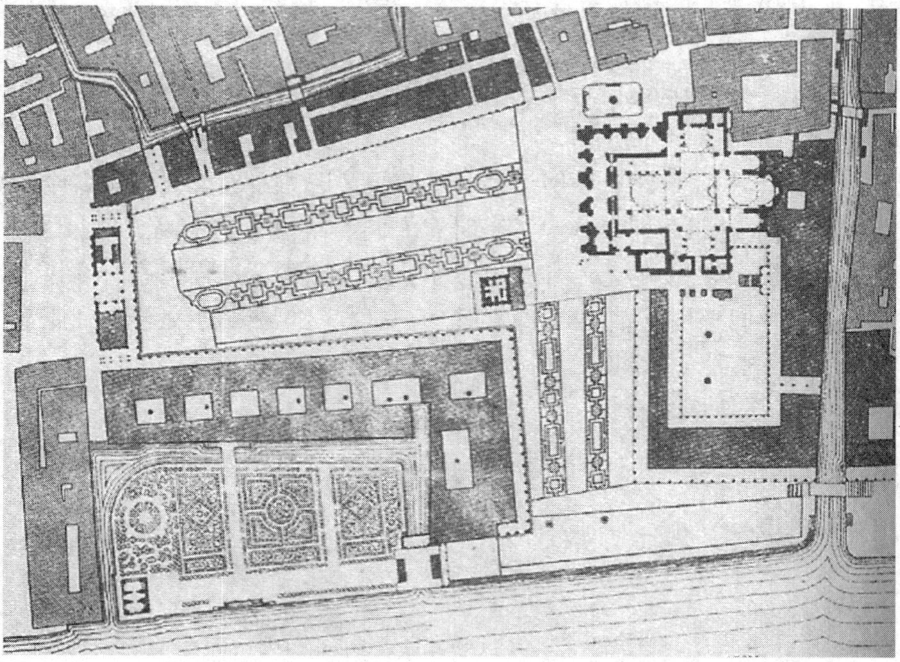

(c) 圣马可广场平面

图 2-25 圣马可广场

（6）圣彼得大教堂（图 2-26）

圣彼得大教堂坐落在梵蒂冈境内。教堂建于 1506–1626 年，占地 2.23 万 m^2。据说公元 64 年，信徒彼得为了信仰而献身，他被埋在一座公墓里，于是，这儿就成了朝圣的地方。后来，教皇在其基地上建造了大教堂。由于历史原因，几乎所有16世纪意大利有名望的建筑师和艺术家都参与过它的建造。

平面呈拉丁十字型，长 213.4m，翼部长 137m，大穹顶内径 41.9m，从地面到穹顶采光塔的尖端，总高为 137.7m。是原罗马城的最高点。总面积达 49 737m^2，可同时容纳 6 万人。教堂以花岗石建造，外墙用大柱式的壁柱作装饰。内部的大理石墙面布满了斑驳陆离的壁画和浮雕。教堂内共有 11 个大小不同的礼拜堂和 45 座祭坛、雕塑和镶嵌画随时可见，大多出自名家之手，勘称是艺术史上不可多得的珍品。室内正中的上空，是富丽堂皇的穹顶天花，穹顶下面，有一座华丽的神亭。一束束阳光透过穹顶的采光孔射进阴暗的室内，将金铜般的神亭映照得光彩夺目，仿佛是来自天国的光影。让置身其间的祈祷者感受到人类创造之伟力。

大教堂的设计经过几次反复，争论的焦点在于教堂采用何种形式。布拉斐特于 1506 年开始建造一个巨型圆顶的教堂。1514 年他去世后，拉斐尔接替了他的工作，在 1520 年，拉斐尔又英年早逝，教堂又采取了一个不同的设计，圆顶被取消，引进了一些哥特式的设计……米开朗琪罗在 71 岁高龄时接替了这项工作——“为了对上帝、对圣母、对圣彼得的爱”——恢复了圆顶，1564 年，89 岁的米开朗琪罗带着无尽的遗憾撒手人寰，当时，教堂主体只建到了鼓座部分。米开朗琪罗无法知道，50 年后教堂才最后完工。但可告慰的是，后继者没有改掉他所钟爱的圆形屋顶，基本上按他的构思建造。遗憾的是，后来建成的中殿、正面和柱廊的设计是不明智的，对圆顶的景观有所破坏。

大教堂前面的室外空间由一梯形和一椭圆形的两个广场复合而成。广场长 340m，宽 240m。两侧连有呈弧形的两排巨大而相互连接的柱廊，从高处俯瞰，柱廊仿佛是教皇张开的一双手臂，将前来参加弥撒的信徒拥入自己怀抱。柱廊顶端屹立着 140 尊圣人雕像，广场中央耸立着一座高约 30m 的方尖碑，由整块花岗石制作，重 327t，石碑顶端树着一个十字架，底座上卧着 4 只铜狮，两侧各有一个喷水池。广场与教堂融为一体，站在广场远视大教堂更显出教堂的壮丽和雄伟，它给大教堂一个漂亮的结尾。据说，当年每个星期天的中午 12 点，来自世界各地数以万计的信徒都会齐聚广场，这时，教皇站在教堂的窗口向信徒们致晨祷词，人们屏息聆听……想想，那该是一种怎样庄严而肃穆的场景。

圣彼得大教堂建造经历了漫长的沧桑岁月，凝聚着代表了各个不同时期艺术风格和大师们的智慧及艺术理想，集中体现了当时意大利建筑技术的最高成就。因此，今天我们也很难界定它究竟是属于哪个时期的艺术作品。它过于漫长的建筑过程使它具有了非常丰富的艺术内涵和传奇故事。它使我们感到沉重,也感到富有。它是世界上最大的天主教堂,是意大利文艺复兴时期一座不朽的艺术丰碑。

(a) 圣彼得大教堂正面

(b) 米开朗琪罗

(c) 教堂内部

(c) 广场平面

图 2-26 圣彼得大教堂

（7）泰姬·玛哈尔陵（图2-27）

1631年，印度莫卧尔王朝第五代帝王沙·贾汗的爱妻蒙泰姬不幸早逝。妻子不但是绝代佳丽，而且聪明贤惠，沙·贾汗悲伤至极，决心让他的爱妻长眠在永恒的美中。1632年，他亲自主持陵墓工程。除了调集全印度最好的工匠之外，还聘请了土耳其、波斯、中亚、阿富汗和巴格达等地的建筑师和工匠。这座陵墓可以说是整个伊斯兰世界建筑经验的结晶。妻子的赐号是“宫中之光”，泰姬·玛哈尔则是“宫中冠冕”的意思。

泰姬·玛哈尔陵是一组大建筑群，历时22年（1653年）全部建成。平面呈长方形，东西长576m，南北宽293m，占地约17万m^2，四周设以红砂石围墙。陵墓由两个院落组成。设两个门，将其划分为前、后两院，前院宽161m，深123m，庭院内古树苍天，花草奇异，显得十分幽雅宁静。前门不大，前院左右各划出两个小院，留下的中央空地宽161m，深123m。第二道门高大而壮丽，四面都有圆顶和红砂石砌筑的尖券大门。后院宽293m，深297m，一个十字型的水道将后院一分为四，水道两旁翠柏成行，绿草如茵，显得十分庄重肃穆。后院的端部有一座高6.7m、边长为95m的正方形白色大理石台基，全部用白色大理石建造的泰姬陵墓就建在这个台基上。陵墓在不同时间和不同自然光线中呈现不同的特色。

陵墓平面为正方形，边长57m，中央部分高74m。陵墓的顶部由四个小穹顶衬托着一座晶莹洁白的大穹顶。陵墓的墙身是栩栩如生的浮雕。陵墓的门扉窗棂，透雕制作得精巧细腻。台基的四角有4座各40m高的3层圆形呼拜塔，使陵墓显得轮廓空灵，同蓝天相穿插而渗透。一眼望去，宛如仙女下凡，翩翩而至。

陵墓内部呈八角形，分为5间墓室，里面处处是细雕精琢，珠光宝气,玲珑剔透。陵墓中央，安放着泰姬和沙·贾汗的两具大理石棺，棺上布满了五彩缤纷的宝石，棺前的一道大理石屏风，透雕精湛，形态生动，不愧为巧夺天工之作。

泰姬·玛哈尔陵的总体布局极其单纯，完美。陵墓是唯一的构图中心，花园衬托着它，碧绿的树木香草，赭红的清真寺映照着它。澄澈的水渠中倒影明亮，当喷泉飞溅、细雾迷蒙时，它闪烁颤动，飘洒出千种风流，万般柔情。陵墓上刻着一首沙·贾汗亲自写的诗：

像天园一样光明灿烂，
芬芳馥郁，
仿佛龙涎香在天园弥漫，
这香气来自我心爱的人儿，
胸前的花环。

传说沙·贾汗本来要再用黑色大理石为自己造一座陵墓，但在1658年他的第三个儿子篡夺了帝位，迁都到德里，将沙·贾汗软禁在阿格拉堡。直到1666年去世，他再也没有被允许到泰姬·玛哈尔陵去过，每天只能在阳台上苦苦遥望爱妻的陵墓，幸好他在死后被允许长眠在妻子的身边。

泰姬·玛哈尔陵是一曲爱情的赞歌，在告诉世人“一座建筑葬送了一个王朝的故事”。泰戈尔写道：玛哈尔陵是“挂在时光脸颊上的一颗珍珠”。它被公认为是世界上最美丽的穆斯林陵墓，陵墓汇集了伊斯兰教及印度建筑艺术精华，是印度伊斯兰教建筑的颠峰作品。

(a) 泰姬 · 玛哈尔陵全景

(b) 陵墓中沙贾汗国王的衣冠冢

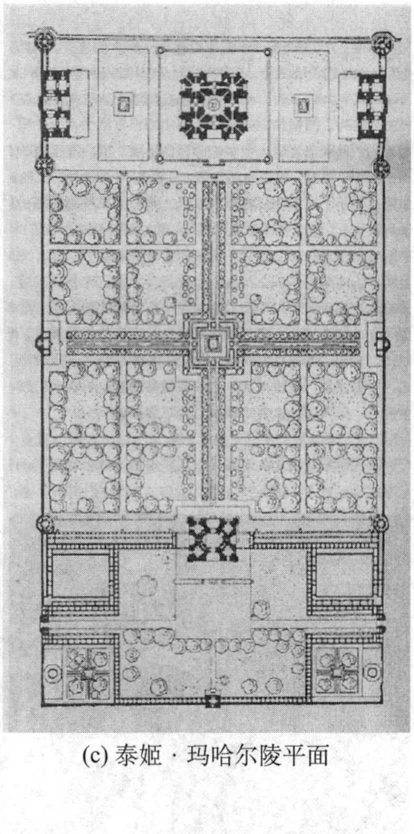

(c) 泰姬 · 玛哈尔陵平面

图 2-27 泰姬 · 玛哈尔陵

（8）凡尔赛宫（图2-28）

凡尔赛宫位于法国巴黎西南18km的凡尔赛镇，始建于1661年，当时，被称为“太阳王”的路易十四，则以古代最有名的皇帝自诩。征集了许多出类拔萃的建筑师、园艺师、艺术家以及约3万人，历时28年，建成了这座名闻遐迩的宫殿，为专制君主树立纪念碑。

凡尔赛宫集建筑、园林、雕塑、绘画之大成，占地111万m^2。由宫前大花园、宫殿和放射形大道3部分组成，建筑面积11万m^2。建筑布局以东西为轴，南北对称，既庄严宏伟，又气势磅礴。地处宫殿西面的“法兰西式”大花园，有一条正好与宫殿中轴线相吻合的3km长的中轴线，以它为构图中心，布置各种不同几何图形的草地、花坛、喷泉以及柱廊、雕像，既显得十分匀称，又具有微妙变化。步入花园，明澈的水渠，奇特的喷泉，娴静的雕像，宽阔的草地，以及远处的密林，使你顿时神情悠闲，怡然自得。

宫殿东西走向，主体长达700余米。中央部分为主宫，曾是法国贵族上流社会的活动中心，里面陈列厅和大楼梯宽敞阔绰，金碧辉煌，不仅墙面有用彩色大理石镶嵌的雅致的几何图案，天花有一幅幅巴洛克式的绮丽的藻井彩画和雕镂，还到处装饰着巧夺天工的浮雕、壁挂、陈列着绰约多姿的胸像、立像和雕塑。此外，室内空间还挂着满披珠玉宝石的吊灯和壁灯。

在皇宫西侧二楼的“镜厅”是全宫殿最富盛名的建筑空间，它长73m，宽9.7m，高13.1m，将左、右两个大厅连接起来。在镜廊朝向花园的西墙上开有巨型落地拱窗，另一侧墙面设置17面构图相同的巨镜，镜面映照着云蒸霞蔚和姹紫嫣红的天光园色，使漫步其间的游人仿佛来到了气象万千的园林之中，令人眼花缭乱，兴味盎然。整个大厅金碧辉煌，美轮美奂，是路易十四举行重大仪式的场所。威尼斯驻法大使当时在写给本国的报告中说：“在凡尔赛宫的镜厅里，燃烧着几千支蜡烛，它们照耀在满布壁上的镜子里，照耀在贵妇和骑士们的钻石上，照得比白天还亮，简直是在梦里，简直在魔法的天国里，美和庄严的气氛在闪烁发光。”这种理性的外部空间和追求豪华的内部空间矛盾的共存，充分反映了古典主义的局限性。

凡尔赛宫虽是一座仅为3层的建筑，但它不是以高大来显示君主制的权威，而是以平面的展开来实现王室的尊严。凡尔赛宫的东面，以大理石院为中心，有3条放射形林荫大道。中央一条直通巴黎市区，与爱丽舍大道连接，其他两条通向另外两座行宫。

蜚声于世的西方古典建筑的瑰宝——凡尔赛宫，不仅是法国绝对君权的纪念碑，也是学院派古典建筑的代表作。在世界建筑史中，这颗人类艺术宝库中的璀璨明珠迄今仍在熠熠生辉。

(a) 凡尔赛宫

(b) 凡尔赛宫前的青铜塑像

(c) 造园家安得烈 · 勒 · 诺特尔

(d) 镜厅内部

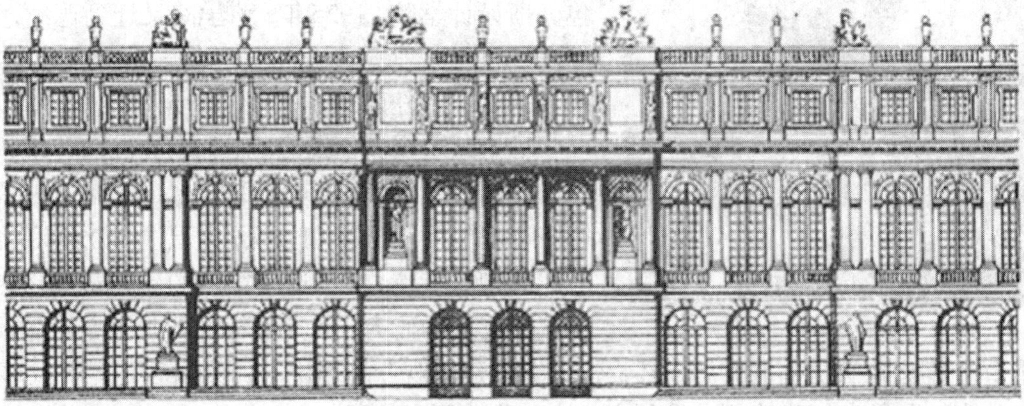

(e) 凡尔赛宫立面

图 2-28 凡尔赛宫

2.3 现代建筑

在建筑史中，一般将18世纪后半叶至第一次世界大战期间划分为近代建筑；自第一次世界大战至今划分为现代建筑。

继18世纪末英国工业革命后，西欧和北美于19世纪进入工业化时期，虽然直至19世纪末，传统的建筑观念仍占主导地位。社会生产力的发展、经济水平的提高、科学技术的进步，使19世纪后期在欧洲出现了新的文化艺术思潮，它促使欧洲各地涌现出许多探寻新路、努力创新的建筑师，他们的活动于19世纪末到20世纪初汇合成“新建筑运动”。20世纪20年代至30年代（即两次世界大战之间），“现代主义”（也称“现代建筑”、“理性主义”）建筑思潮与学派首先在西欧形成，进而向全世界其他地区扩展，并于1928年在瑞士成立了名为国际现代建筑协会（CIAM）的国际性组织。这种思潮主要批判因循守旧的复古主义思想，主张创作表现新时代的建筑，并成为第二次世界大战前夕世界建筑中占主导地位的建筑潮流，使西方建筑进入发展的新时期。

现代建筑的代表人物及CIAM宣言内容有以下重要观点：

①强调建筑随时代而发展变化，现代建筑应与工业社会的条件和需要相适应。

②号召建筑师重视建筑物的实用功能，关心有关社会的经济问题。

③主张在建筑设计和建筑艺术创作中发挥现代材料、结构和新建筑的特点。

④主张坚决抛开历史上的建筑风格和样式的束缚，按照今日的逻辑，灵活自由地进行创造性的设计与创作。

⑤主张建筑师借鉴现代造型艺术和技术美学的成就，创造工业时代的建筑新风格。

下述四位世界建筑大师是现代主义建筑的杰出代表人物。

2.3.1 格罗皮乌斯

格罗皮乌斯（Geory Water Adolf Gropius，1883−1969年）美籍德裔建筑师，现代派建筑大师，建筑教育家。青年时期曾在慕尼黑和柏林的高等技术学校学习。1907年起在柏林著名建筑师贝伦斯事务所工作，至1910年起独立开业。1919年起任魏玛实用美术学校校长，后该校与魏玛美术学院合并，改为魏玛公立包豪斯设计学院，1925年，该学院又迁到德绍，他任校长至1928年离校自己开业。1934年移居英国，1937年赴美国哈佛大学任教授，次年起任建筑系主任，乃定居美国，后入美籍。

早年即受到贝伦斯影响，主张突破旧传统，重视现代建筑技术和创新的建筑表现形式。20年代起在包豪斯倡导现代建筑，推行一套新的教学方针和方法。提倡注重功能和经济，发挥新材料与新结构的特点，主张造型简洁的新建筑风格，他重视居住建筑和城市建筑的研究，主张用建筑工业化方法建设住房，并研究大城市中建造高层住宅的问题，还提出“全面建筑观”的理论。到美国后，主要从事建筑教育。1946年，他与七名青年建筑师合作创立“协和建筑师事务所”（TAC），从事集体设计。其建筑风格也较前丰富。代表作有法古斯工厂（1911−1916年）、科隆德意志联盟展览会办公楼（1914年）、德绍的包豪斯校舍（1926年）、柏林西门子住宅区（1929年）、在美国的自用住宅（1937年）、哈佛大学研究生中心（1937年，由TAC集体合作）等（图2-29）。

外景

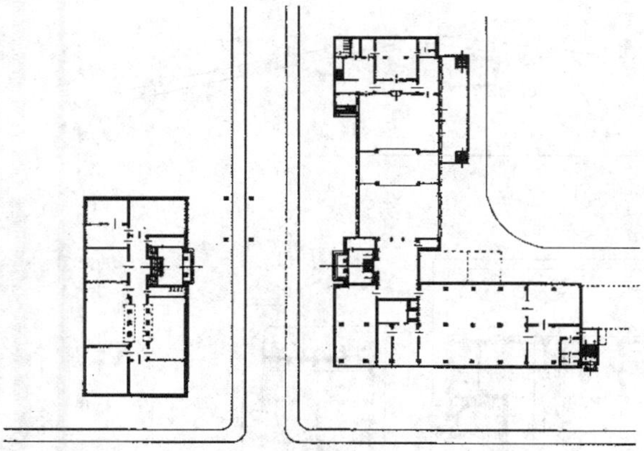

一层平面

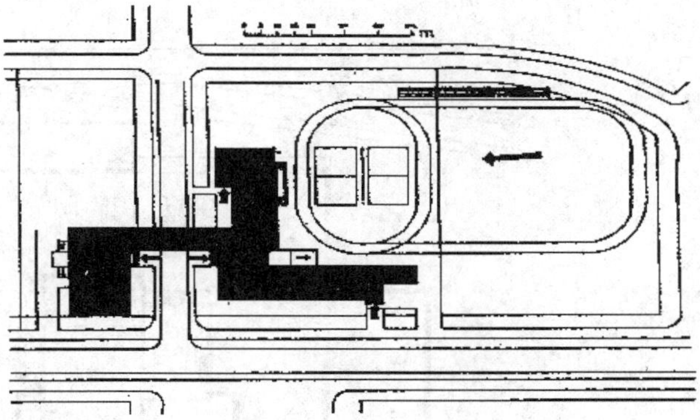

总平面

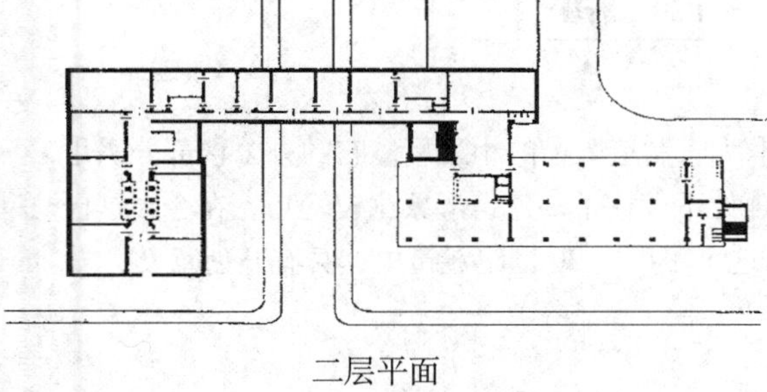

二层平面

包豪斯校舍(德国) 包豪斯是格罗皮乌斯于1919年在德国兴办的一所设计学校。该校实行新的设计教学方法，成为20年代现代主义建筑和工艺设计的中心，影响很大。

1925年包豪斯迁到德绍市，格罗皮乌斯及其助手设计了这座新校舍。在资金拮据的情况下考虑了多种实用功能，其建筑造型完全摆脱了历史上已有的建筑格局和样式，体现出灵活自由的构图和清新简朴的建筑风格。在现代主义建筑史上，这座建筑和包豪斯学校一样，起了重要的推动作用。

(a) 包豪斯校舍

外景

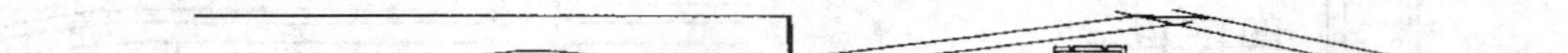

工厂平面

法古斯工厂(德国) 1911年由格罗皮乌斯及其助手设计,为一制造鞋楦的小工厂。它的办公楼部分采用平屋顶,无挑檐,墙面大部分为玻璃与铁板做的幕墙,转角处不设柱子,建筑形象比较轻巧。在今天这已是非常普通的做法,但在80多年前,则是一种突破,因而这个工厂在20世纪建筑史上具有开创意义。

(b) 法古斯工厂

图2-29 格罗皮乌斯作品

2.3.2 勒·柯布西耶

勒·柯布西耶（Le Corbusier 1887–1965年）法国建筑师,现代派建筑大师,建筑理论家和城市规划设计师。原籍瑞士,长期定居巴黎，后入法国籍。少年时曾受钟表制造训练，后在美术学院学习绘画雕塑。20世纪初叶曾是立体派画家，20世纪10年代末，先后在法国建筑师贝瑞及柏林建筑师贝伦斯处工作，均深受影响，从而提倡建筑要与现代工业技术和现代艺术密切联系，主张以现代技术革新建筑。1923年发表名著《走向新建筑》，其中提出"住房是居住的机器"的论点，并认为建筑设计应自内而外自平面而立面；使用钢筋混凝土等当时的新材料，建筑工业化是大量生产建筑的前提。1926年提出"新建筑五点"的住宅设计理论（即底层立柱、屋顶花园、自由平面、横向带形窗和自由立面）。提倡纯净建筑，但50年代起又转为粗野主义建筑风格，以表现混凝土建筑的可塑性和粗糙沉重感为特征。其设计思想的作品对现代建筑发展影响很大。早期代表作有萨伏伊别墅（1928年）、巴黎市立大学瑞士学生宿舍（1932年），后期代表作有马赛公寓（1957年）、朗香教堂（1953年）、印度昌迪迦尔法院（1956年）等。

在20世纪二三十年代，勒·柯布西耶站在建筑发展潮流的前列，有力地促进了建筑界的革新运动，对于建筑和城市建设的现代化起了有益的推动作用。进入后半期，他仍然继续探索，不断创新。但他的注意力更多地集中到建筑形式方面去了，更热心于建筑设计中表现"纯粹心灵的创造"，在建筑艺术中追求粗犷的有时是原始的怪异的情调。

如果说勒·柯布西耶前期的建筑包含着较多的理性主义成分，那么，他后期的作品则带有浓厚的浪漫和神秘主义的倾向。尽管如此，他的贡献还是很大的，对世界建筑界影响深远 (图 2-30) 。

萨伏依别墅(法国)　位于巴黎郊区的一座别墅，1928年建成，是勒·柯布西耶早期的重要建筑作品之一。1926年勒氏提出"新建筑的五个特点"：(1)底层的独立支柱；(2)屋顶花园；(3)自由的平面；(4)横向长窗；(5)自由的立面。萨伏依别墅的设计体现了他的这些建筑观念。这座建筑物处处呈现为简单的几何形体，但是内部空间却较为复杂。此别墅同欧洲以往的传统住宅大异其趣，表现出20年代现代主义建筑运动。

朗香教堂(法国)　教堂屋顶，东南高，西北低，显出东南转角挺拔冲锋的轩昂气势。这个坡度很大的屋顶有收集雨水的功能，屋顶雨水全都流向西面的水口，经过一个伸出的泄水管注入地面的水池。教堂的三个竖塔上开有侧高窗，天光从窗孔进去，循井筒曲面折射下去，照亮底下的小祷告室，光线神秘而柔和。带有讲经台的东立面布置得如同露天剧场的台口；南立面那不规则的深凹窗孔的开法，可使强烈的日光在室内分散开来，造成一种神秘的气氛。

朗香教堂突破基督教历来的教堂形式，以一种奇特的歪扭的造型隐喻人的某种神秘超常的精神和情绪。它超乎传统的建筑构图模式，变化自由，造出一个令人惊奇、让人难忘的陌生化的教堂建筑形象。它可以使人联想到合拢的双手，浮水的鸭子，昂首的巨舰，修女的帽子，攀肩并立的两个修士……这个小小的教堂，四个立面不同——朗香教堂的"怪诞"还同它那原始风貌有关：粗粝敦实的体块，混沌的形象，岩石般稳重地屹立在群山间的一个小山包上。这个教堂使用要求简单(大型宗教活动在室外举行)，结构问题不复杂，造价亦不成问题，主要是一个表意性的建筑。勒氏出于与存在主义在思想上的相通，加上他本人对建筑艺术独特而深刻的理解以及在艺术表现方面的娴熟技艺，通过对建筑的体形、空间、颜色、质地的调配处理，创作了这座神秘、怪诞、颇具存在主义意味的建筑。

外景

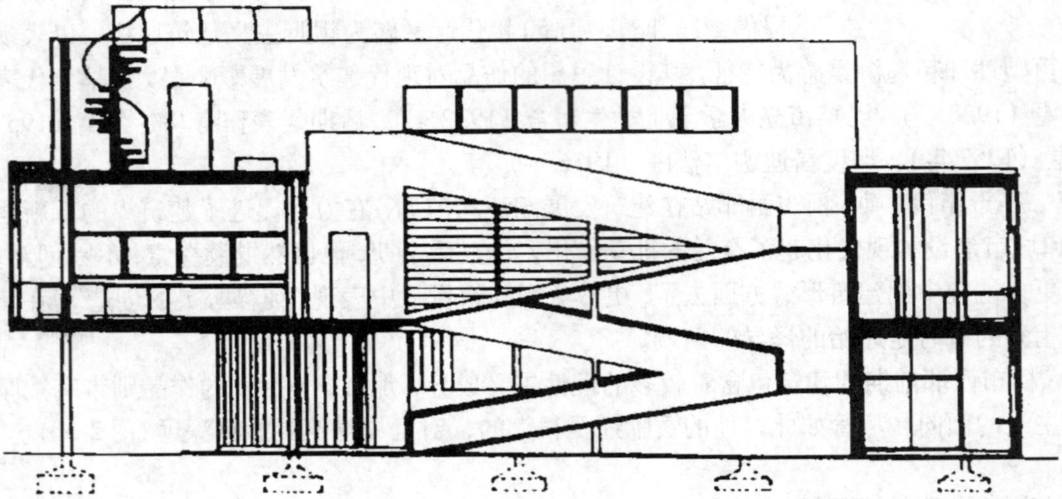

剖面

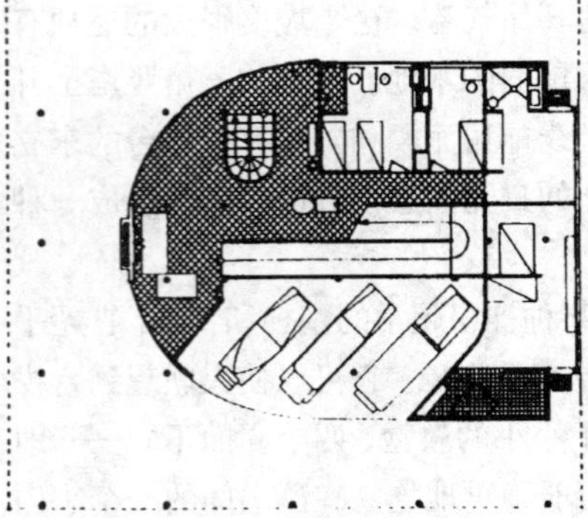

一层平面

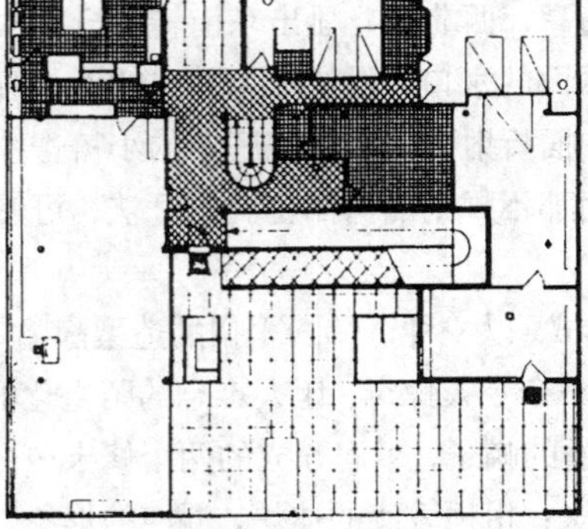

二层平面

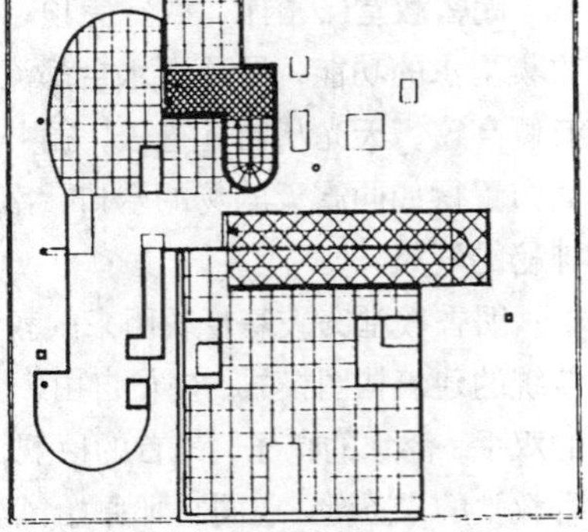

顶层平面

(a) 萨伏依别墅

外景

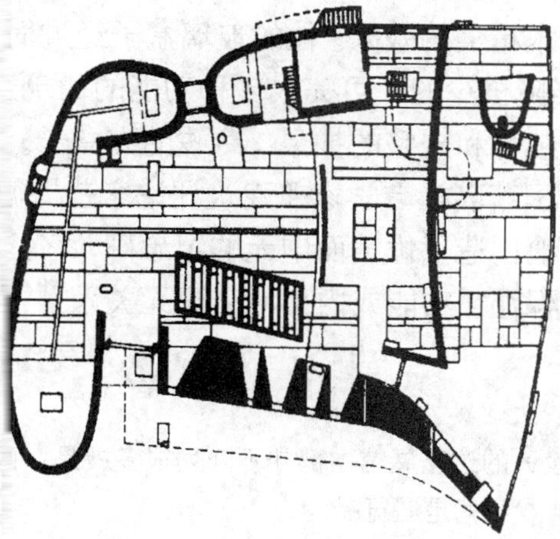

平面

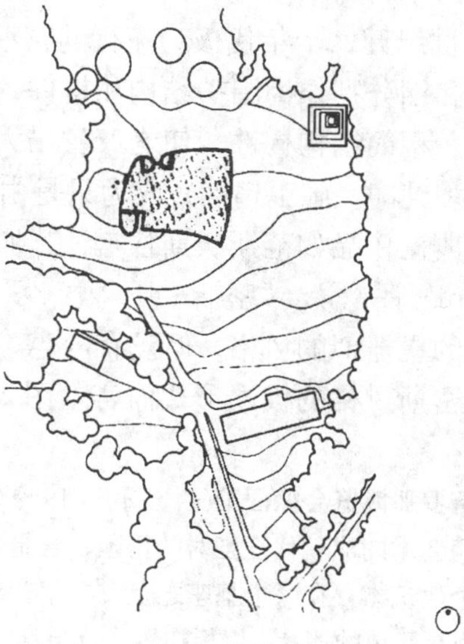

总平面

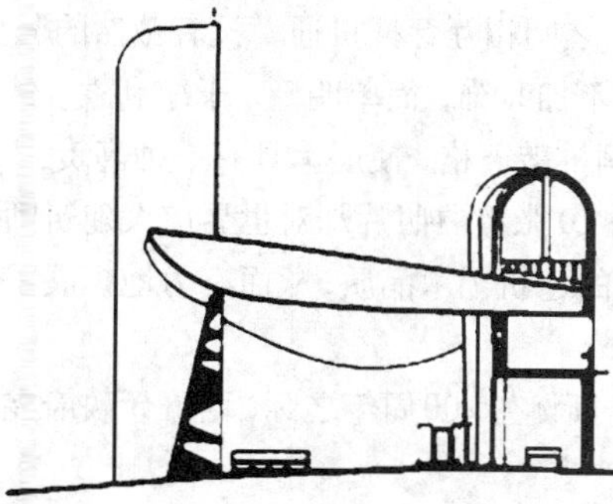

剖面

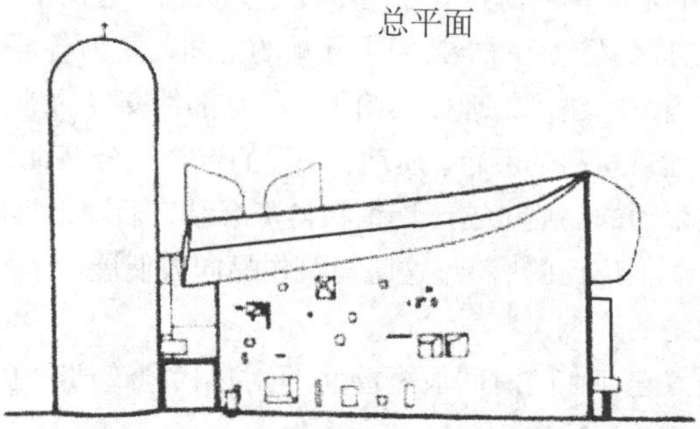

立面

(b) 朗香教堂

图 2-30 勒·柯布西耶作品

2.3.3 密斯·凡·德·罗

密斯·凡·德·罗（Mies Vander Rohe 1886–1969年）美籍德裔建筑师，现代派建筑大师，建筑教育家。少年时曾随石匠父亲当学徒，未受过正规建筑学校教育。1908–1911年在柏林名建筑师贝伦斯处工作学习3年,后曾在军队服务，战后（1918年）自行开业。曾主持1927年斯图加特住宅展览会的设计工作，1930年起接任包豪斯设计学院校长直到1932年闭校。1937年移居美国后，任伊利诺工学院建筑系主任，1958年离校并继续开业。

他强调建筑时代性，坚决与传统格式决裂，主张采用和表现新技术，一生热衷于采用钢和玻璃。1919–1921年,曾提出玻璃幕墙摩天楼和钢筋混凝土多层办公楼的设想方案；20年代提出了著名的“少就是多”（Less is More）的建筑处理原则，并创造“流动空间”，追求建筑纯净美；50年代起进一步提出通天大空间理论。其理论与设计均影响很大，尤其在高层建筑中更甚。早期代表作有巴塞罗那博览会德国馆（1929年）等，后期代表作有纽约西格拉姆大厦（1959年）、伊利诺工学院建筑系馆（1955年）、德国柏林国家新美术馆（1962–1968年）等。

20世纪五六十年代极为流行的密斯式的方盒子及其理论，被称为“密斯风格”。密斯夸张地运用玻璃和钢分别作为围护结构和构件，并达到了高度的技术精美的效果。他的玻璃盒子经过简化结构体系，精简结构构件，使之产生偌大的、没有屏障或屏障极少的、可完成多种功能的建筑空间，建筑造型纯净，施工精确，成为只是由直线、直角组成的纯粹和规整的抽象、冷竣的方盒子。密斯风格的典范作品如范斯沃斯住宅、芝加哥湖滨公寓等。美国著名社会学家兼建筑评论家芒梅德（L. Mumford）评论说：“密斯·凡·德·罗利用钢和玻璃方便地创造了优美而虚无的纪念碑，它们具有干巴巴的机器似的风格，但没有内容……同基地、气候、保温、功能或内部活动毫无关系。”当然，这是指密斯风格的极端形式而言（图2-31）。

巴塞罗那博览会德国馆(西班牙)　1929年密斯·凡·德·罗设计的这座展馆内部并不陈列很多展品，而是以一种建筑艺术的成就代表当时的德国，它是一座供人观赏的亭榭，本身就是展览品。

整个建筑物立在一个基座之上，主厅有8根金属柱子，上面是一片薄薄的平屋顶。墙体分大理石的和玻璃的2种，也都是简单的薄片。墙板布置十分灵活，甚而似乎很偶然，它们纵横交错，有的延伸出去成为院墙，由此形成一些既分隔又连通的半封闭半开敞的空间，室内各部分之间、室内和室外之间相互穿插贯通，没有截然的分界。

德国馆的建筑处理极其简单，所有部件交接的地方不作过渡性处理，不加装饰，简单明确，干净利索。然而设计者对建筑材料的颜色、质地、纹理的选择十分精细，搭配非常考究，比例推敲严格，使展馆具有一种高贵、雅致、鲜亮、生动的品质。这座展馆在博览会结束后随即拆除，但当时留下的数10张黑白照片却对世界广大建筑师的创作产生了很广泛的影响。这座建筑作品向人们展示了一种历史上前所未见的建筑艺术品质，从而有力地扩展了现代主义建筑的影响。

虽然它存在的时间很短暂,但是对现代建筑却产生了广泛的影响。在密斯诞生100周年之际，西班牙政府在原址按原样重建了这座现代建筑的杰作。

内景

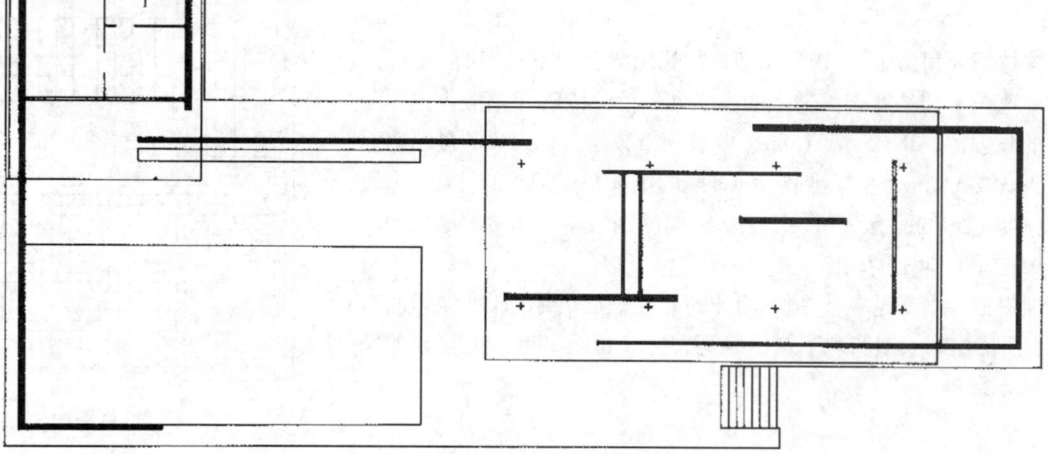

平面

(a) 巴塞罗那博览会德国馆

外景

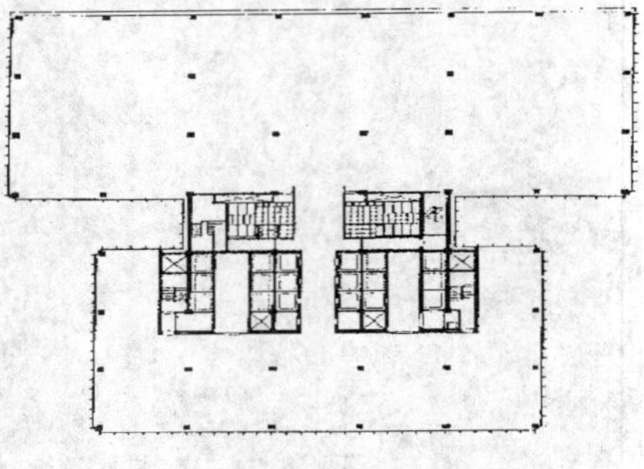

6～10层以上平面

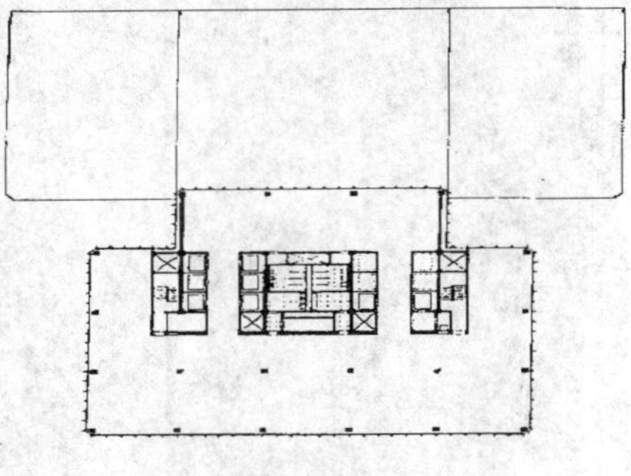

10层以上平面

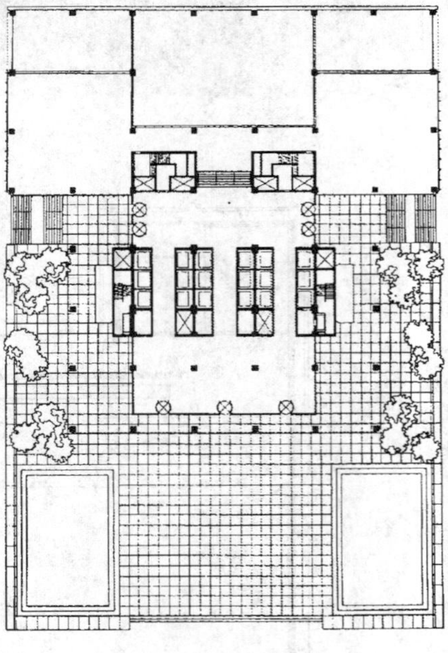

总平面

西格拉姆公司(美国) 1954年西格拉姆酿酒公司委托密斯·凡·德·罗设计此座位于纽约花园大道上的豪华办公楼，1958年落成。主体为一简单的长方体，38层，高158m。除首层及顶层外，大楼的幕墙墙面直上直下，整齐划一，了无变化。但幕墙的细部经过细致的处理，金属窗框用铜制造；墙面有一条条工字形断面的铜条，借以增加墙面的凸凹感，突出垂直向上的动感。

密斯提倡“少就是多”，强调简洁的处理手法，突出工业技术的审美价值。西格拉姆大厦实现了这位建筑大师20世纪20年代初提出的摩天楼设想方案。

(b) 西格拉姆公司

图2-31 密斯·凡·德·罗作品

2.3.4 赖特

赖特（Frank Laloyd Wright 1867−1959 年）是 20 世纪美国的一位最重要的建筑师，在世界上享有盛誉。他设计的许多建筑别出心裁、构思巧妙，受到普遍的赞扬，是现代建筑中有价值的艺术瑰宝。他对现代建筑有很大的影响，但他的建筑思潮和欧洲新建筑运动的代表人物有明显的差别，走的是一条独特的道路。他是草原式住宅和有机建筑的创始人。

赖特 1867 年生于威斯康星州。1885−1887 年就读于麦迪逊的威斯康星大学，原学土木工程，后转而从事建筑。1889−1893 年在芝加哥开业，1915−1920 年曾去过日本设计东京帝国饭店。1938 年开办西泰里埃森设计事务所，带领学生边教边做。一生作品极多，以别墅、小住宅为主。19 世纪末曾提出建筑与环境相结合的“草原式住宅”，为适合于美国中西部的中产阶级需要；20 世纪 20 年代尝试用预制混凝土块来造方盒子式建筑；30 年代又提出造价较低、居住舒适的“美国人住宅”，并总结了过去的经验进而提出“有机建筑的理论”。强调建筑整体性及与自然环境相结合，创造了“开放布局”的室内空间形式。善于表现材料质感、特性和色彩；强调建筑个性和形式美。代表作有威利茨住宅（1902）、罗伯茨住宅（1907 年）、流水别墅（1936 年）、西泰里埃森冬季别墅和工作室（1936−1939 年）、泼莱斯大楼（1956 年）和古根汉姆美术馆（1959 年）等。

赖特由于独特的社会、家庭背景和幼年经历，使他形成了一种对外部世界独有的观念，与此同时，也发展了特有的个性。他异常热爱美国中西部宽广的自然草原，尊重土生土长的美国文化，注重发展事物内在潜力，冷竣地批判流行时尚，最后终于产生了自己的建筑哲学和许许多多既具风采又蕴涵意义的建筑作品，在美国建筑从折中主义向现代主义发展的历史过程中作出了历史性的贡献(图 2-32)。

流水别墅(美国) 位于宾夕法尼亚州匹茨堡市附近一片风景优美的山林之中，是德裔富商考夫曼的度假别墅，1936 年建成。赖特选择一个地形复杂、溪水跌落的地点，别墅就建在小瀑布之上。别墅分三层，每一层都如同一个钢筋混凝土的托盘，支承在墙和柱墩之上，一边与山石连结，另外几边悬伸在空中，各层托盘大小和形状都不相同，向不同方向远远近近伸入周围的山林环境。别墅的各层有的地方围以石墙，有的地方是大玻璃窗，有的地方封闭如石洞，有的地方开敞轩亮。整个建筑悬在溪流和小瀑布之上。别墅最成功之处就是以一种疏密有致有虚有实的体形与所在环境的山石、林木、流水紧密交融，建筑物与大自然互相渗透，汇成一体，互相衬映，相得益彰。

别墅的外部造型同历史上一切别墅都极不相同。总体上以几道横向栏墙与几条竖向石墙形成横竖交错的构图，栏墙鲜亮光洁，石墙粗犷幽暗，水平与垂直的对比添上颜色与质感的对比，再加上光影的变化，使整座建筑显得既沉稳厚重又轻盈飞逸。

流水别墅充分利用现代建筑材料与技术的性能，以一种非常独特的方式实现了古老的建筑与自然高度结合的建筑梦想，它的确是 20 世纪世界建筑园地中一株十分突出的奇葩。

古根汉姆美术馆（美国） 美术馆的主厅是一个高约 30m 的圆筒形空间，底部直径 28m，向上逐渐增大，周围是盘旋而上的螺旋形坡道。展品就陈列在徐缓的坡道上，观众循着坡道边走边看，可以自下而上，也可以自上而下。赖特的意图是让观众不自觉地从一层流入另一层，打破通常的楼层分隔。有评论者说，古根汉姆美术馆本身卓越的建筑艺术成就常常引得参观者不去仔细注意馆内的陈列品。

1992 年，在馆的后部增加了一个 10 层的高楼，扩建部分由建筑师格瓦斯梅和西格而设计。增添部分简单朴素，很有分寸,没有破坏原有的建筑风格,反而起到了很好的衬托作用。

外景

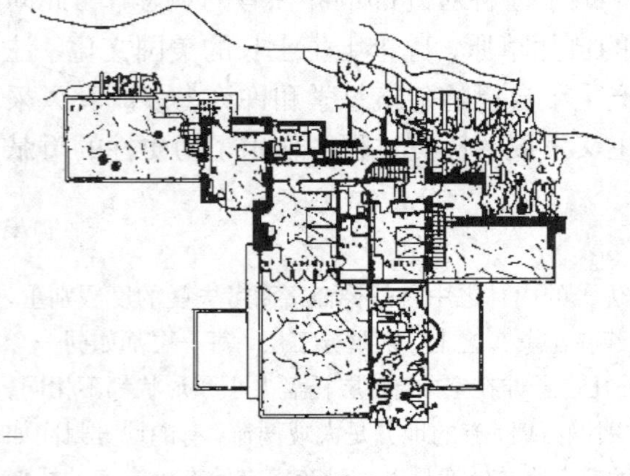

二层平面

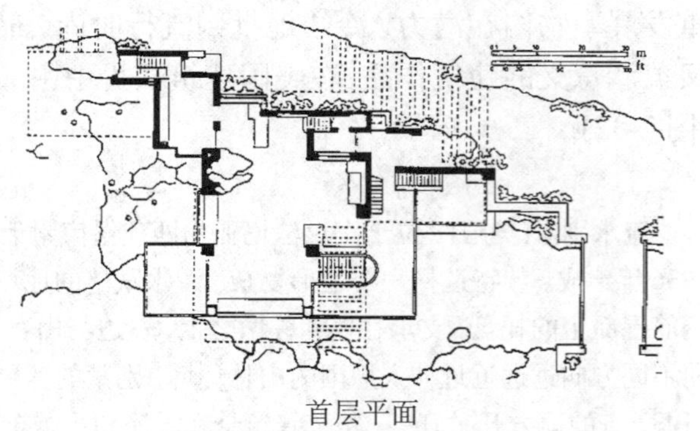

首层平面

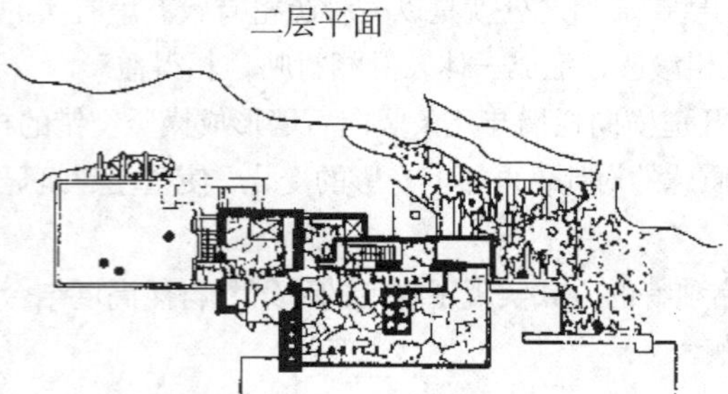

三层平面

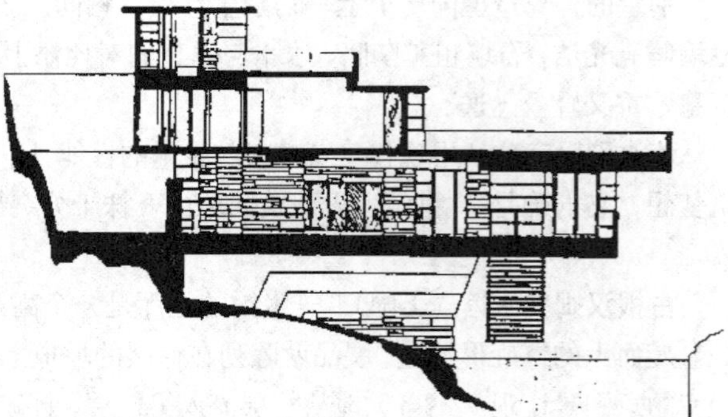

剖面

(a) 流水别墅

外景

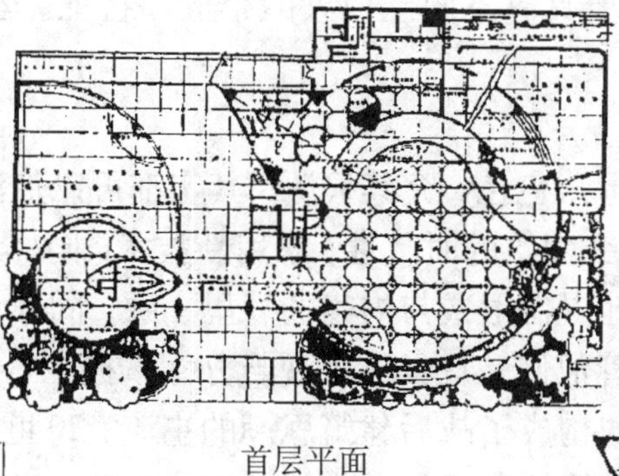

首层平面

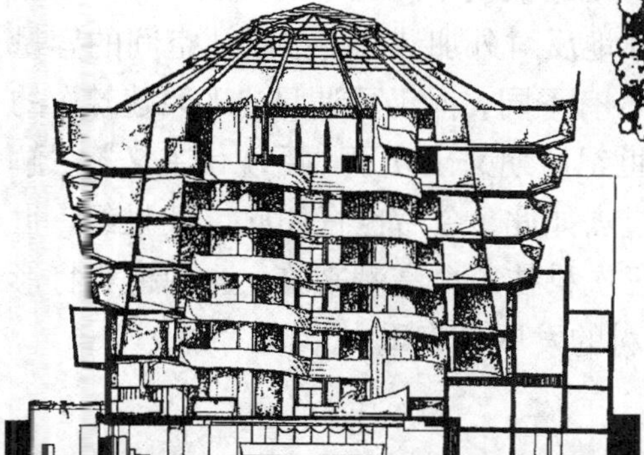

剖面

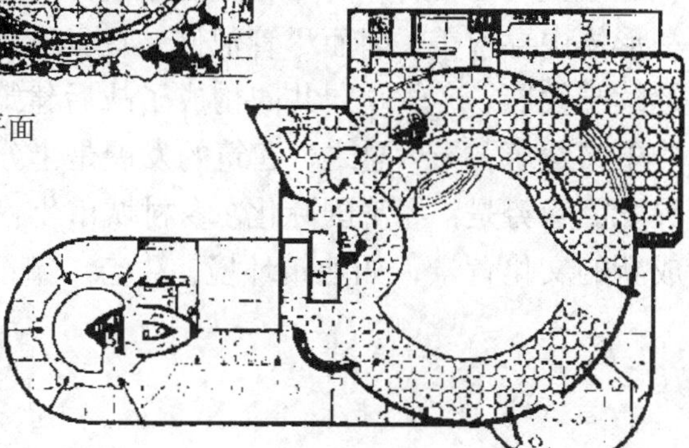

二层平面

(b) 古根汉姆美术馆

图 2-32 赖特作品

第二次世界大战后的20世纪五六十年代，由于战后恢复、重建需要，现代主义建筑得到加速的普及和发展。50年代末到60年代末，各先进工业国经济上升，技术发展，现代主义建筑随之进入了“黄金时代”。与此同时，鼓吹“标新立异”的现象也渗入建筑界，在现代主义建筑的原则下，建筑师们在创作思想与手法上显现出了分化与多样化的趋势。主要可归纳为下列几种倾向：

（1）技术精美倾向

建筑造型简洁，以纯净、透亮为特点，采用精致的钢和玻璃等建筑构件，加以精心施工，从而获得精、美的艺术效果。

（2）野性主义倾向

主要是为了与过于纯净的技术精美倾向相对比。如将不加饰面的混凝土材料与笨重的构件冷酷地碰撞在一起，使建筑如同巨大而承重的雕塑品。

（3）典雅主义倾向

以现代建筑材料、现代技术与简洁的体形来再现古典主义建筑的典雅、端庄，使人联想到古典主义的建筑形式，故而又被称为“新古典主义”。

（4）高技派倾向

设计的出发点更多的出于美学考虑。特别注重对建筑结构与设备的处理，或袒露结构，或暴露各种设施、设备及各种管道线缆等，有的按各种功能设备管道分别涂上引人注目的色彩。

（5）讲究“人情化”与地方性的倾向

提倡建筑应该同时综合解决人们的生活功能和心理感情需要。既要讲技术，又要讲形式，而在形式上又应强调自己特定的倾向，这种倾向的动机主要是“现代主义”所主张无条件地采用与表现新技术以及在形式上相互雷同的反抗。他们批评现代建筑是只讲经济而不讲人情的“技术上的功能主义”。

（6）讲究“人情”与“象征”的倾向

基本精神是建筑可有多种目的和多种方法，不是预先固定在某种原则或某种风格上，而是根据任务与环境特性产生能适应多种要求而又内在统一的建筑。因此在建筑形式上变化多端，使每一栋建筑物与每一场地都要具有不同于他人的个性和特征。运用几何构图甚至运用抽象的象征来达到目的。

上述的种种倾向虽然形形色色，究其根源，其实都可以追溯到两次世界大战之间的“现代主义建筑”。因为它们都同样讲究建筑的时代性、采用新技术；同样地提倡技术与艺术的结合；同样地重视建筑空间的设计；同样地提倡形式与内容的表里一致，同样地反对外加装饰，主张从空间的容量和形体中寻求美。因而尽管他们是在具体表现与分寸掌握上各有不同，但仍可谓是“现代建筑”的继续与发展。这些倾向共同构成了战后建筑思潮的主流。20世纪后期又出现了“后现代主义”、“解构主义建筑”……总之，建筑的发展是十分复杂和曲折的，过去如此，今后也将如此。21世纪，世界发展趋势是：经济国际化、乡村城市化、人口老龄化和第三次科技革命高潮来临。这种趋势将形成新的文化背景，如建筑环境、生态、节能等，将给建筑学科的发展带来重大影响。

SHEJI LINIAN

3 设计理念

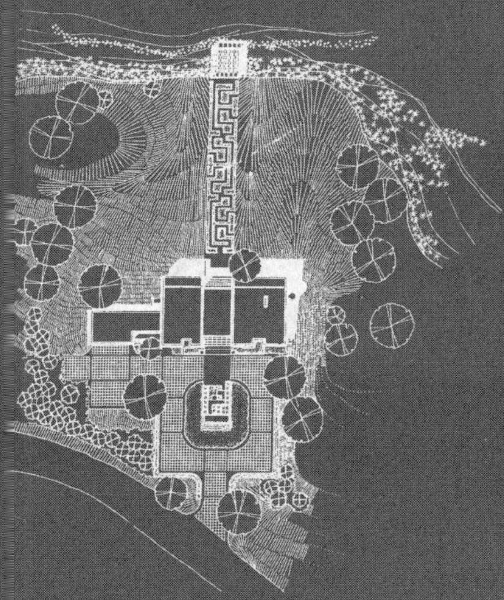

SHEJI LINIAN

书中述及建筑设计基本的理论和方法,内容较多,仅择其最主要的,虽极重要,但作为初学者不要指望一下子全部掌握。随着以后学习的逐步深入，会更透彻明了，直至融会贯通。

3.1 建筑绘图

在一般人的心目中，建筑绘图所指的是画建筑画，主要是指建筑物内、外部透视图。对专业人员来说，这是远远不够的。还必须全面掌握各种建筑图（总平面图、平面图、立面图、剖面图、节点大样图等）的绘制。这里必须强调指出的是：建筑制图的图面表现方法一般是施工图用的方法和非常基本的图标。施工用制图必须清楚正确，而且不管是谁画的，表达方法都是共通的。但建筑设计的表现就不同了，建筑表现图是建筑师的“语言”，是设计者的基本功之一，设计的构思最终将由各种绘图形式表现出来，因此，在设计过程中，还需要绘制各种具有艺术表现力的图纸，用来更形象地说明设计内容，唤起对方的感觉，引起对方的强烈反响。因此，不能仅仅依赖制图规范，要能动地应用各种技法来增强效果。

绘制建筑表现图理想的过程应该是先考虑设计构思，然后再想如何表达。所有的思考都要充分地体现在图面上，而且必须具有强烈的感召力。对于设计者来讲，图所表达的内容就是一切。由于无法看到实际建成的作品，图面上的东西就是自己的“作品”。

特别是在今天，无数的设计者不够重视推敲设计（方案）的表现，电脑的普及，使很多设计者忘记了自己的“口味”，这些现象同时也深刻地影响到学生。驾御电脑，毅然决然将自己想说的表现出来当然是好事，但是在此以前，难道就不需要画什么了吗？显然不是这样的，我们仍然需要知道如何将三维的物体表达在二维的图纸上，否则，只不过是在混沌中将画面装饰一番，什么也表达不了。这就需要我们学一点基本功。就是要强调表现手段，也就是手的训练。

建筑表现是设计的一个重要内容，很难想象一个优秀的建筑设计是通过糟糕的表现来反映和实现的。图面表现应该与建筑内容相呼应。从图面一眼就能反映“文如其人”般的设计意图。那些优秀的表现实际是与本人作品的内容相吻合的。往往有不少学生经常在评图时很雄辩，面对潦草的、难以理解的设计草图侃侃而谈，听起来的确很有意思，但看了最后提交的作业，经常又会使老师丈二和尚摸不着头脑，图面上连当初所说内容的一半都不到。当然，这其中有的是因为构思还不成形，而大部分却是由于没有表达好。强调表现也许会认为是在走“邪路”。请不要误解的是：相对于内容来讲，更重视表现的做法并没有错。

3.1.1 基本元素

（1）绘图工具

①常用绘图工具

常用绘图工具详见图 3-1。

②丁字尺和三角板

——使用前，必须擦干净；

——丁字尺头要紧靠图板左侧，不可以在其他侧面使用；

——水平线用丁字尺自上而下移动，运笔由左向右；

——三角板必须紧靠丁字尺尺边，角向应在画线的右侧；

——垂直线用三角板由左向右移动，运笔自下向上；

——使用丁字尺和三角板，可画出 15°，30°，45°，60°，75° 等常用角度；

——划线时手的姿势应正确保持规范（图 3-2）。

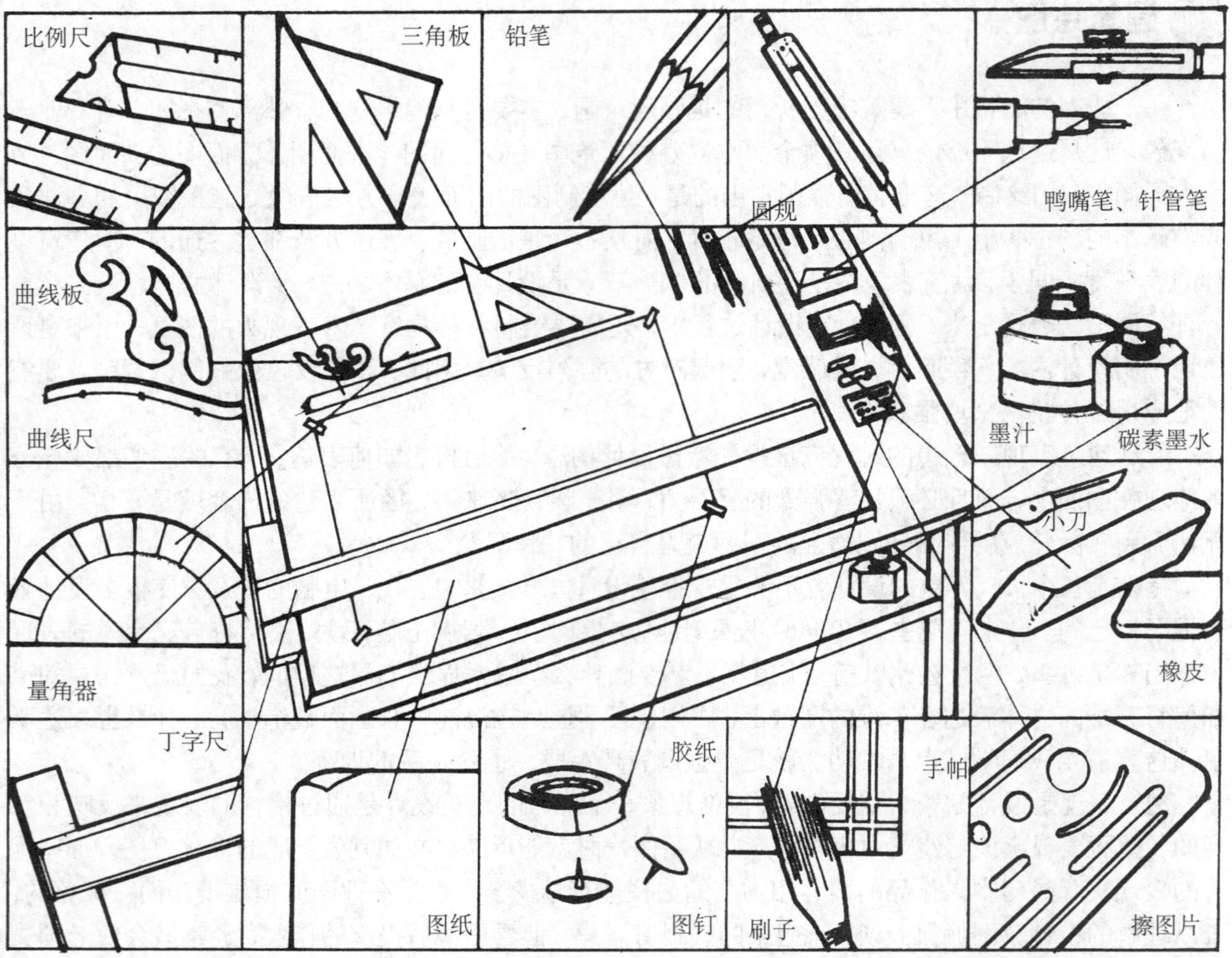

图 3-1 常用绘图工具

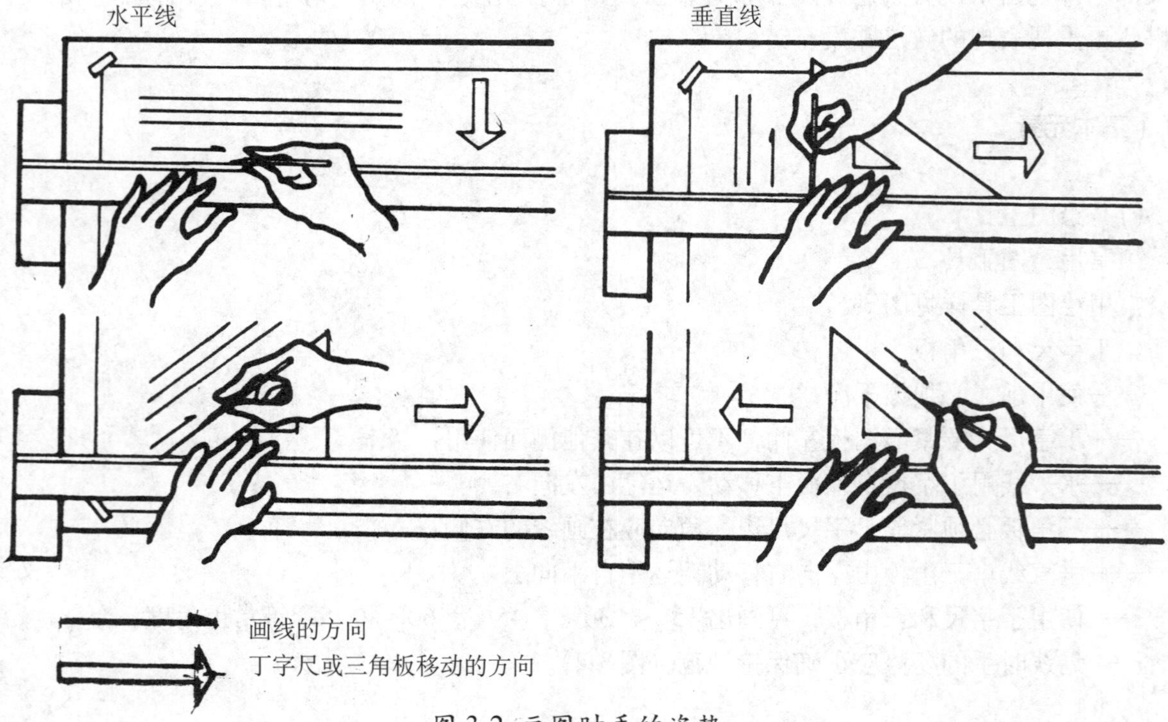

图 3-2 画图时手的姿势

③圆规和分规

——用圆规画圆时，应顺时针方向旋转，规身略可前倾；

——画大圆时，可接套杆，此时针尖与笔尖要垂直于纸面，画小圆时，用点圆规；

——用分规时应先在比例尺或线段上度量，然后量到图纸上，分规的针尖位置应始终在待分的线上，弹簧分规可做微调；

——注意保护圆心，勿使图纸损坏；

——若曲尺与直线相接，应先曲后直，若曲线与曲线相接，应位于切线。

④直线笔（鸭嘴笔）

——常用绘图墨水或炭素墨水，调整螺丝可控制线条的粗细；

——将墨水注入笔的两叶中间，笔尖含墨不宜长过6~8mm，否则易滴墨，笔尖在上墨后要擦干净，保持笔外侧无墨迹，以免洇开；用毕后，务必放松螺丝，擦尽积墨；

——画线时，笔尖正中要对准所画线条，并与尺边保持一微小距离，运笔时，要注意笔杆的角度，不可使笔尖向外斜或向里斜，行进速度要均匀，线条交错时，要准确、光滑；

——直线笔也可由针管笔代用。

⑤比例尺

——三棱尺有6种比例刻度，片条尺有4种比例尺度，它们各自可以彼此换算；

——比例尺上刻度所注长度，表示了要度量的实物长度，如1：100比例尺上1m的刻度就代表了1m长的实物。此时，长度尺寸是实物的1/100，其余以此类推。

（2）工程字体（图3-3，图5-1）

字体（文字和数字）是设计图重要组成部分，要求工整、美观、清晰、易辨认。

汉字常用仿宋字，是由宋体演变而来的长方形字体，具有笔划匀称明快、书写较方便的特点。标题和加重部分常用黑体字（又称黑方头），为正方形黑粗体字。外文字型常用拉丁字母，数字字型常用阿拉伯字母。在快图和方案设计中也常用变体字，徒手书写较快捷。

仿宋体一般高宽比为3：2；字间距为字高的1/3或1/4，行距为字高的1/2或1/3。笔划要横平竖直，注意起落。外文字体，同样要注意字体结构和笔划顺序，字体由于曲线过多，运笔要注意光滑圆淮。

数字字型，要注意运笔顺序和走向，数字1较其他9个数字笔划少而字型窄，它所占的字格宽度应小于其他字型，字体可直写也可75°斜写。

在一幅工程图纸上,字体类型不宜变化太多,且应大小适宜,严禁自己“发明”的字体，但可用美术字体。此外，字体练习要认真、刻苦、持之以恒，做到熟能生巧。

（3）工程线条（图5-2）

①线条种类

实线：表示实物可见线、剖断线、材料表示线等，制图时可用粗细不同等级的实线，如剖断线最粗，材料表示线最细，其他取中等线条。

点划线：表示物体的中心位置或轴线位置。

虚线：表示实物被遮挡部分或辅助线等。

②线条的加深与加粗

铅笔线条宜用较软的铅笔B~2B加深或加粗，然后用较硬的2H~HB铅笔将线边修齐。黑线条加粗，可先画边线，再随笔填实。如一次性画粗线，由于下水过多，势必在起笔处肥大，纸面也容易起皱。

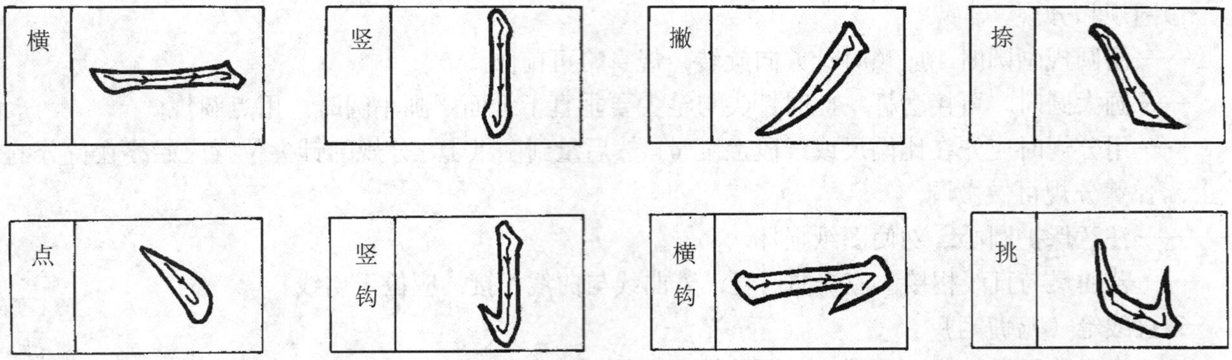

仿宋字主要笔划运笔特征

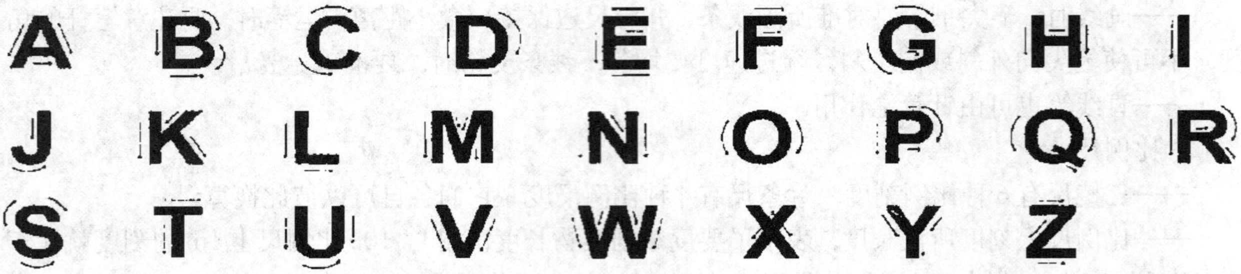

拉丁字母运笔顺序

数字运笔顺序

图 3-3 工程字体

③画线顺序

——铅笔画稿线应轻而细；

——先上后下，丁字尺一次平移而下；

——先左后右，三角板一次平移而右；

——先曲后直，用直线容易准确的连接曲线；

——先细后粗，铅笔粗线易污画面，墨线粗线不容易干，先画细线不影响制图进度；

——各种线条相交时交点处不宜有空隙；

——画完线条后再注尺寸和文字说明，最后写标题和画边框。

（4）建筑配景（图 5–3）

建筑配景所涉及的内容很多，如天空、山水、树木、草地、路面、车辆、人物等。为了妥善处理好配景，应考虑和注意下述几点：

①创造一种真实的环境和气氛,使建筑物在这个自然环境中和谐,并尽量反映原有地形、地貌,从而给人以真实感；

②配景的内容应与建筑物的功能性质相一致；

③配景在建筑绘画中仅起陪衬作用，主要是突出建筑物，防止喧宾夺主，要求图案性较强，层次要少，不必罗列太多。

本书主要讲述画人物、树木、汽车的配景问题。初学者应多作临摹和写生。

画人物——适当地画一些人物，可通过人的大小显示建筑物的尺度，同时还可以使画面生动活泼。在建筑画中，人物大多画成背影，这主要是为了突出建筑物。人物的动作不宜太大，身体各部分要合乎比例，并适当地图案化。在透视图上，还要考虑人物远近的透视关系，否则会影响到建筑物的尺度。

画树木——树的类型很多，但就其枝、干的结构变化来说，可归纳为4种基本形状：支干呈辐射状态汇集于主干；沿着主干垂直方向，相对或交替出杈；树枝、树干逐渐分杈，愈向上分杈越多，整个树呈伞状；树、干相切出杈，形状如同倒“人”字。在建筑绘画中，树可作为远景、中景或近景。远景的树层次要少，树的深浅程度以能衬托建筑物为准；中景的树，有时与建筑物处于同一个层次，有时也可在建筑物前面；近景的树，宜选择树干较高，树叶较疏的树，以不遮挡建筑物为宜。一般不宜画过近过大的树。

画汽车，应考虑与建筑物的功能性质相符，并要注意比例关系和汽车的真实性。

3.1.2 基本要点

基本要点主要是指方案设计建筑图纸的深度要求。本书插图中设计作品为了方便教学需要，部分尺寸按初步设计图深度（实例，图3-4～图3-8）。

（1）**总平面图**

——场地的区域布置；

——场地的范围（用地和建筑物各角度的坐标或定位尺寸、道路红线）；

——场地内及四邻环境的反映（四邻原有及规划的城市道路和建筑物，场地内需保留的建筑物、古树名木、历史文化遗存、现有地形与标高、水体、不良地质情况等）；

——场地内拟建道路、停车场、广场、绿地及建筑物的位置，并表示出主要建筑物与用地界线（或道路红线、建筑红线）及相邻建筑物之间的距离；

——拟建主要建筑物的名称、出入口位置、层数与设计标高，以及地形复杂时主要道路、广场的控制标高；

——指北针或风玫瑰图、比例；

——根据需要绘制下列反映方案特性的分析图：功能分区、空间组合及景观分析、交通分析（人流及车流的组织、停车场的布置及停车泊位数量等）、地形分析、绿地布置、日照分析、分期建设等。

（2）**平面图**

——平面的总尺寸、开间、进深尺寸或柱网尺寸（二道尺寸线，也可用比例尺来表示）；

——各主要使用空间的名称；

——结构受力体系中的柱网、承重墙位置；

——各层地面标高、屋面标高；

——室内停车库的停车位和停车路线；

——底层平面图应标明剖切线位置和编号、并应标出指北针；

——必要时，绘制主要用房的放大平面和室内布置；

——图纸名称、比例或比例尺。

（3）**立面图**

——体现建筑造型的特点，选择绘制一两个有代表性的立面；

——各主要部位和最高点的标高或主体建筑的总高度；

——当与相邻建筑（或原有建筑）有直接关系时，应绘制相邻或原有建筑的局部立面图；

——图纸名称、比例或比例尺。

(4) 剖面图

——剖面应剖在高度和层数不同、空间关系比较复杂的部位（在底层平面图上表示相应剖切线）；

——各层标高及室外地面标高，室外地面至建筑檐口（女儿墙）的总高度；

——若遇有高度控制时，还应该标明最高点的标高；

——剖面编号、比例或比例尺。

(5) 表现图

——根据要求提供外立面表现图或建筑造型的透视图或鸟瞰图（表现方式不限）。

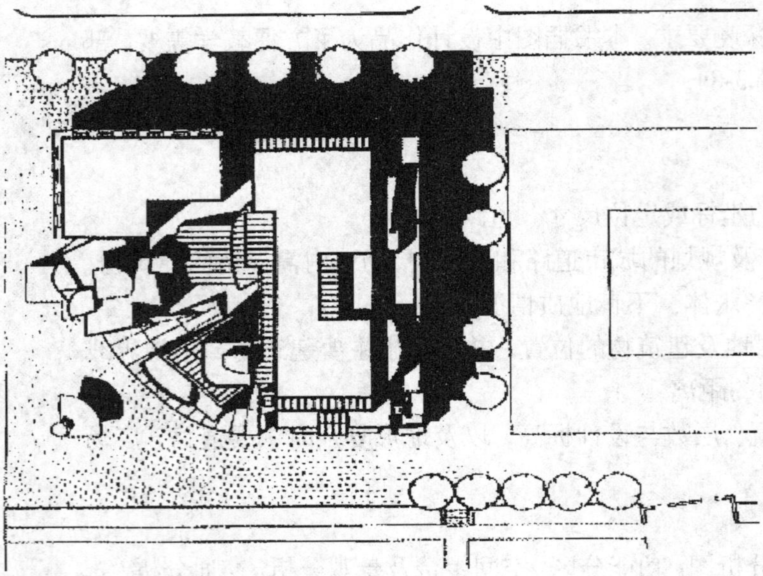

(a) 法国巴黎的美国中心

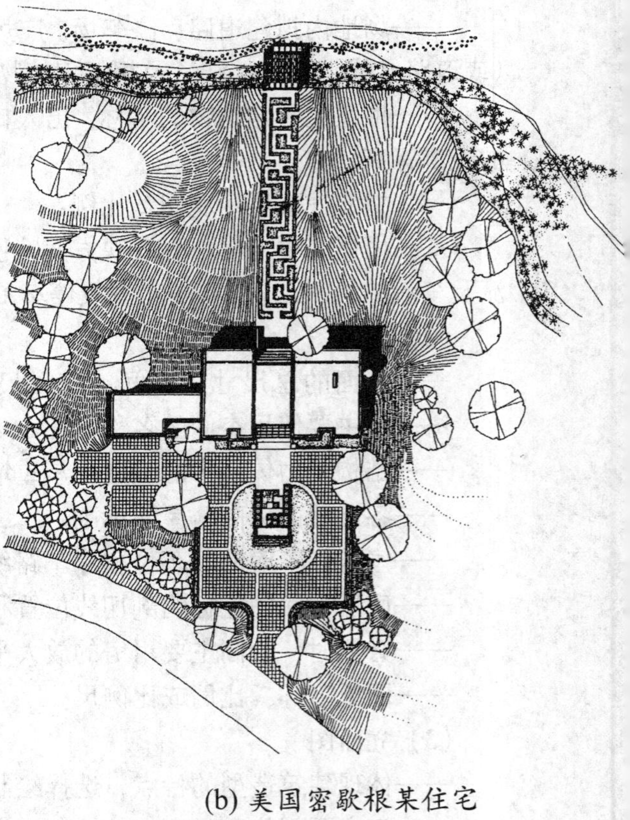

(b) 美国密歇根某住宅

图 3-4 总平面

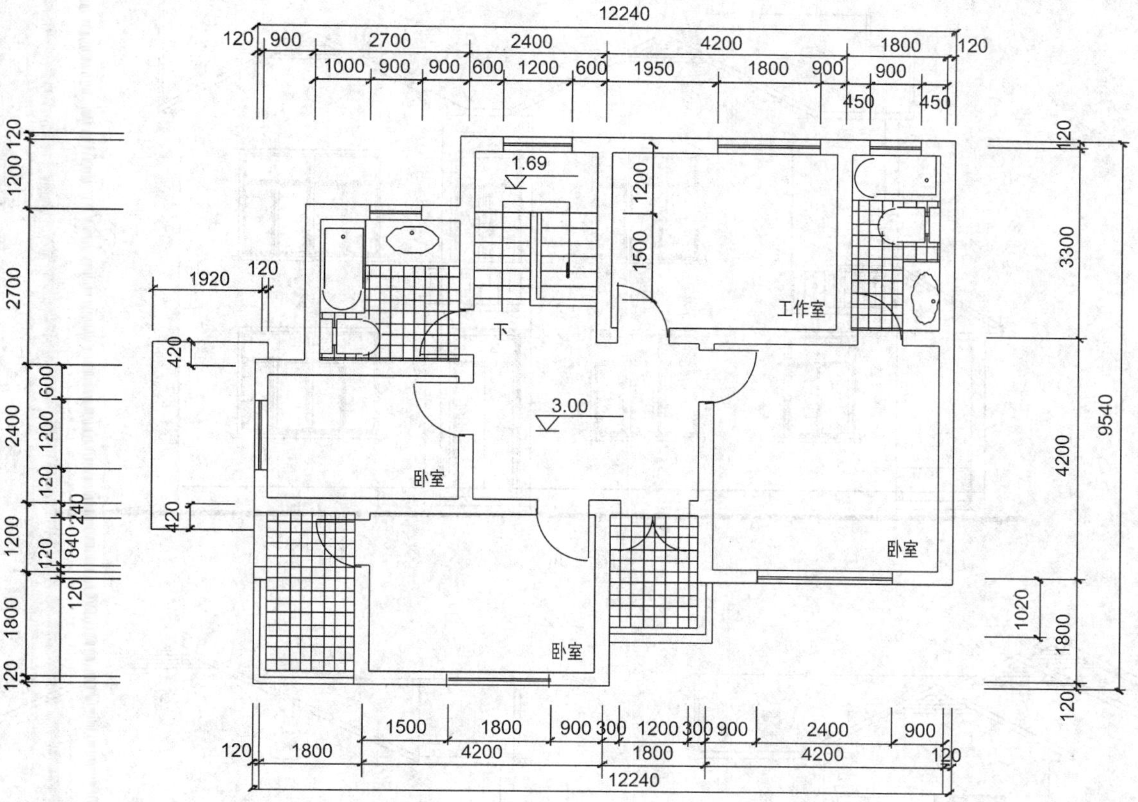

二层平面

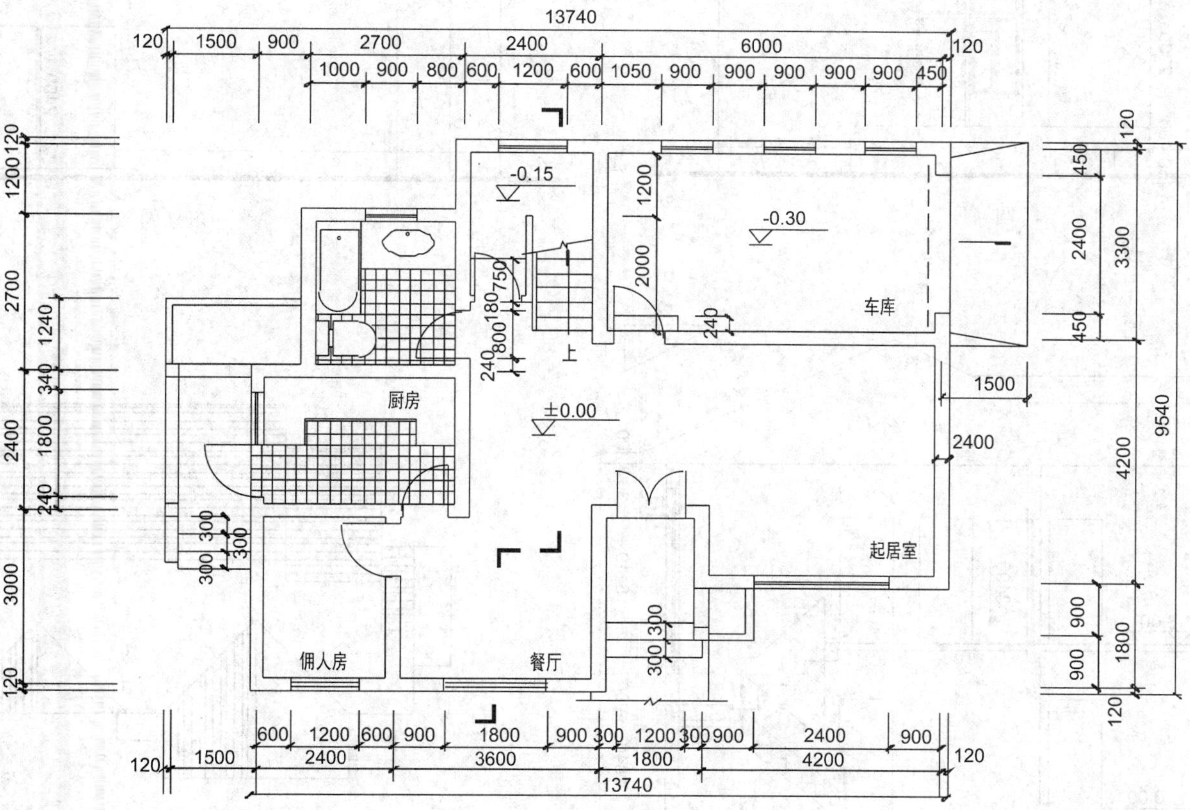

底层平面

图 3-5 小住宅设计(1)

南立面

西立面

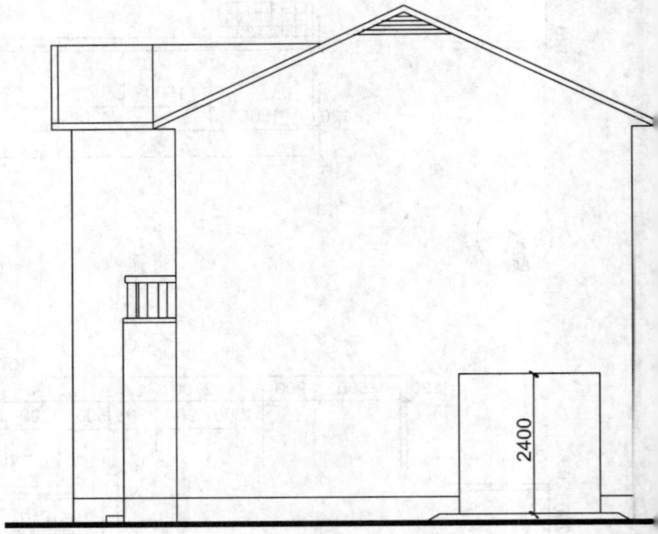

东立面

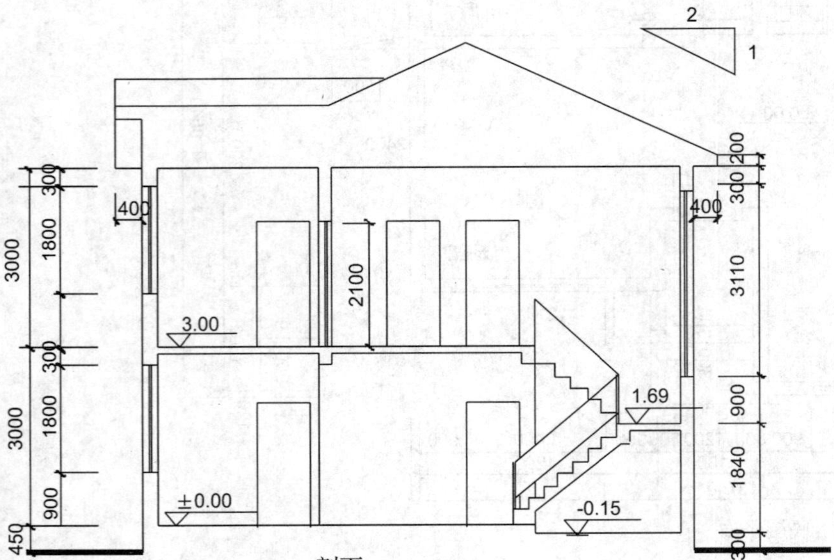

剖面

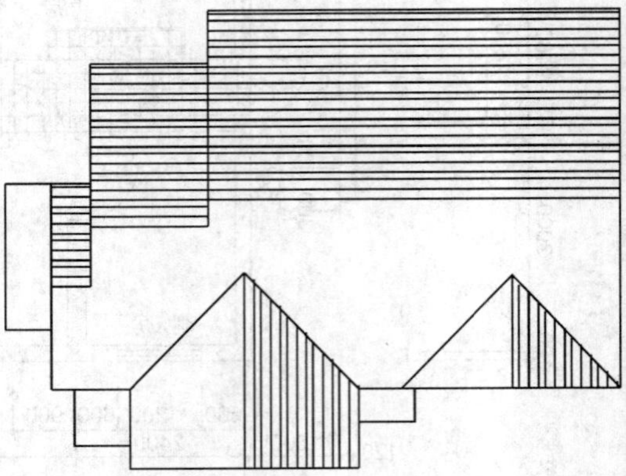

屋顶平面

图 3-5 小住宅设计(2)

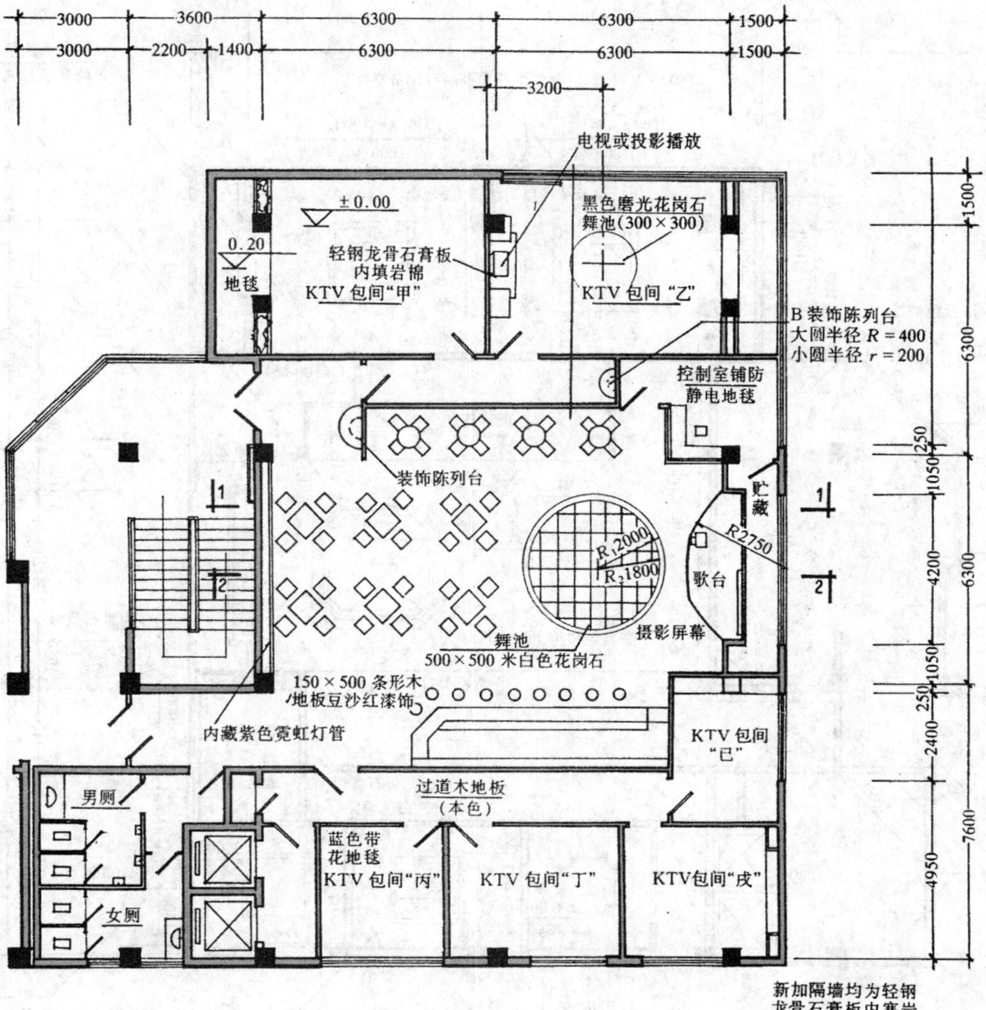

KTV平面

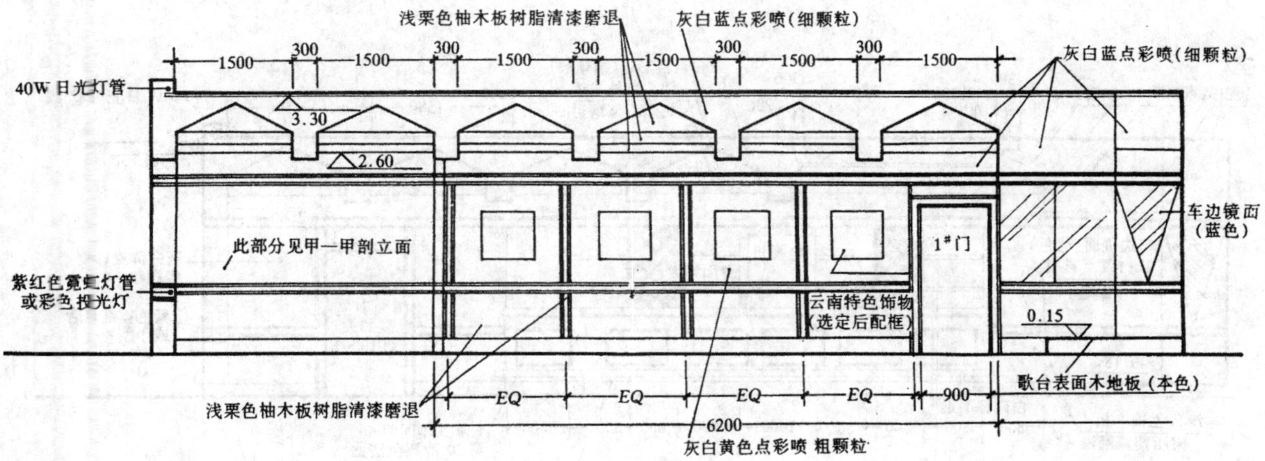

1-1 剖立面

图 3-6 某宾馆 KTV 室内设计(1)

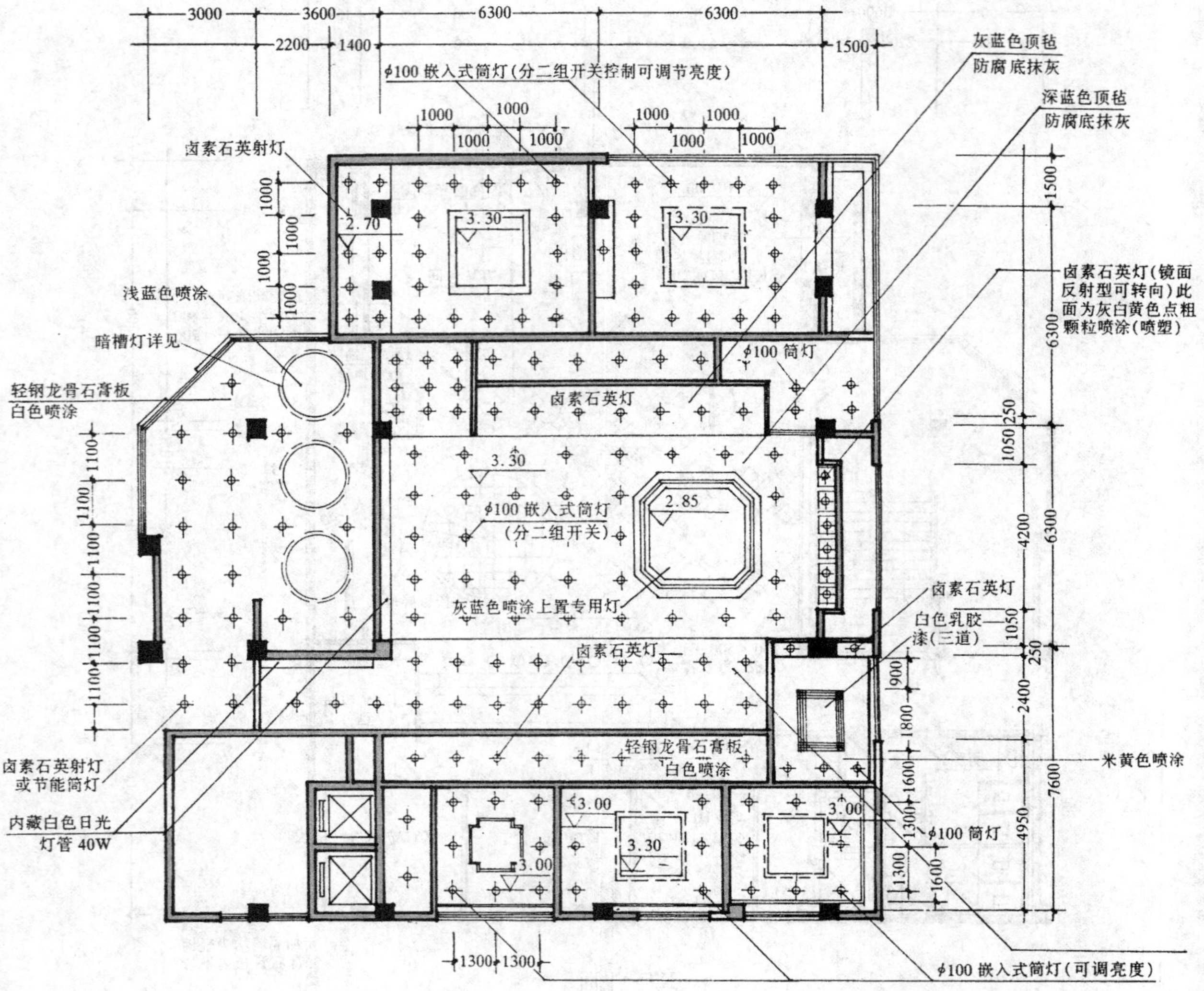

KTV 包间（六间）天花作法均为
轻钢龙骨石膏板面层乳胶漆（三道）

KTV（天花）平面

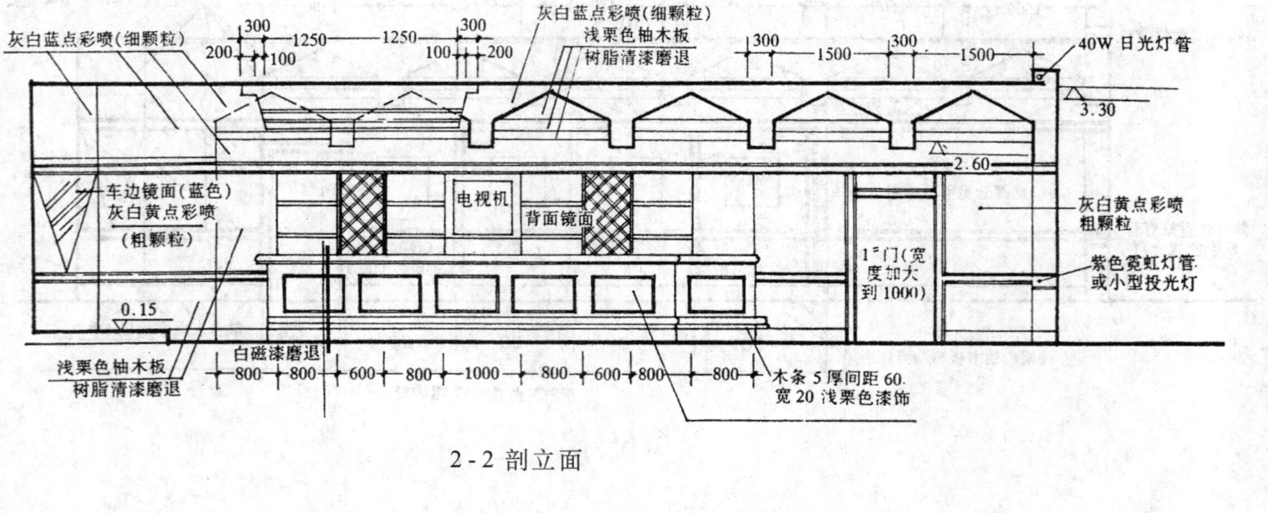

2-2 剖立面

图 3-6 某宾馆KTV室内设计(2)

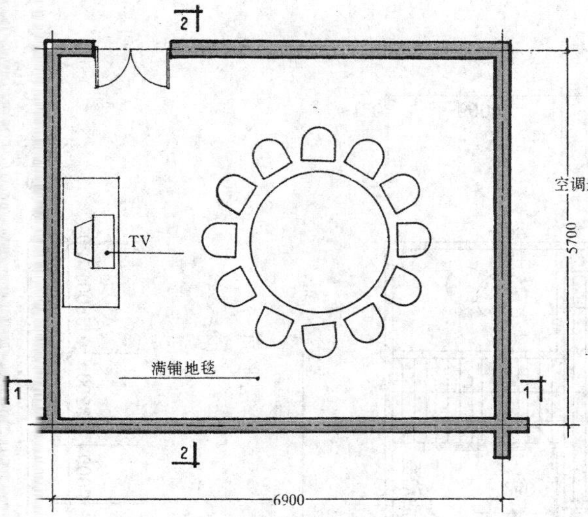

中餐厅平面

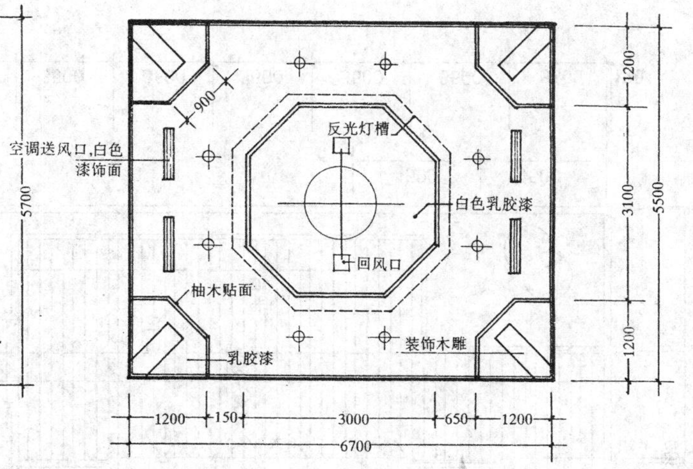

中餐厅天花平面

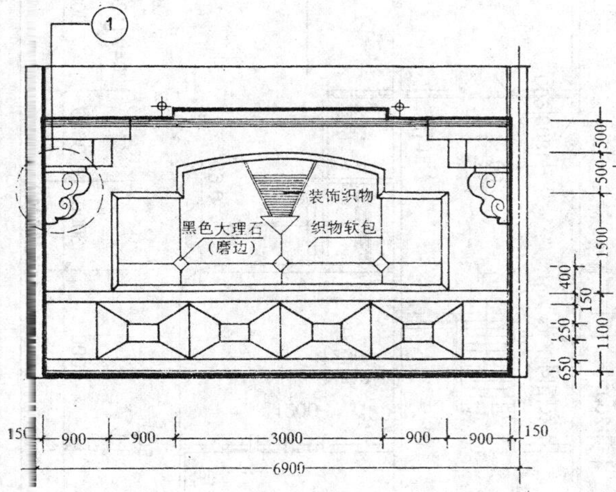

1-1 剖立面

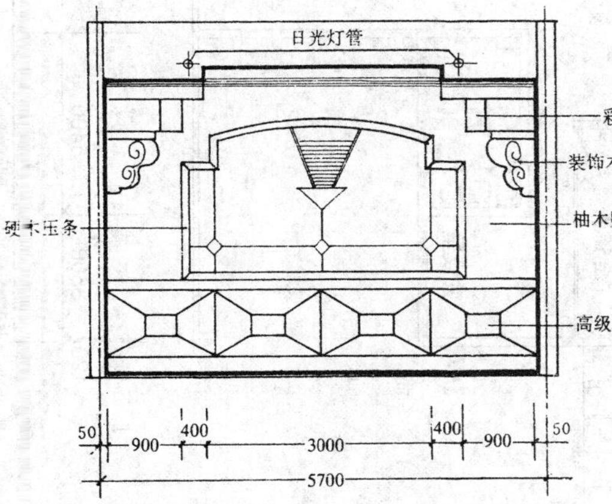

2-2 剖立面

① 中餐厅吊顶装饰木雕详图

图 3-7 某宾馆中餐厅单间室内设计

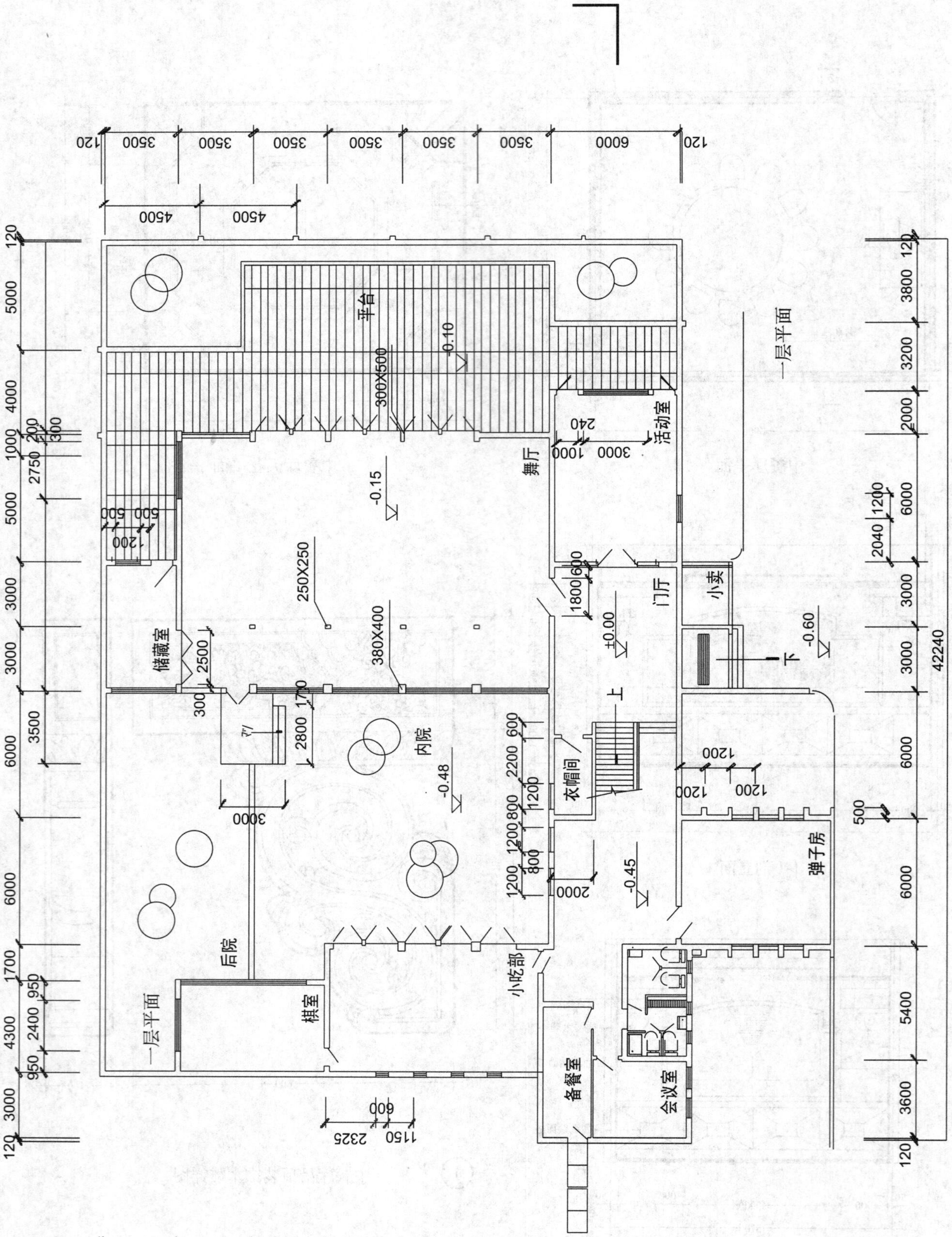

图3-8 某高校教工俱乐部设计(1)

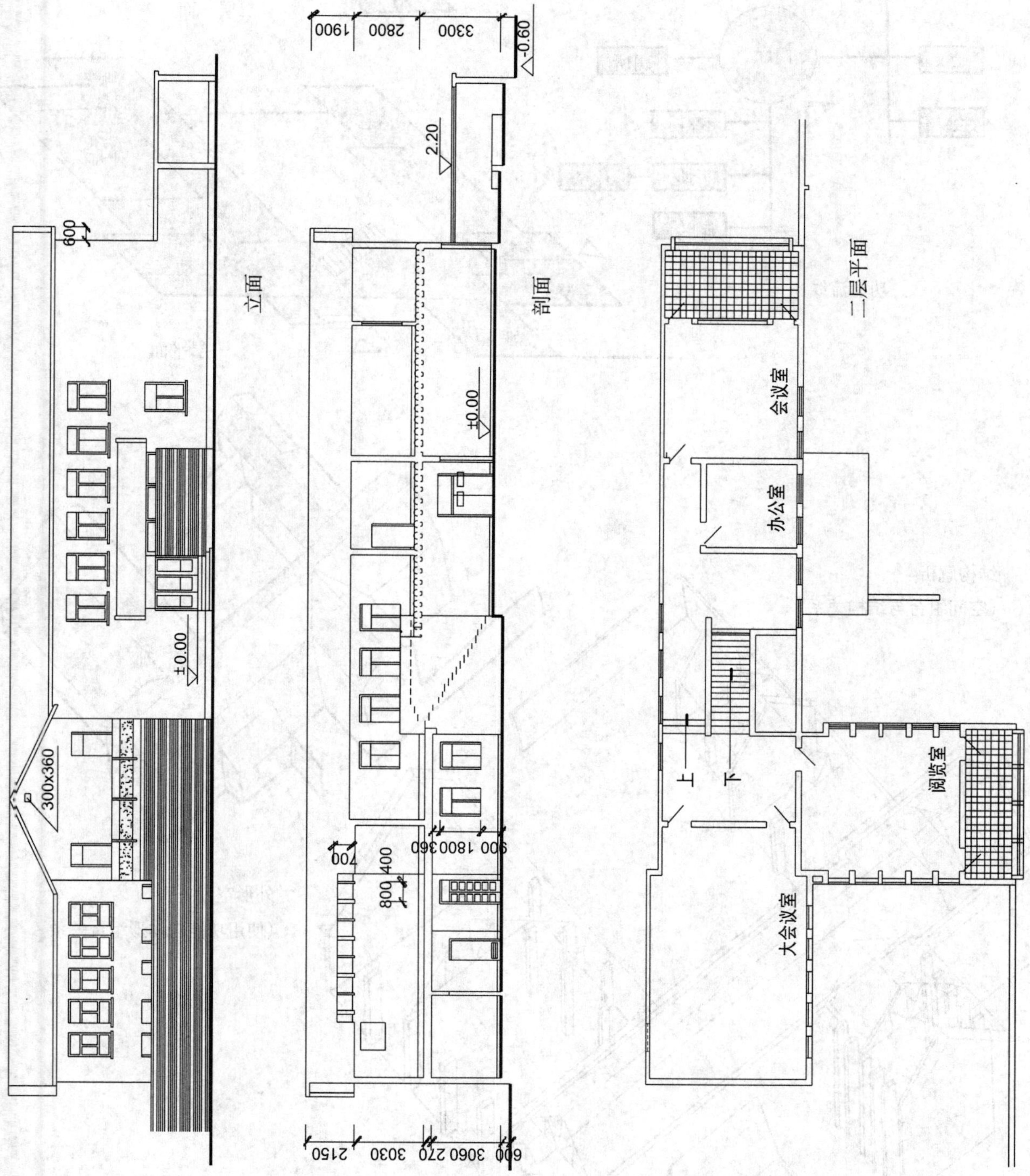

图 3-8 某高校教工俱乐部设计(2)

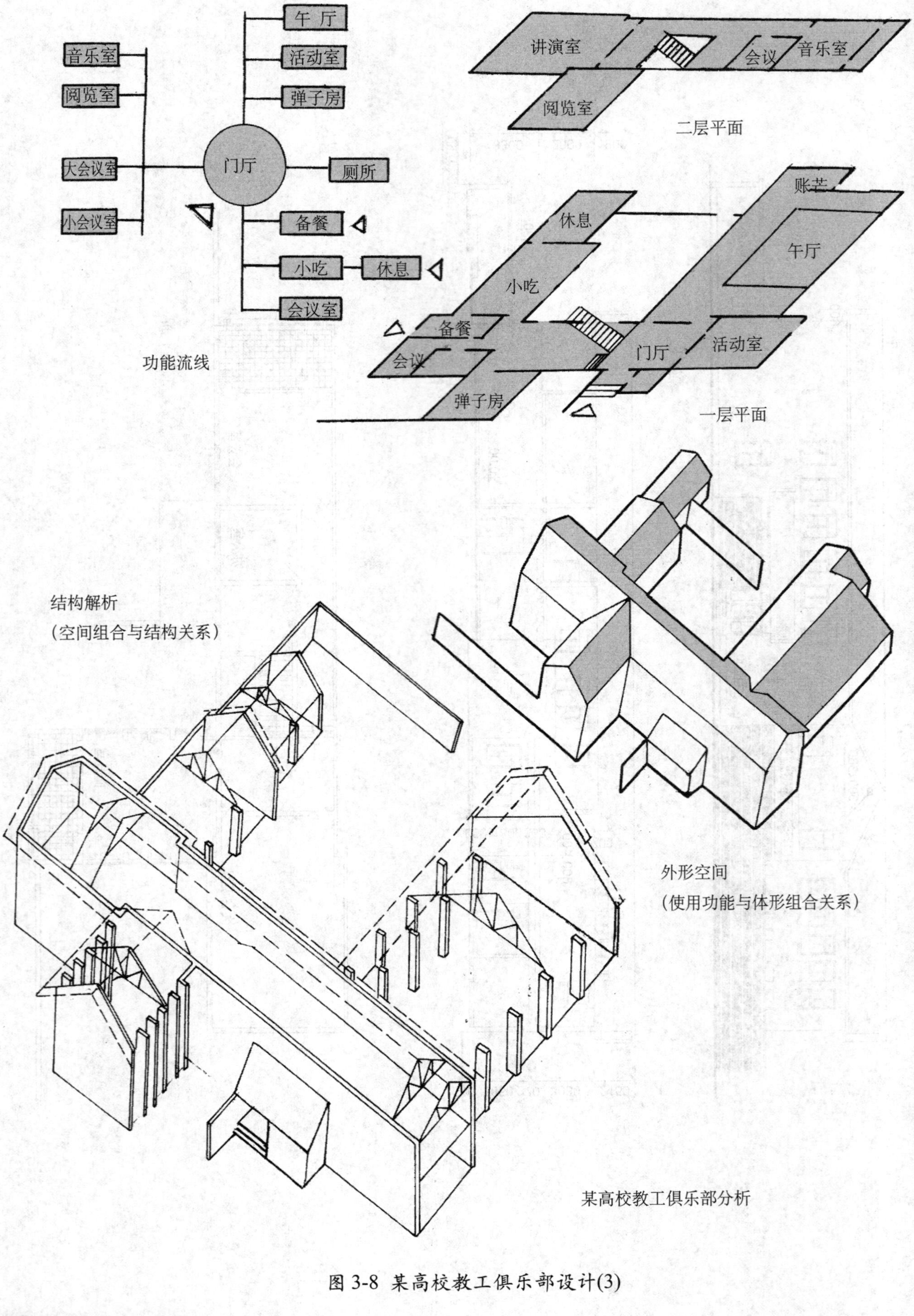

图 3-8 某高校教工俱乐部设计(3)

3.1.3 基本技能

同时开设的“建筑制图”课要系统讲述建筑平、立、剖面、轴测、透视和阴影绘制方法，本书不予重复。下面介绍建筑表现图中一些重要手法，有助于提高建筑绘图的表现能力。

其中图面布局是一个很重要的环节，但却常被初学者忽视。作品的第一印象往往是由画面布局来决定的。图中的位置关系，包括数张图面时的表达顺序都很重要。

图面布局的关键，首先是如何突出最想表达和强调部分的印象和感染力。其次是要清楚易懂，不要为了追求堂皇的表现，而对其内容不求甚解，建筑表现图不同于抽象绘画，每个图都要有内容。最后要注意图纸的布置密度，不宜多留空白而浪费纸张。总之，图面布局能反映作品的水平，严谨的平面或形态常呈现美的图面布局，而强有力的方案则多采用与其相适应的富有个性化和豪放的设计表现图。

基本图例表示技法：

——建筑图表示方法图解（图 3-9）；

——分步绘制平面图（图 3-10）；

——轴测图（图 3-11）；

——平面轴测图（生长、分解视图）（图 3-12）；

——一点透视和两点透视、透视剖面（图 3-13，图 3-14）；

——一点透视、俯视一点透视（图 3-15，图 3-16）；

——透视图中的光、阴和影（图 3-17）；

——表现图版式（图 3-18）。

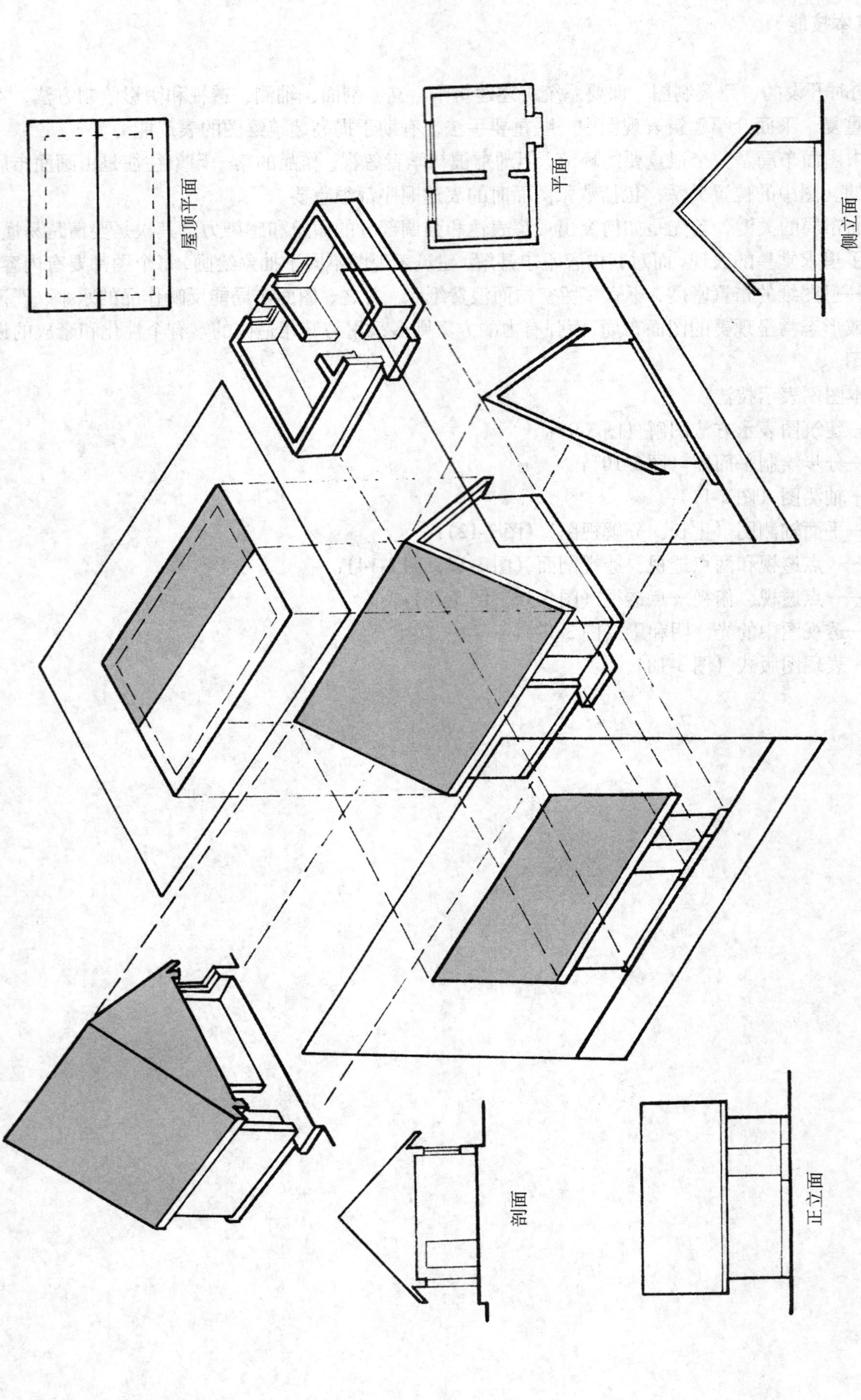

图 3-9 建筑图表示方法图解(1)

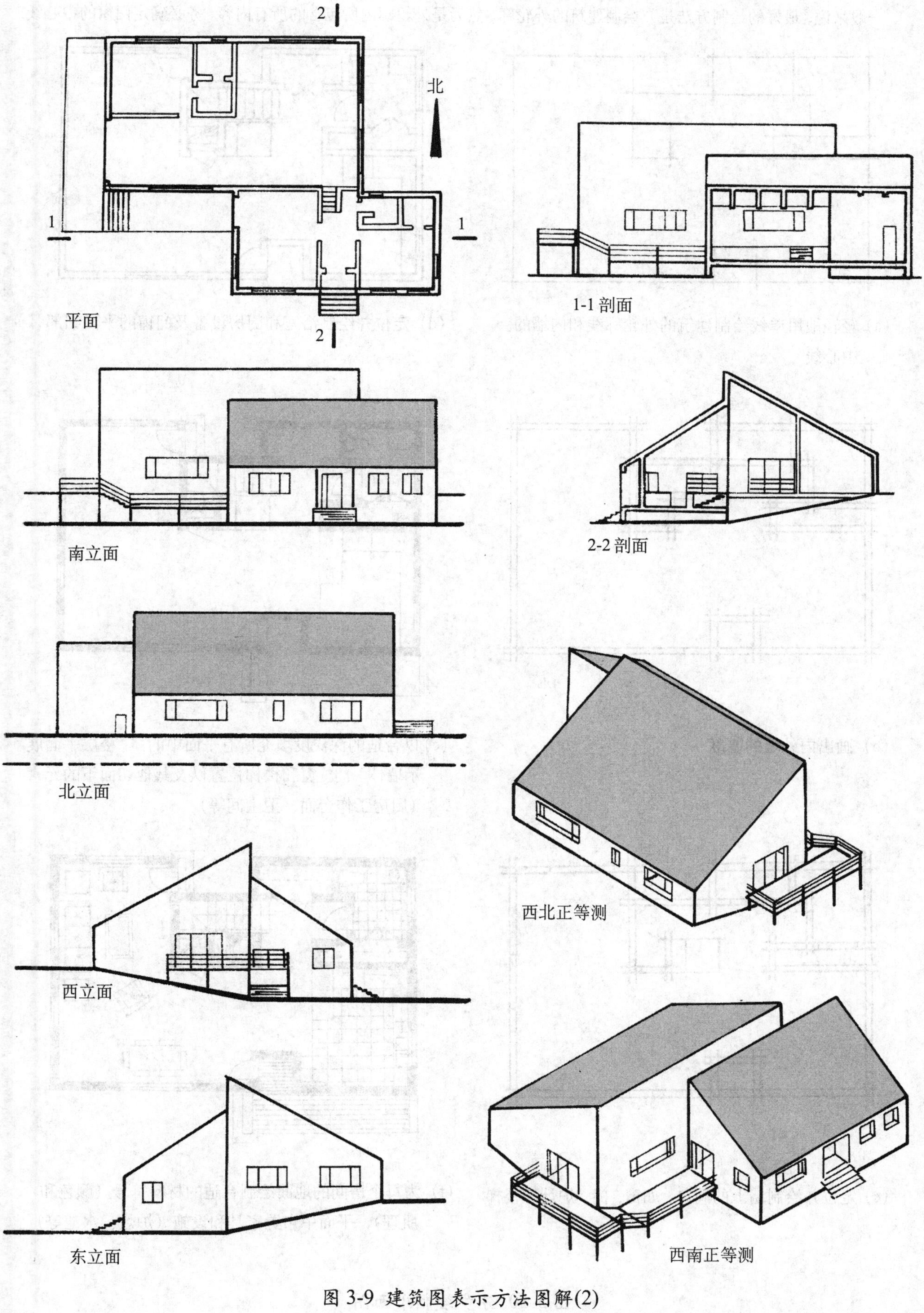

图 3-9 建筑图表示方法图解(2)

一般来说，最好的绘制方法是先绘制建筑的外轮廓，然后是外轮廓内所包含的所有内容，务必确定门窗的中心线。

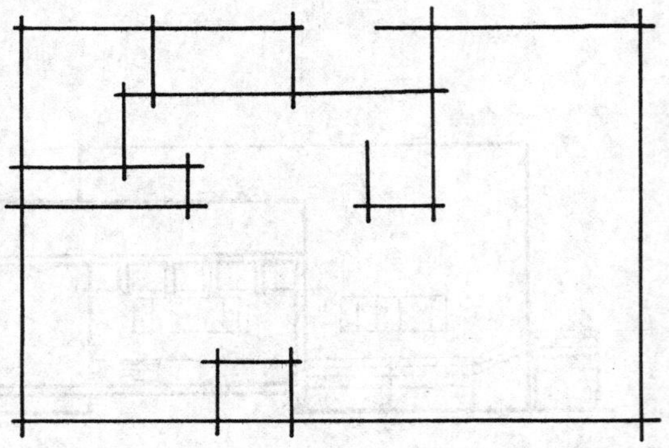

(a) 轻轻地用单线绘制建筑的外轮廓线和内墙的中心线

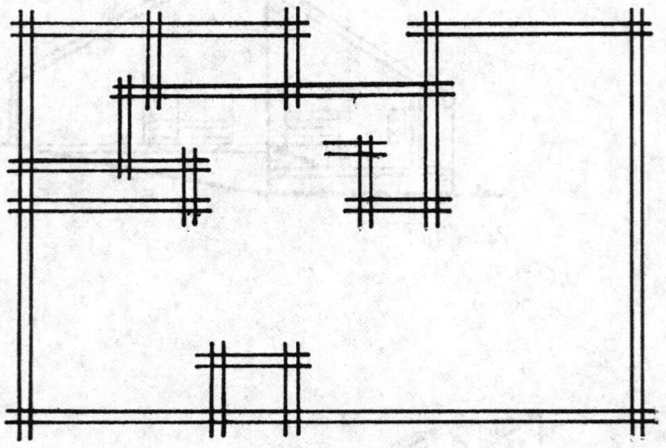

(b) 画出内外墙的厚度

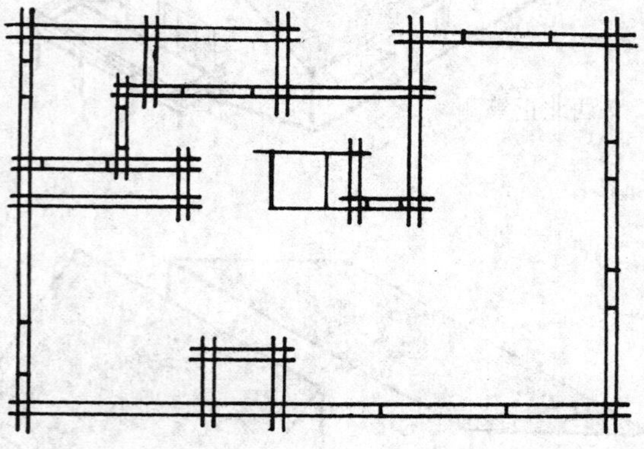

(c) 定位并绘制墙上的洞口，如窗、门、炉灶和楼梯

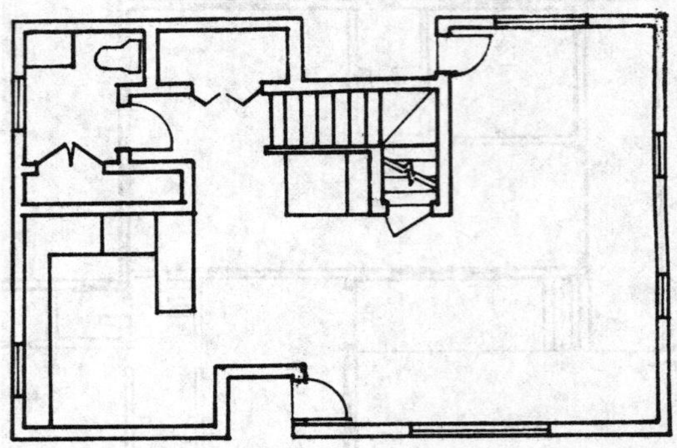

(d) 定位并绘制浴室和厨房设备及门窗的平面细部

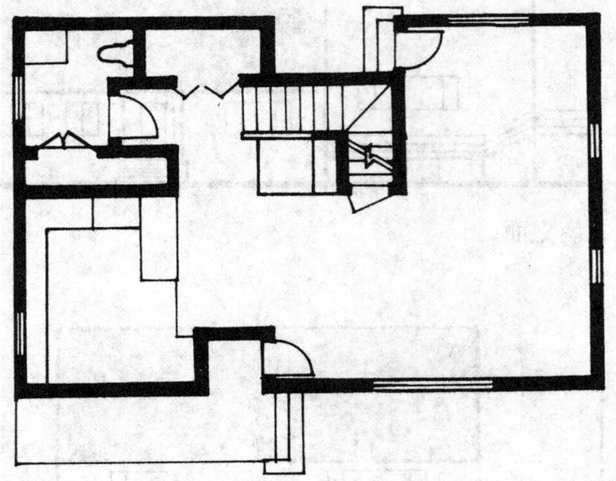

(e) 以合适的深浅度填充所有平面中的体。楼层平面展示墙体、门、窗和楼梯位置以及其他切面下的元素（厨房工作台面、卫生间等）

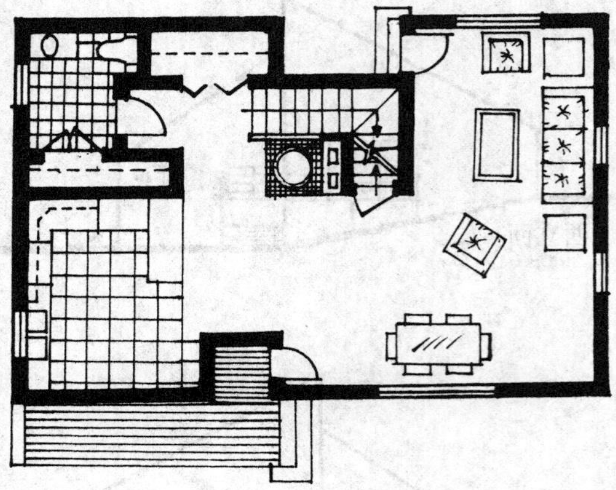

(f) 为每个房间的地面绘制合适的材料符号（颜色和肌理），平面中布置家具和设施（炉灶、水池等）

图 3-10 分步绘制平面图

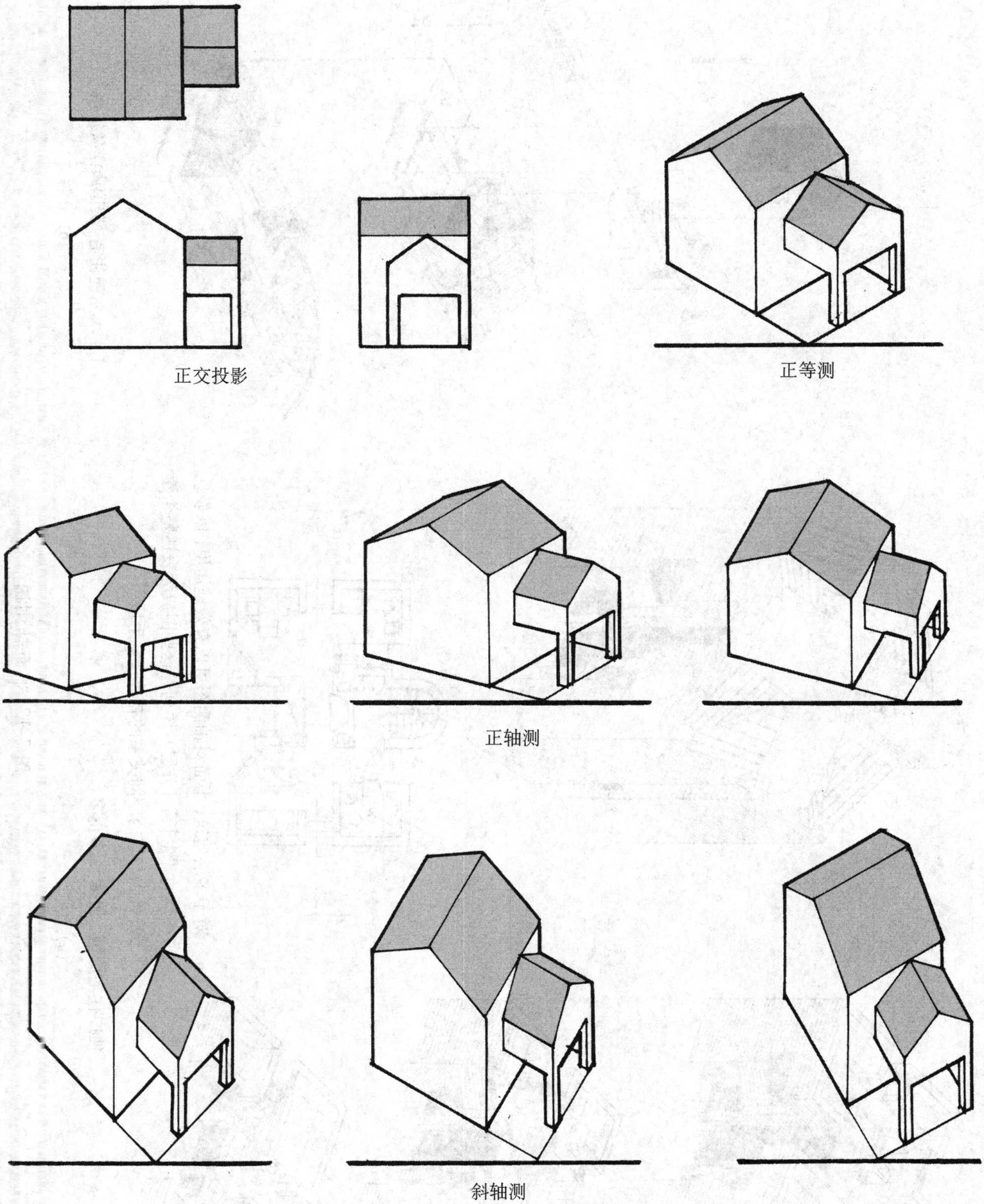

平面、立面和剖面是正交（多视点）投影图（二维）。在轴测图（单视点）中，相关的线条相互平行，使图纸获得三维特征。要学习正交投影图和轴测图，需首先掌握绘图工具的使用、注字和线条的绘制。再加上简要的绘图法则，为研究这些类型的图提供了重要的基础。轴测图有正轴测图（包括正等测图）和斜轴测图两大类。

图 3-11 轴测图

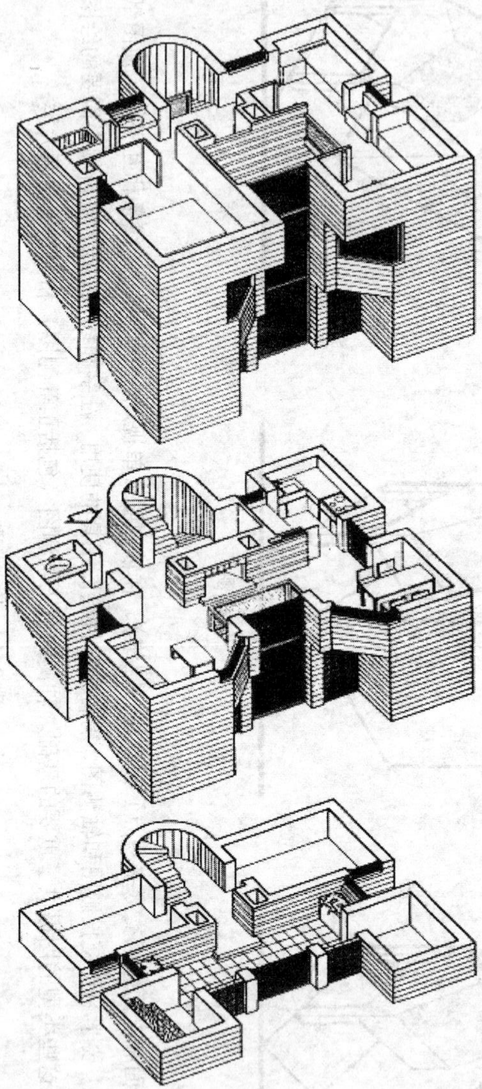

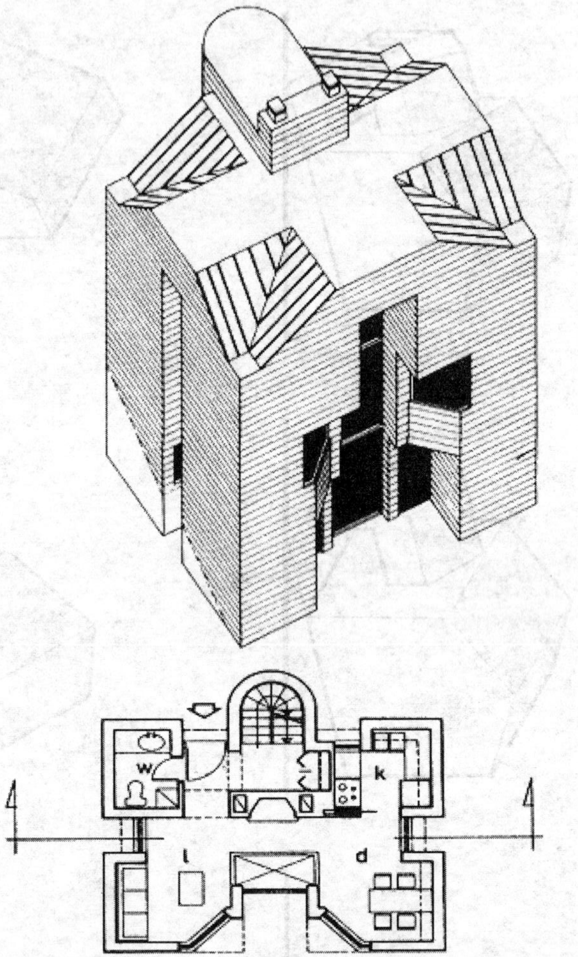

对于多层建筑，平面斜轴测图可以有效地运用，以表现楼层的“生长”（分层）序列。这些图成为表达整个建筑外壳与室内空间关系的有效视觉手段

独户住宅原型　加拿大 多伦多

(a) 生长

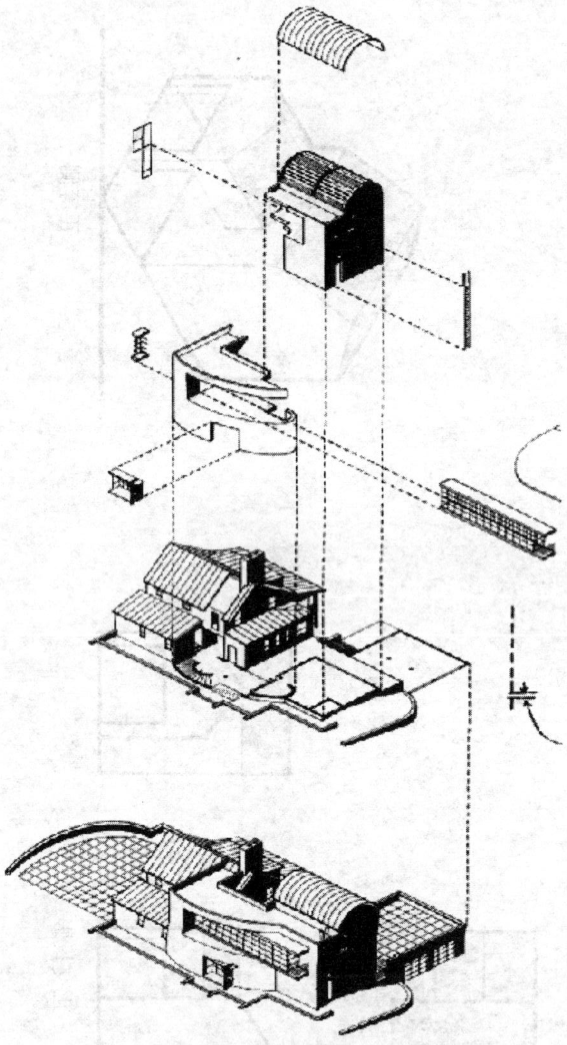

戈尔曼住宅　美国康涅狄格州

(b) 分解

图 3-12 平面轴测图

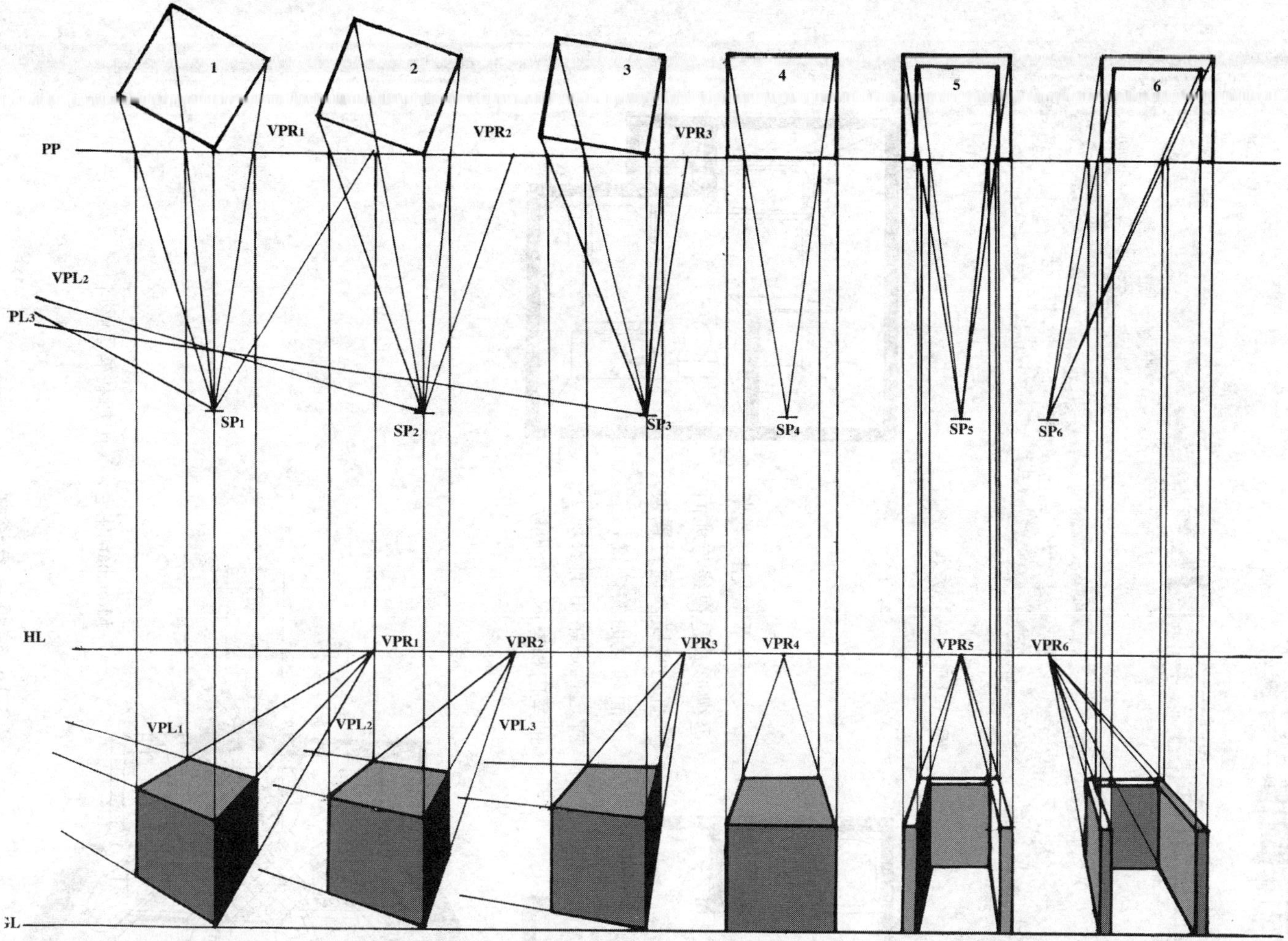

通常，在画一点透视前，学习如何画两点透视比较容易。一点透视可以被看作是两点透视的一个特例。在一点透视中，平面图没有旋转，有一组线或画面平行，或与画面一致。注意立方体如何从一个两点透视（1-3）变成一点透视图（4）。打开的立方体也被表现成一点透视图(5 和 6)。在一点透视中，正面必须置于与画面平行的位置，结果是轮廓和地面会投影至一个灭点。

图 3-13 一点透视和两点透视

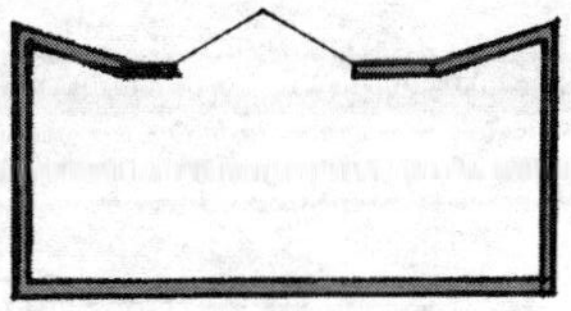

(a)确定剖切的位置；

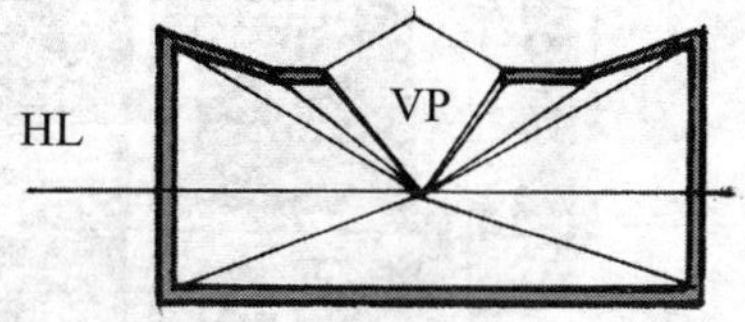

(b)确立视平线和灭点的位置，从剖切出的角点向灭点连线；

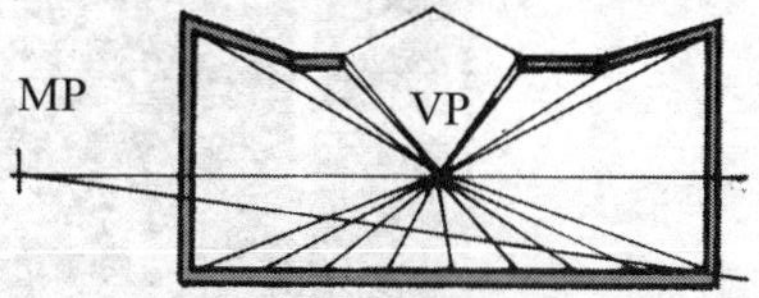

(c)沿楼面剖切线标记等距刻度，选择一个任意的量点(MP)。量点距灭点的距离越远，变形越小。从量点至最远的角点绘制对角线；

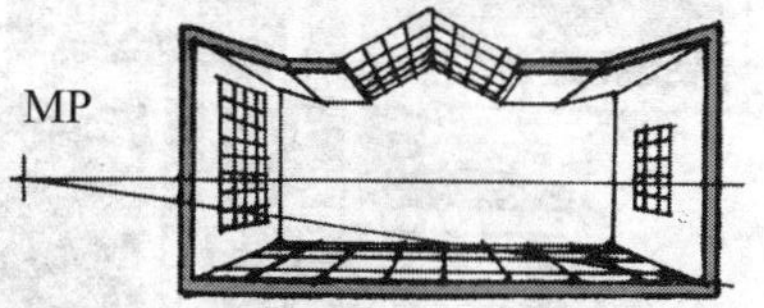

(d)在对角线和后退地面线的交点处绘制在透视中分割地面，墙面和顶棚的水平线。

有时，从一个建筑剖面生成透视会夸大空间长度。

图 3-14 透视剖面

Milam 住宅，美国佛罗里达州

图 3-15 一点透视

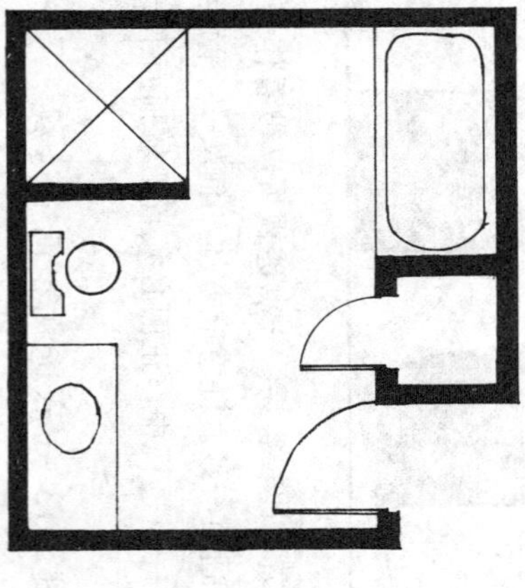

一种不常见的一点透视形式是视线与地面垂直的鸟瞰。通过置换平面和立面的位置，这种透视通常用于表现小的室内和室内、外庭院。

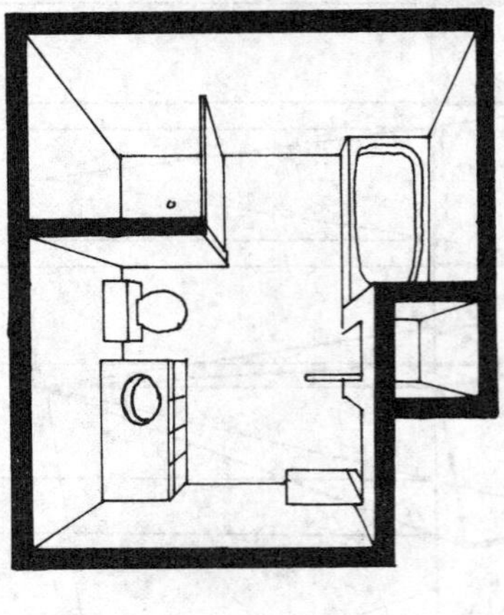

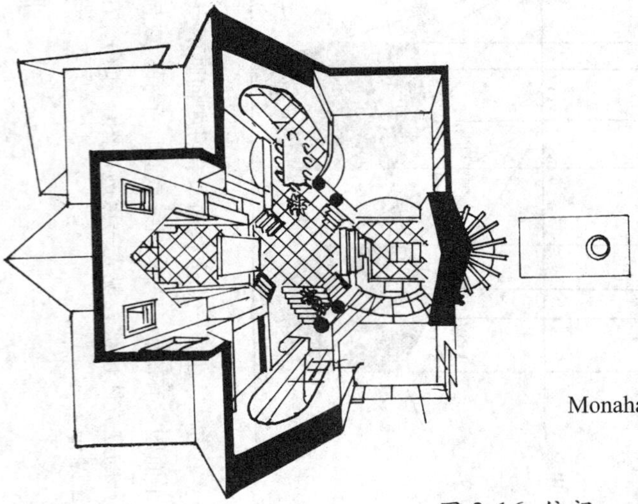

Monahan 住宅，美国加利福尼亚州

图 3-16 俯视一点透视

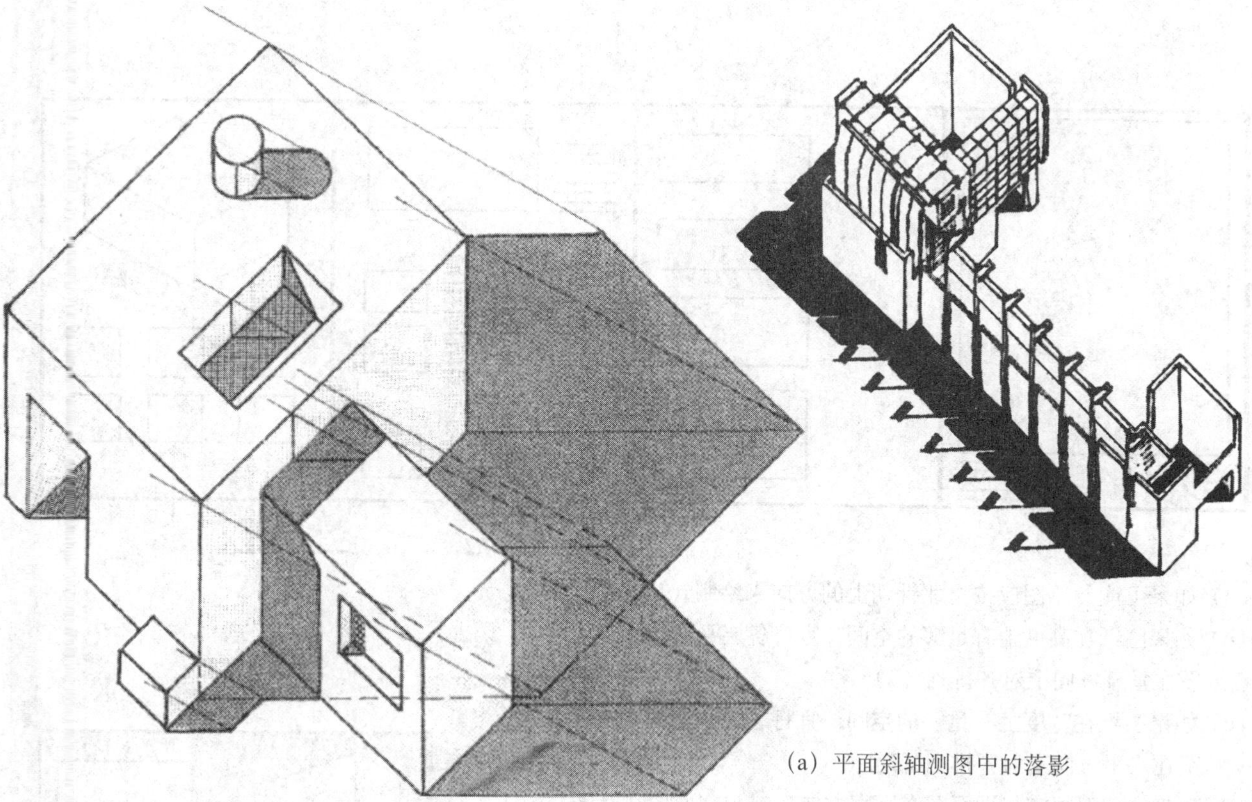

(a) 平面斜轴测图中的落影

这些平面斜轴测图（45°～45°）表现了光线与画面平行时所产生的落影。地面上的关键落影点是由通过产生落影的边界（顶点或高度）的斜射光线与该点所在的边线在地面上的投影线相交得到的。在上例中，小的建筑元素打断了通过大的建筑元素的水平和垂直边界的光线，从而产生了一条从小物体上穿过的落影线。

(b) 光、阴、影

图 3-17 透视中的光、阴和影

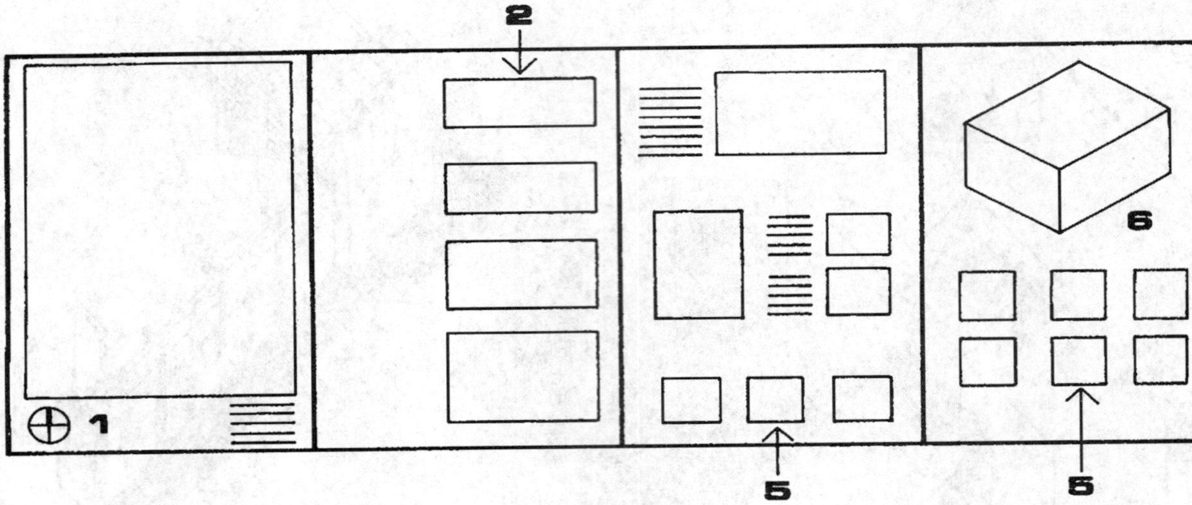

(a) 如果可能，总图应按指北针朝上的方向来绘制（1）;

(b) 如果图纸在高度上有足够的空间，宜将各层平面图和立面图在垂直方向上对齐排列（2）;

(c) 如果图纸在宽度上有足够的空间，宜将各层平面图和立面图在水平方向上对齐排列（3）;

(d) 建筑的剖面图应与平面图在垂直方向上或与立面图在水平方向上对齐（4）;

(e) 详图和标注应该有序地或成组布置（5）;

(f) 轴测图和透视图在表现图中是统一整个表现图的综合性图（6）;

(g) 布置图形通常按从左到右、从上到下的顺序。

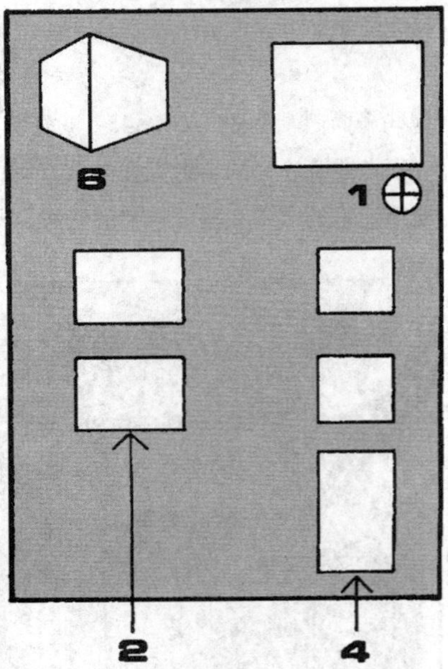

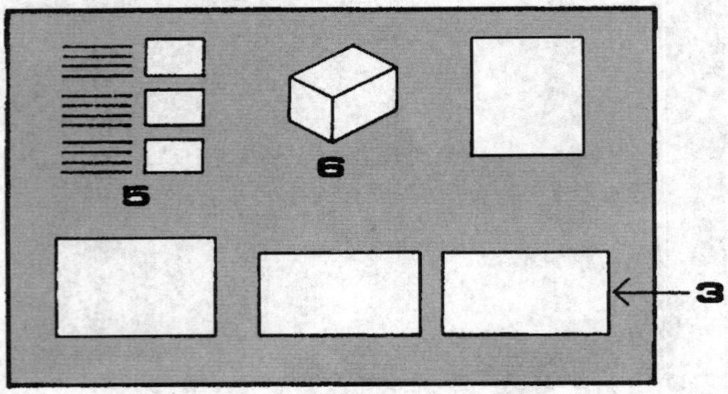

传统的正交投影图，介绍了主要的建筑图的种类。就单幅图而言，这些图的作用并不大。但是，当它们组合在一起，成为一个表现图版式时，这些图就成为一个强有力的表达工具。建筑表现图通常采用几张纸或展板，各组成元素可以灵活布置，但需要有一条贯穿整套图纸的连续，完整的主线和一个表达的重点。

图 3-18 表现图版式

3.2 设计方法

3.2.1 设计特性

建筑设计如何下手？这是一个十分重要的问题,要设计好除了对建筑及建筑设计有一个深入透彻的了解认识外,还需要有一个正确的设计方法和工作方法（表3-1）。

表3-1 建筑设计及方法

项目	内　容
建筑设计特征	1.是一种图示思维与解决矛盾的过程； 2.是一种有目的的空间环境建构过程； 3.是一种创造生活的过程
建筑设计模型	所谓“模型”，是做“设计”结构的一种描述方式，以便从方法学上进一步理解建筑设计的组成部分及其相互关系。根据现代认识心理学和实际设计过程，设计大致分为输入、处理、构造、评价和输出5个部分。 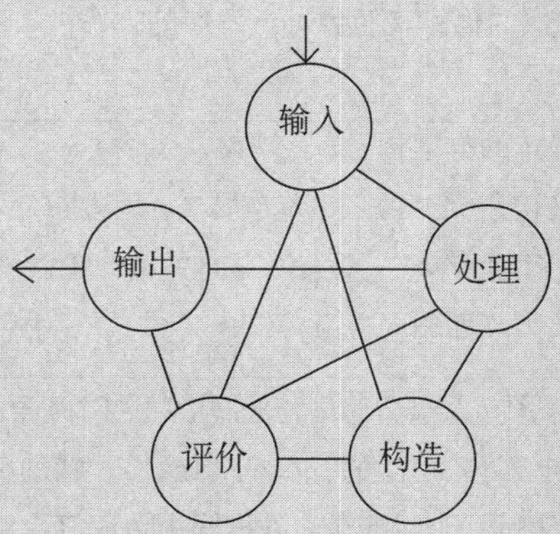
建筑设计程序	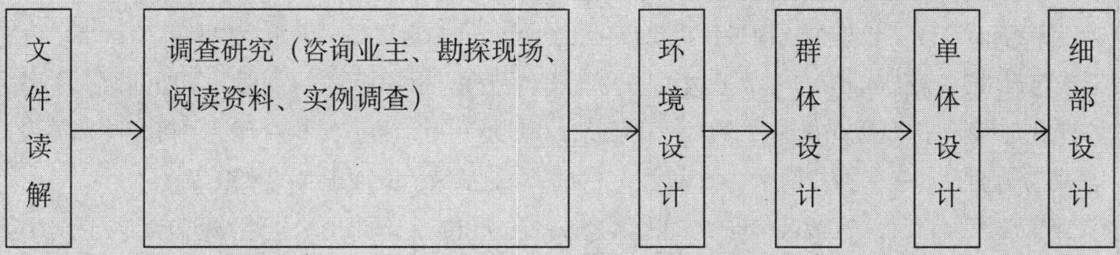

3.2.2 建筑方案

如前所述，建筑设计包括方案设计、初步设计和施工图设计3部分。其中方案设计是确立设计立意和构思并将其形象化，在整个设计中，起着开创性和指导性的重要作用，结合高等院校的优势特点，应作为重点内容，因此，书中更多地讲述方案设计方法。至于其他部分，主要通过以后课程设计和工作实践来训练（表3-2）。

表 3-2　　建筑方案设计

项目	内　容
方案思考	①立意：确立创作主题意念，运用建筑哲学思想、灵感与想象力、知识和经验等； ②构思：紧扣立意，以独特的、富有表现力的建筑语言发挥想象力的过程，将立意通过一定的手段技巧转化为方案实施中，构思应紧紧抓住立意并贯彻在设计的始终，包括环境构思、平面构思、结构构思、经济构思、哲学构思等
方案起步	①出入口选择； ②场地规划
方案生成	①由内向外的方案生成方法（先功能后形式的方法）：根据功能要求，建筑空间布局向外自由发展，包括功能分区布局的研究（泡泡图），房间合理安排、结构布置调整房间的大小、体型与平面的互动； ②由外向内的方案生成方法（先形式后功能的方法）：根据平面和体量的特征要求，刻意运用建筑模数，在格网中划分空间，格网的加法与减法等
方案比较	建筑设计与其他学科最大区别之一就是问题没有唯一解，这就决定了要多方案中探索，包括比较、评价等
方案综合	以多方案比较的结果为依据，把各方案的优点转嫁到可供发展的方案内，但这种综合不是量的拼凑，而是质的一种优化过程
方案建构	明确了方案发展的方向，建立一个确定的方案构架。 ① 从环境设计调整平面布局，包括入口与道路关系、建筑布局与场地边界关系、景观设计、运用对位线关系等； ② 从体型设计调整平面布局，包括体型组合与主要人流方向关系、完善体型围合空间和平面布局关系、建筑体型美和平面布局的关系、坡屋顶和平面布局关系等
方案深化	① 完善平面设计：包括单个房间的平面（大小和比例、平面形状、门窗设计等）、门厅平面（合理组织人流、创造适宜的休息区域、门厅人流导向设计、门厅的二次空间设计）、辅助房间平面（厕所的平面、交通空间的平面）、平面组合（各房间的关系应符合生活要求、各房间组合应符合结构要求、各房间结构组合应有利于空间序列）、合理布置家具设备等； ② 完善剖面设计：包括为立面设计提供高度方向尺寸（确定层高、确定室内外高差、确定窗高、确定屋顶形式与尺寸、确定立面形体起伏尺寸）、研究空间的变化与利用（夹层剖面、错层剖面、中庭空间、潜空间的开发）、通过剖面研究视线、音质、采光设计和坡地利用，检查结构合理性、确定构造方案）； ③ 完善立面设计：包括立面个性的表达、立面轮廓的推敲、立面虚实的推敲等； ④ 完善总平面设计：包括入口广场、活动场地、服务内院、绿化用地、道路系统、防卫设计等

几点说明：

（1）上述内容是对初学者一个设计入门方法，这种入门方法不是唯一的，也不是彼此分开的，而是在交替甚至反复探索中找出一个完美的设计途径。在实际设计中为什么会出现有些人设计上路快、设计水平高、设计能力强，而有些人却设计周期长、设计水平低、设计能力弱呢？这是因为二者对设计方法的掌握存在着差别。特别是初学者，往往容易一开始就陷入对细部的考虑，而忽视对总体的把握，在教学中，这种违反正确设计方法的现象也屡见不鲜。正确的设计方法是每一名初学者应该努力追求的目标。

（2）建筑设计的过程（直至建造过程），实质上是在不断解决矛盾的过程。设计初始，我们就陷入矛盾之中，这些矛盾有外在的，有内部的，它们相互错综复杂的交织在一起，需要我们用辩证唯物主义观点，通过分析、综合、取舍，找出方案产生的起点。但这仅仅是开始，不同的设计阶段，将面临不同的问题，应运用不同的方法，解决各自的矛盾。许多隐藏的矛盾还会不断出现，干扰设计的进程。我们要不断回答、解决这些新矛盾。由于建筑设计的特点是没有唯一解，且涉及问题面广而多，这就增加了对矛盾判断、评价、解决的难度。但是，建筑设计过程总的趋势是问题越来越明朗化，只要抓住主要矛盾，其他次要矛盾将被逐一克服。设计就会沿着明确的趋向发展，其后出现的许多矛盾（包括技术）一般不会颠覆先前的成果。

(3) 设计方法对建筑设计水平能力的提高虽是一个十分重要的问题，但这仅仅是一个方面，我们还要全面地学习建筑设计问题。如何学习建筑设计？这个问题很大，也更重要，下面转载一文可给初学者开个头。

如何学习建筑设计①

由于身处教学单位，常会遇到这个问题。为了有助于解答这个问题，我结合自已多年来的感受谈些浮浅看法，提供参考。

有两个基本观点需要说明：

(1) 现有高校建筑系教学计划中，对建筑设计课程安排是一个很系统的学习过程，我们要很好地掌握。这是必要条件，是基础。

(2) 这里讨论的是根据建筑专业特点应从哪些方面去努力。虽属学习方法范畴，但不是讲系统的建筑设计方法。

回忆20世纪50年代本人在建筑系学习时，曾听说："建筑设计不可言传，只能意会"，给人以一种神秘感。现在看来，这话也有一定的道理。因为建筑具有双重性(既是科学，又是艺术)，有些不易说清楚，确实需要有"艺术细胞"。但作为科学，都有它自身规律，只要我们运用辩证唯物主义观点、方法，一定能学习它、掌握它。齐白石曾对其弟子说："学我者生，似我者死"，深刻阐明学习的方法及其重要性。

根据建筑专业特点，我认为可从三方面下功夫。

多 看

设计作品是建筑师的智慧结晶，每个设计实例，特别是设计精品都是很好的活教材。"百闻不如一见"、"见多识广"，今天我们生活在鳞次栉比的建筑物之中，这是我们学习的大课堂。

教学计划中有认识实习，课程设计时都安排参观，工程设计中有调查研究……这一切均说明作设计要多看，增加感性知识。

杨廷宝先生有一句平凡而又脍炙人口的名言："处处留心皆学问"，刘光华先生曾说："学建筑，要会生活"，更进一步向我们揭示了这个问题的哲理性。

建筑设计类型多，涉及面广，需要平时点滴积累。我们在生活中要不失时机地留心、观察建筑设计问题。如去看电影，要注意入口门厅、观众厅(座位排列、地面坡度)、放映室以及建筑外形等；乘坐飞机要注意机场布置和流线等。杨老曾对我们说，他出差时常随身携带卷尺，随时丈量有关建筑尺寸，数十年后，我记忆犹新。

"看"的内容和方式应是广义的。每类建筑作品我们不可能都亲临其境，因此直接的和间接的同样重要，如参观展览会、了解设计竞赛方案、听学术报告、翻阅国内外期刊、看录像等，都可扩大我们的视野、活跃我们的思路。

多 画

"绘画是建筑师的语言"。这里讨论的是建筑画(速写和建筑表现图)。它是表达设计意图，探讨设计方案、

①摘自朱德本. 公共建筑设计图集. 北京：中国建筑工业出版社, 1999.9 (个别文字作了删改)

收集设计资料、征询意见、送上级单位审批的重要手段之一。

建筑画具有专业特点，与美术画一样同样要求比现实的东西更集中、更典型、更概括；不同的是建筑画要求准确、真实，画法上要求工整、细致。记得我们还是青年教师时，规定每周要画一张水彩画，并请李剑晨和杨廷宝两位先生评图。李老当时很风趣地说："我的画最怕请杨老提意见，因画中的透视都不准确"，引起哄堂大笑。这生动地说明建筑画与美术作品的差别。

对建筑师来说，速写是一种最基本的形式，由于它是一种概括的描写，从而可提高我们的想象力。有人问："现在有CAD，多画有无必要？"我们应该认识到，绘画对建筑创作具有潜在影响，它可不断地提高人们审美能力，可沟通建筑与美术在艺术上的联系。因此给人们留下这样一种印象，即绘画好的人，建筑设计也不会差。20世纪90年代初，我国高校建筑教学评估，英国专家就曾指定要看学生徒手画设计草图的水平。

绘画工具有多种，其中最基本的应是铅笔，听说国外有一次举行设计竞赛，赛场上仅准许用铅笔绘画，以比高低。铅笔画确有优越性，我们应重视掌握它。当然，科技发展至今天,计算机也是绘图的有效基本工具，已普及应用，我们也应掌握它。但二者有本质的区别。

我们强调多画的目的，不仅仅是作为一种表现技巧，而是因为它对设计有更内在的联系和深远的含义。

绘画是建筑师的主要基本功，是看家本领，将使我们永远立于不败之地。

多 想

所谓"学问"就是学而要问，这样才能融会贯通，学到真本领。尤其是建筑设计，不像数学题目有个标准答案，它可以有多种设计方案，"条条道路通罗马"。因此更需要我们去思索，做个有心人。"多想"的目的是为了"多学"。

每一种建筑风格，每一个设计作品，都是建筑师的智慧结晶。贝聿铭坦率地承认："对我来说，设计是一个缓慢的乃至痛苦的过程。"当他着手设计一幢建筑时，从全局直到每个细节，都要经过深思熟虑，反复推敲。在达拉斯音乐厅设计初期，他曾说："两个星期来，我思考得很苦，现在问题已基本解决。"戴念慈先生在设计北京图书馆期间，在家中3天都没有说一句话，可见工作之专注。我们应好好学习他们这种对设计呕心沥血、苦心经营的敬业精神，并要对他人的设计作品认真琢磨，从中汲取"营养"。

当前建筑学科在不断发展，新的学术思潮和建筑理论百花齐放，层出不穷。如广义建筑学、人居环境学、可持续性建筑(绿色建筑)、生态建筑、建筑构成以及建筑哲学等。更迫切需要我们去了解、学习和思考，如何才能更好地体现在建筑设计创作中。

教学中建筑设计的评图和改图也是学习的好机会。我们不应为成绩的好坏斤斤计较，甚至苦恼徘徊，重要的是要仔细分析原因，汲取经验和教训。改图时虽然教师可能风格不一，但对教师的意见要认真理解、领会，多想想，多问问，将使我们获益不浅。

童雋先生学识渊博而又洒脱不羁，改图时敏于思而讷于言，常常只说几句评语，然后就拿6B铅笔在你的草图上大笔涂改。记得有次在改一个同学的设计图后，那个同学一知半解，却不加思索地照葫芦画瓢，按童老改的粗线条照原样画上去，事后童老看了啼笑皆非。这说明我们要勤于和善于动脑筋，否则，同样的客观条件，进步会有明显差别。

我们正处在世纪之交的伟大时代。21世纪世界的发展趋势是：经济国际化、乡村城市化、人口老龄化和第三次科技革命高潮来临。这种趋势将形成新的建筑文化背景，将给建筑学科的发展带来重大影响。我们要肩负起光荣的历史使命，繁荣建筑创作，强化精品意识，发展建筑文化，迎接世纪挑战。

上述三个问题听来简单，做到不易。但只要我们持之以恒，必然会"精诚所至，金石为开"。

关于如何学习建筑设计，我仍在思索。

3.2.3 实例分析

1. 中山陵（中国）
2. 越战军人纪念碑（美国）
3. 国家美术馆东馆（美国）
4. 侵华日军南京大屠杀遇难同胞纪念馆（中国）

实例1 中山陵（中国，图3-19）

主入口石牌

外景

祭堂正立面

中山陵位于南京紫金山南麓明孝陵东侧,山势雄伟、植被优良、视野开阔。孙中山先生生前即有瘗骨于此的意愿，1925年孙中山先生病逝于北京后，国民政府决定在此处建中山陵并举办了设计竞赛。在悬奖征求图案条例中指定:“祭堂图案须采用中国古式而含有特殊与纪念之性质者，或根据中国建筑精神特创新格亦可。”参加竞赛的有中外建筑师共40余份方案，吕彦直的方案获头奖并最终得以实施。1926年奠基，1929年建成，建筑面积6 684m²。它是中国建筑师第一次独立承担大型纪念性建筑的规划设计，是近代史对中外建筑文化关系探讨的一次重大的成功实践。

吕彦直设计的中山陵构思巧妙，风格独特，完全融会中国古代与西方建筑精神，独创新格，别具匠心，庄严俭朴。墓地全局造成一警钟形，寓意深远。陵园总体顺应地势，连绵起伏,中轴线将南、北两大部分串起,南部包括入口石坊和墓道,北部有陵门、碑亭、石阶、祭堂、墓室及平面为钟形的陵墙。主体建筑祭堂平面近方形，四角有四个角室，歇山蓝琉璃屋顶,堂内端坐孙中山先生白色大理石像,周围有黑色花岗石的护垫和柱,肃穆庄严。在中山陵设计中,吕彦直在单体造型上借鉴了传统的陵寝和殿堂,细部遵循清官式做法;但在总体上大大突破了传统的封闭庭院组合的帝王陵寝布局。前后贯通、浑然一体的空间序列显示了设计者对西方纪念性建筑的修养和探讨传统建筑为时代服务的努力。吕彦直在短促的一生中弘扬民族文化，在中国近代建筑史上写下了辉煌的一页。被称为“建筑新风格的开创者”。遗憾的是他英年早逝，年仅36岁，成为建筑界一个不可弥补的损失。

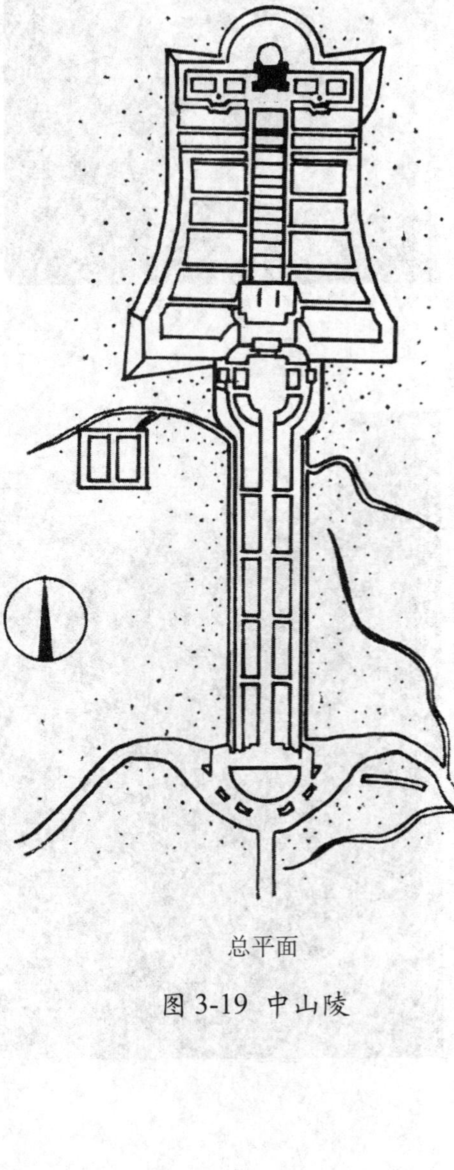

总平面

图 3-19 中山陵

实例2 越战军人纪念碑（美国，图 3-20）

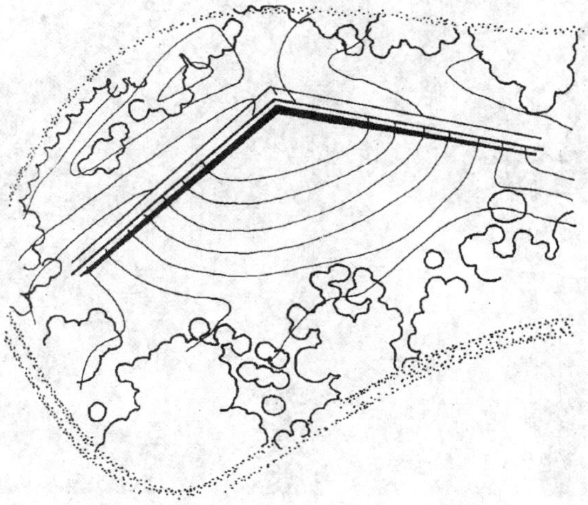

纪念碑平面

纪念碑前军人雕像

外景

图 3-20 越战军人纪念碑

该纪念碑位于华盛顿著名的林荫大道(The Mall)及其邻近纪念区内。纪念区内已有华盛顿纪念碑、林肯纪念堂、杰弗逊纪念堂、罗斯福纪念碑。越战纪念碑在林肯纪念堂东北方，用地约 0.8hm²。

1980 年举行全国设计竞赛，耶鲁大学建筑系华裔学生林樱在 1421 个方案中荣获第一名，并以此方案为基础设计，于 1984 年建成。

设计构思是以一座“V”字形 152.4m 长而埋入地下的黑色花岗石墙，墙上刻着 58 183 个阵亡将士的名字，构成一个简洁的纪念性空间。这个呈“V”字的构思震撼美国设计界，因为它改变了传统的纪念形式。虽然有人提出异议，但林樱却解说她的设计构思是“代表地球上的一道裂缝——一条长而黑的墙从地表冒出，又下陷到地底下去”，她希望整个纪念碑和环境“应是一个非常平静且公园化的地方，在越战中的牺牲者将被人们永远纪念”。后来，委任华盛顿建筑师古伯(Kent Cooper)来协助林樱完成这个历史性杰作，基本上按原来方案设计，保持“宁静”的本质。但添加了旗杆雕像和查名指示器等，雕塑家 Frederick Hart 塑造了三个在越战中巡逻的士兵雕像。建成后，每年有数百万人造访，总之，这是一个极富创造性且包涵深邃思想的卓越的纪念碑。

实例3 国家美术馆东馆（美国，图 3-21）

鸟瞰

外景

著名美籍华人建筑师贝聿铭的作品，1978年建成。东馆是在原有国家美术馆（1941年建成）东边新添的一座建筑，用地形状不规则，呈直角梯形。

设计用一条对角线穿过梯形的直角顶点，将用地划为一个等腰三角形和一个直角三角形。在等腰三角形的底边上竖起东馆的西立面，它正好坐落在原美术馆的东西轴线上，为新、老两馆建立了对话关系。东馆的外部形体虽大大有异于老馆，但作为外饰面材料的大理石，则与老馆的完全相同，其大部分檐口高度与老馆亦协调一致，新馆造型清新简洁而又庄重典雅，具有现代风格。

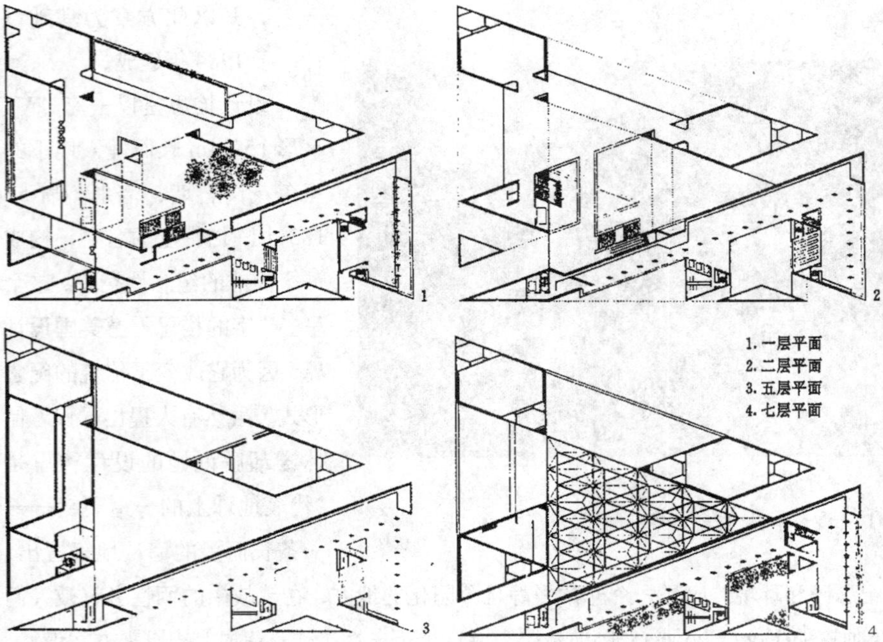

平面

图 3-21 国家美术馆东馆

实例4 侵华日军南京大屠杀遇难同胞纪念馆（中国，图3-22）

入口外景

1937年12月13日侵华日军制造的南京大屠杀是第二次世界大战史上的一个震撼人类心灵、在国际上有深刻政治意义和历史教训的悲怆事件。为了纪念30万遇难同胞，纪念馆位于南京城西江东门大屠杀主要现场，馆先后分两期建成。

第一期于1985年6月建成，建筑面积2500m²，由东南大学建筑研究所齐康院士主持设计。创作构思是以生与死的强烈对比向世人控诉侵华日军的滔天罪行。主要建筑物均为单层建筑，纪念馆布置史料陈列厅、电影放映厅、藏品库、遗骨陈列室（万人坑）及办公室等。在内广场上铺以大片寸草不生的卵石、枯死的树木、散石、断垣残壁、悲愤的母亲雕像等烘托出悲剧性的纪念气氛。嵌入墙面长约50m的大型浮雕和13块沿路的石块碑雕，形象地使人了解这场骇人听闻的民族灾难和历史悲剧。

设计在20世纪80年代荣获国家优秀建筑创作十大作品的第二名。

第二期为迎接中国人民抗日战争胜利60周年，纪念南京大屠杀同胞遇难70周年，于2007年12月13日扩建而成。扩建后共用地7.4万m²，新增建筑面积约2万m²,主要包括纪念馆新馆和纪念公园两个部分。由华南理工大学建筑设计研究院何镜堂院士主持设计（曾举办国际设计竞赛中标）。

创作构思是确定纪念馆整体为一个纪念重大历史事件而设立的遗址博物馆。从而明确新建纪念馆作为整个空间序列的序曲部分，点明主题；原有纪念馆及其核心空间——死亡之庭作为整个空间序列铺垫部分，酝酿情绪；原有建筑馆院落中发掘出的“万人坑”遗址及扩建的祭场、冥思厅作为整个空间序列的高潮部分，震撼心灵；而和平公园作为整个空间序列的尾声部分，发人深省、令人难忘。

总之，设计在突出遗址主题，尊重第一期工程原有建筑、营造纪念性场所、精心细部处理、适应周围环境等方面都反映了设计者的高超水平，不愧是一个杰作。

鸟瞰

图3-22 侵华日军南京大屠杀遇难同胞纪念馆(1)

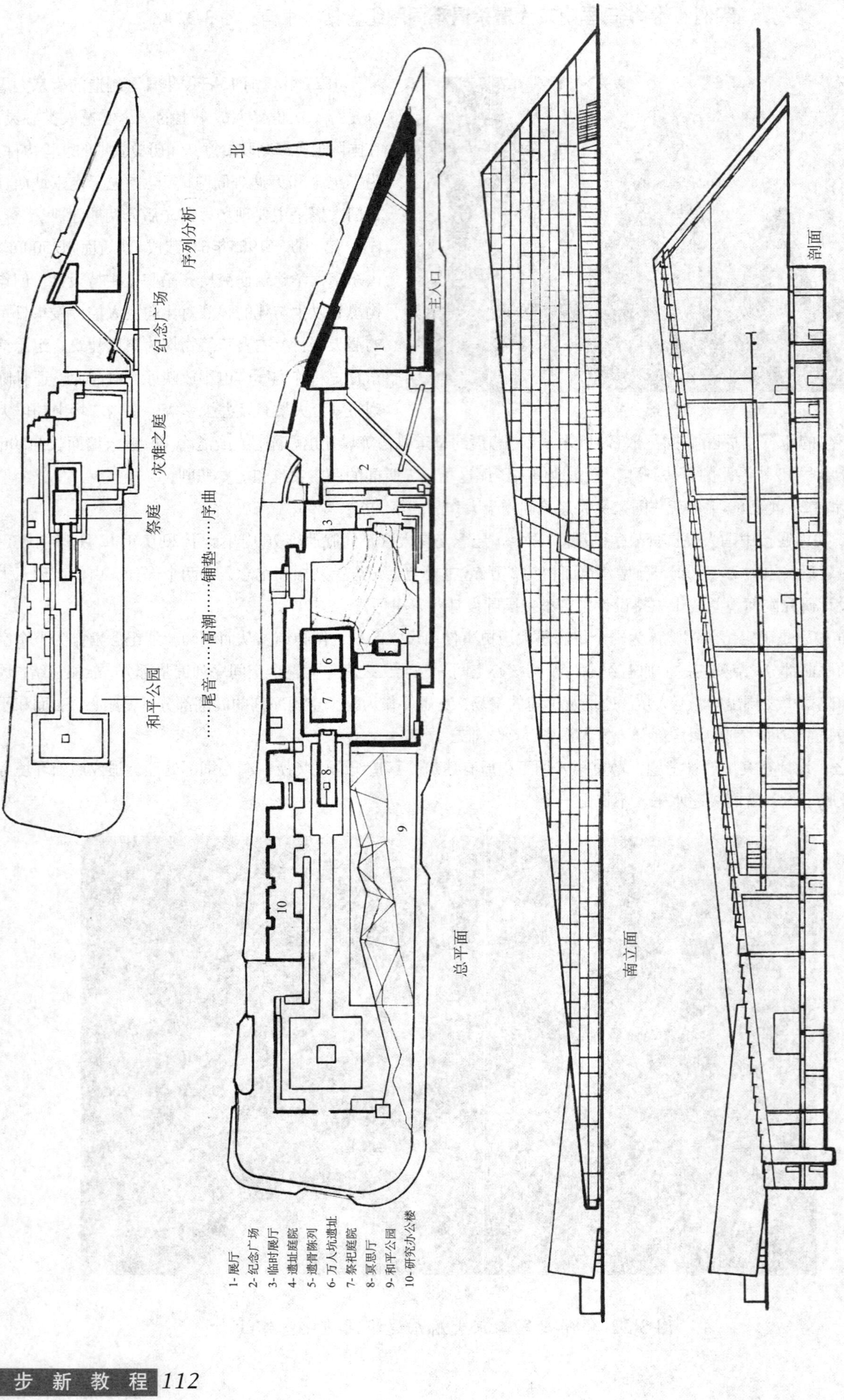

图 3-22 侵华日军南京大屠杀遇难同胞纪念馆(2)

3.3 形态构成

多年的教育实践证明，在学习阶段，脱离实际工程建设中的各种因素，为提高建筑艺术素养与创作技巧而进行一些专门的学习和训练是完全必要的。形态构成的原理是将客观形态分解为不可再分的基本要素，研究其视觉特性、变化与组合的过程。基本形态构成包括平面、立体—空间、色彩三大构成。形态构成的学习，是从抽象的点、线、面、体开始，以基本形为基础，通过各种“构形”方法进行形的创造，从而获得造型能力的提高。在建筑设计领域内，主要关注的是形态构成中高度抽象的形与形的构造规律和美的形。

在建筑设计中，大至平面、体型，小至梁、柱、门窗、花饰、铺地等细节，都可以作为造型要素，而运用平面构成和立体构成的方法把这些要素组织起来，使它们符合形态构成的规律，创造美的建筑从而提高造型能力，这就是我们学习形态构成的目的。

学习形态构成应从两个方面着手：一是研究形态构成的自身规律；二是找出符合审美要求的形态构成原则。前者是形态构成的造型问题，后者则是形态构成的审美问题。但从历史的发展中，可清晰地看到建筑作为一种独特的艺术形式，与审美观念之间具有密切的联系。

(1) 古代建筑所表达的乃是一种具有典型意味的程式美，一种经过千锤百炼、精雕细琢的美。生产力的落后、建筑技术的长期停滞，使得古代建筑匠师们能够在无数次的重复实践中，进行丰厚的艺术积累，造就成某种程式化风格的尽善尽美，体现出那个时代中人们的精神追求。古希腊罗马的柱式及其组合，便是这种程式美的具体体现，而隐含于其后的则是对完美与至纯这一审美理念的追求。在柱式的演变中，渗透着对人体自身的赞赏，而柱式中一系列的比例关系与线脚组合便构成了柱式这一建筑程式的重要内容。我国古代建筑中的开间变化，体现着中正至尊的传统观念；屋顶的出挑、起翘则是在排水功能的基础上，对“如鸟斯翼”般轻盈形态的艺术表达，它们同样以“法式”或“则例”的形式被固定下来，传承于世。“庭院深深深几许”、“风筝吹落画檐西”……这种通过建筑环境烘托和强化诗词意境的做法,也从一个侧面展示出人们对传统建筑的审美情结。

(2) 工业时代的到来，为现代文明的发展提供了最为直接的动力，同时也引发了社会审美观念的重大改变。机器生产所表现出来的工艺美对传统的手工美产生着强烈的冲击，并直接影响到建筑领域。“少就是多”，“形式追随功能”……于是，人们从包豪斯校舍，从巴塞罗那展厅以及流水别墅等作品中，体验到了建筑的功能之美、空间之美、有机之美等。在与现代哲学、文学、艺术等的广泛沟通中，现代建筑的发展更是各树一帜，流派分呈:理性的与浪漫的、典雅的与粗野的、高技术的与人情味的，地方的与历史的等。他们所呈现与形体艺术表现中的多姿多彩，也就成为现代建筑在其蓬勃发展中审美观最为直接的表达。

(3) 时至今日，新功能、新技术、新材料的不断涌现，高度发展的信息传播，环境问题的凸现以及地区文化的兴起等，促成了当代建筑多元化发展的大趋势、大潮流。现代建筑早期所提出的某些原则已经受到挑战，人们所惯于接受的建筑构图原则已难以解释建筑审美中一些新现象。人们不再介意建筑形式上的稳定感，却从它的不稳定中获得了新的体验；一个从正中“开裂”的建筑形体，一个横平竖直的建筑平面中某一部分的“突然”扭转，会使人领略到特异和突兀之美；建筑师可以把复杂的古典柱式、线脚与现代的玻璃、金属材料并置，以求一定历史内涵的表现。这些现象说明：在新的社会条件下，建筑审美正在发生着新的变化。与过去相比，现代建筑在审美观念上，明显地表现出多样性和兼容性等特点；在造型手段上，更为注重几何形体的应用和它们在抽象意味上的表达。

由上可知，形态构成学习的核心内容就是抽象了的形以及形的构成规律。而形态构成通过物理、生理和心理等现代知识、对形的审美所进行的分析和解释，则对我们认识、把握现代建筑的审美特点与趋向具有重要的密切关系和发展意义。

本节主要述及平面构成、立体构成及建筑形态构成（表3-3）。

表3-3　形态构成的基本方法

基本方法	内容	备注
单元法	以相同或相似的形或结构作为造型的基本单元，重复地运用它们而形成新的形态。所谓单元，就是指那些构件新形式的“细胞”，具有重复的性质。它可以是基本形式中的方、圆、三角等，也可以是形的基本要素如点、线、面、体等，还可以是组织形体的结构方式等	①骨架法 ②聚集法 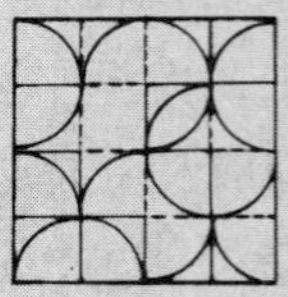 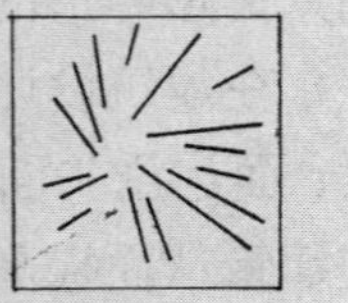
分割法	通过对原形进行分割及分割后的处理，分割产生的部分称为子形，子形重新组合后成新形，原形可以是简单的形体，也可以是复杂的形体	①等形分割  ②等量分割  ③比例、数列分割 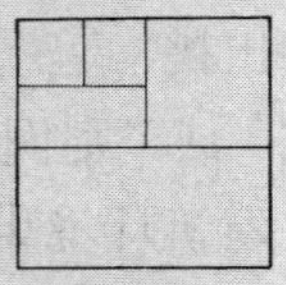 ④自由分割 
空间法	利用空间的作用来组织形体。这里所说的空间在很大程度上是心理意义上的，且不同于建筑空间，也与上述“聚集法”有区别，空间法要求形体之间距离适当，距离太远，则相互之间失去控制；距离太近，则近似成为一个实体（聚集法）。空间法中还可以利用形体之间的距离及形体的大小，形成方向感或动势	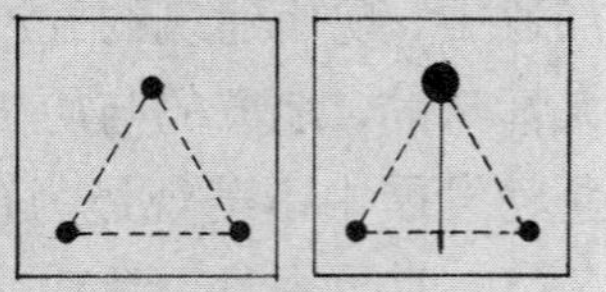 围合和空间
变形法	将原形进行变形，使之产生要分解原形的倾向，变形的结果称为写形。同分割类似，写形也是通过某种复归原形的态势来体现其统一性的。这种方式显示了形态构成中有序与无序的相互依存关系	①扭曲  ②挤压、拉伸 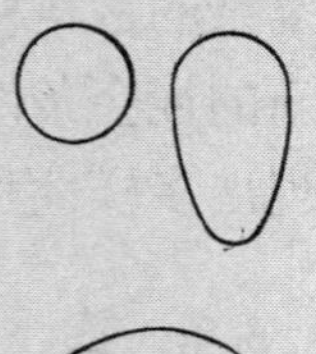 ③膨胀 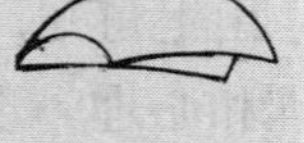

3.3.1 平面构成

平面构成是研究二维空间内造型要素的视觉特性、形与形、形与空间的相互关系、形的特性与变化。它具有分析性与逻辑性，图形富有秩序感和机械美。平面构成的核心是使基本形依一定骨骼关系和美学法则进行编排，创造美的图形。

平面构成形体的基本要素是点、线、面（图 3-23～图 3-27）。

（1）**点的构成**

与几何点不同，可有一定大小与形状，但不宜过大或包容其他形，以免产生面的感觉（图3-23）。

（2）**线的构成**

可有一定宽度与不同线型，利用长度、粗细、线型、间距、排列方式的变化，构成各种图形或产主空间感（图 3-24）。

（3）**面的构成**

面的特征是形状。主要构成方式为面的分割与面的集聚两大类（图 3-25～图 3-27）:

①面的分割，研究面以线为界分割后的形状与大小的构成关系及在不同分割面上施色的视觉效果。其方法有等形、等量分割，按比例、数列分割及自由分割等。

②面的积聚，以基本面形为基础延展组合，可同形组合或异形组合，构成方式有并置与叠置两大类。

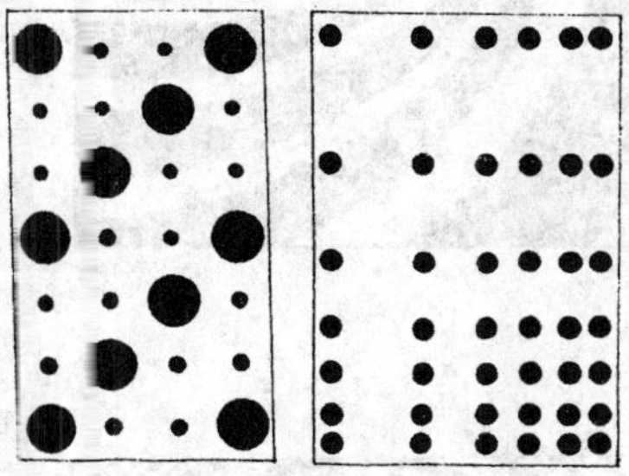

(a) 分离构成（等距与不等距）

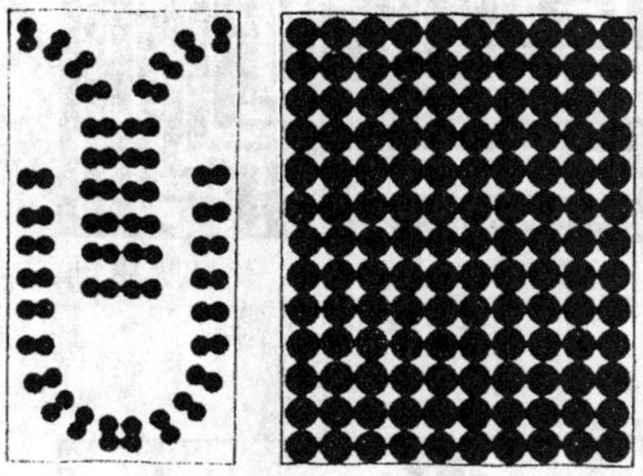

(b) 接触构成（线化与面化）

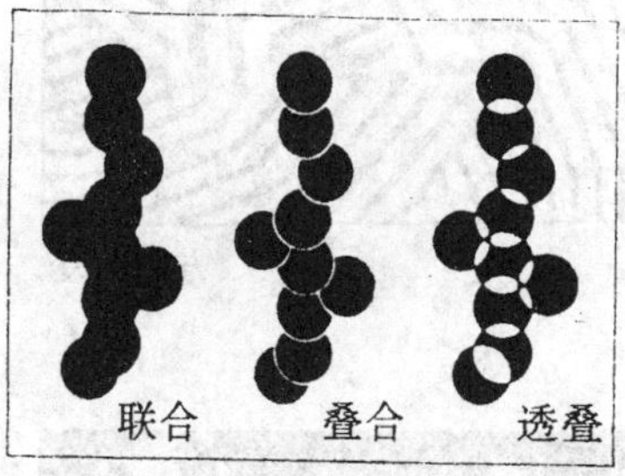

(c) 重叠构成

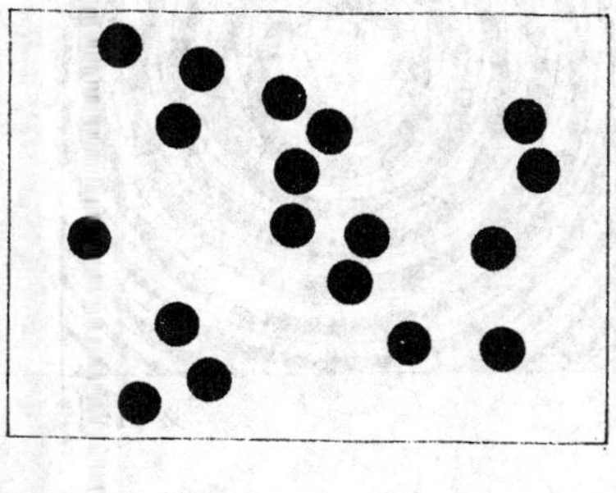

(d) 自由构成

(e) 点大小、形、间隔变化产生体积、空间、光影感

图 3-23 点的构成

线型变化

改变粗细与正负

曲线

(a) 线的分离构成

方向改变

改变粗细

变线型

(b) 线的连接构成

倾斜交叉

垂直、水平交叉

变粗细

(c) 线的交叉构成

图 3-24 线的构成

(a)等形分割 分割后相邻形可有选择地合并

(b)等量分割 分割后单位形可不同，面积相等

(c)渐变分割 按一定比例或数列关系分割

(d)相似形分割 可用一种或两种相似形

(e)自由分割 排除数学规则，但有共通要素

(f)面的并置构成

面形的分离自由并置

相关平面的并置连接

复数形的规则构成

(g)面的重置构成

交错叠置产生前后空间感

叠置重合部分透明或设色

面与面叠合为新形

图 3-25 面的构成

重复

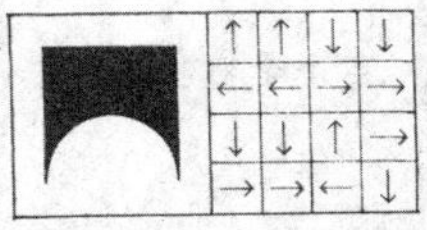

骨格线：按相同比例重复编排，将空间分成相同的骨格单位。改变骨格单位比例、骨格线方向、使骨格线弯折、联合或加密，可得不同形式之重复骨格。
基本形：使用一个基本形于重复骨格中，因其方向、位置、正负连接、图底转换而取得各种视觉效果。

渐变

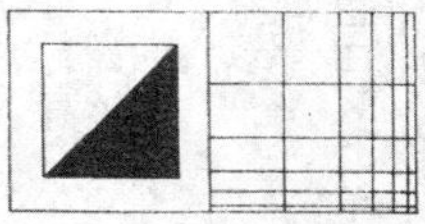

骨格线：按照一定数学规律作不同疏密变化，可为单位渐变，也可使骨格线同时双向变动。
基本形：其形状、大小、方向、位置、色彩、肌理都可渐变。可把基本形纳入骨格中，或将渐变骨格单位填色而构成。

特异

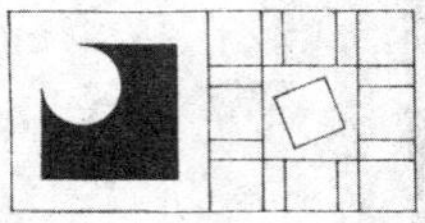

骨格线：一般用重复骨格，在基本形中纳入少量特殊基本形，也可使骨格线特异。如重复—特异—重复，等等。
基本形：使重复的基本形在形状、大小、色彩、肌理、位置、方向等方面作改变。
注：肌理是形（物体）的表面纹理处理。

对比

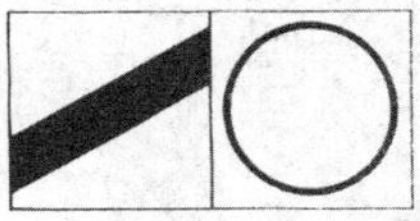

包括以基本形和空间的虚实、有无的对比；不同基本形的对比；以线为基本形与空间、重心等的对比；也可以基本形的对比中加上重复、近似、渐变等的对比，形成视觉上的刺激。

打散重构

分解原形，构成组合关系上的变异，产生新形态。构成步骤：
分解，使自然形态向抽象形态转化。
切出，择取分解后美的部分，化为单形。
移位，按美的法则移动单形位置。
叠映，消除原形部分边线，调整关系。

近似

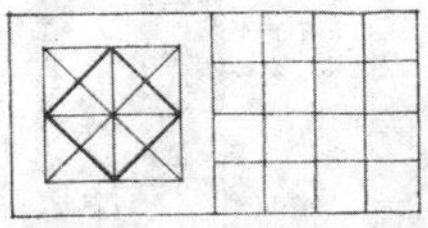

骨格线：骨格单位不重复而相似，也可将重复骨格分条差位。还可由视觉决定其编排。
基本形：基本形之间保持各自的近似效果，取得近似基本形的方法可用类别相关、联合或减缺、骨格空间变形、基本形择取等。

发射

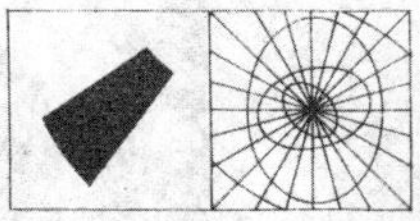

骨格线：由发射点和发射线组成，有离心式、向心式、同心式。它们可相互叠合，也可同重复、渐变骨格组合成复合式发射骨格。
基本形：重复骨格中纳入单一辐射状基本形、或在发射骨格单位中填色。

密集

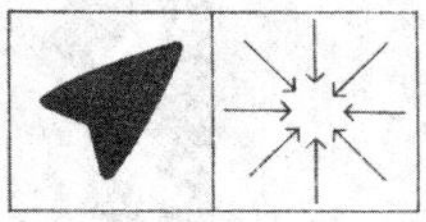

骨格线：重复、渐变、发射骨格都可，或按视觉非规律性骨格编排基本形。
基本形：可使基本形作大小、近似变化，也可用覆叠、透叠、重叠等方法以加强密集的空间感。

群化

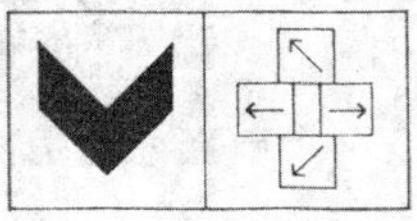

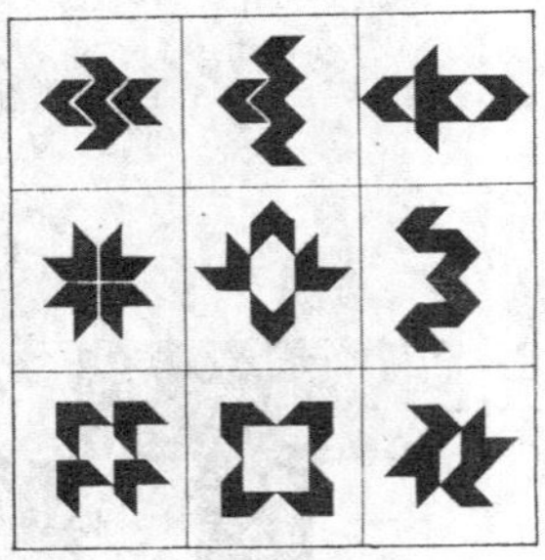

基本形：简单的几何形为单位形群化构成原则：
邻近，使形与形之间相互发生联系。
类同，使形的共同因素产生同一性。
连续，单位形依一定方式排列成行。
闭合，形之组合形成完整图形。

矛盾空间——立体

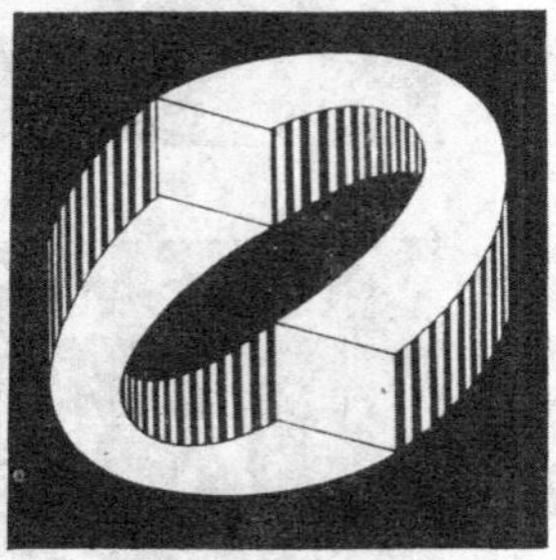

加减视平线或灭点的数量和变动位置；
两个不同视点的立体形象以一个共用面或共用线联结起来；
通过形的交叉、造成错觉；
利用直线、曲线或折线在平面空间中方向的不定性，使形矛盾连接。

图 3-26 平面构成规律

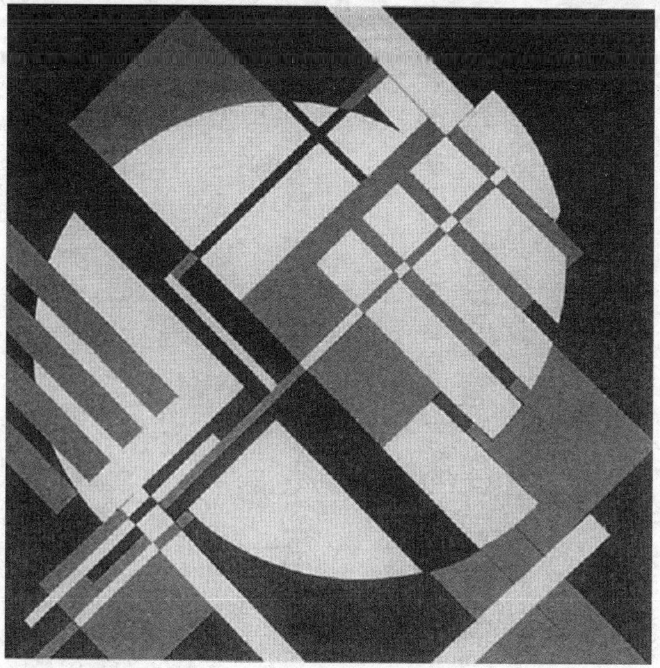

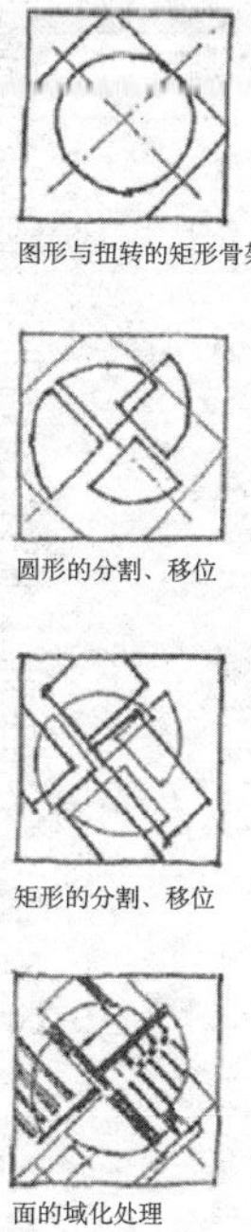

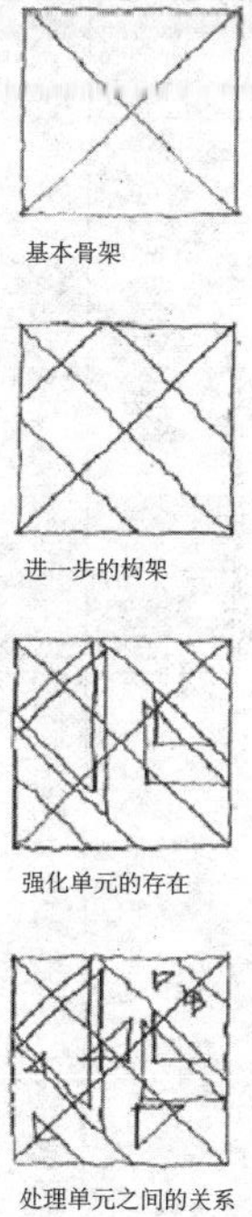

基本类型：线、面构成
基本单元：圆形、矩形
基本方法：形的分割和叠加
特点分析：

将圆形和矩形按45° 和135° 方向进行交叉分割，并按一定规律进行位移，然后使二者分割后所形成的子形叠加。由于注意了二者之间的大小及疏密对比、使整个图形表现出明显的韵律感。同时，全割后的圆形位移有度，基本上保持了原形的特点，从而形成图面的统摄主体: 稍显无序的几块矩形也因此而有所归依。

基本类型：线、面构成
基本单元：三角形
基本方法：形的划分及单元的重复和变化
特点分析：

首先将正方形划分成以对角线为界的4个直角等腰三角形。这一组对角线所形成的x单状骨架，成为该作品的基本构架。以此为基础，将若干大小不等的等腰三角形加入其中，并采用了消减、叠加等手法，一定程度上减弱了x骨架带来的呆板、单调的感觉。在三角形的分布上，注意了大小和疏密的关系。同时，通过对位关系，再现了方形在其中的存在，此外还对图形的外框作了强调，进一步强调了方形的存在。色块的运用也使得对形的解读出现了多义性，这是丰富形式的又一手段。

图 3-27 线、面构成举例

3.3.2 立体构成

立体构成即三维空间形态构成，没有一条固定的轮廓线可以表现其全貌，需研究其3个向度，从不同方位、角度去认知。立体形态要通过材料表现，对于不同的材料，有不同的视觉、心理感受效果。实体形态构成的同时，限定出一定的虚体形态，即空间形态。实体形态被感知的是实体自身，构成特点是以有限的实体向无限空间进行组合。空间形态是靠实体间相互作用而被感知的虚象，构成特点是从无限空间借助有形实体做有限的界定（表3-4，图3-28）。

表3-4　立体构成的基本方法

基本方法	内 容	备 注
线材构成	线材形状有长短、方圆、曲直、粗细之分，材质上有刚性与柔性材料之分，可表达轻巧、紧张等不同表情，以及速度和通透感等效果。线材之间的空隙在构成中起着重要作用，应注意空隙的安排	连续线材构成 单位线材构成 杆材形状及排列方式变化 线群构成
面材构成	面材具有扩张感，以其形状、大小为主要特征。不论是平面还是曲面，均具有比线材更明确的空间占有感。在立体形态构成中，面材具有分割和围合限定空间的重要功能	单一连续面材构成——折叠和翻转 单位平直面构成——层面组织 面材的插接构成 面材对空间的限定构成
块材构成	块材因其实体而具有重量感与体量感。体块构成的基本方法是分割和聚集（有时，这两种方式结合使用）。形态的创造不仅要注意增加或减少的某些部分，更应注重构成整体的统一和和谐完整	块材的分割 块材分割和聚集 单位块材聚集构成

3.3.3 建筑构成

建筑形态是一种人工创作的物质形态，是在基本形态构成理论基础上探求建筑形态构成的特点和规律。建筑形态构成的核心是空间构成与体量构成（图3-29）。

（1）**建筑空间构成**

建筑空间构成方法可分为以下几种：

①单一空间具有向心性且界限明确、形式规则，是建筑空间构成的最基本单位，是构成复杂空间的基础。由空间构成要素所构成的空间，其形状、封闭与开放程度、影响所构成的空间特征以及人对空间的心理感受。如空间的形状、空间的尺度（绝对高度和相对高度、人体尺度和整体尺度）、空间的比例等。

②二元空间

二元空间构成时，除两空间自身的形状、大小、封闭与开放程度可影响构成效果外，更以其彼此间的相对位置、方向及结合方式等的不同关系，而构成空间上的变化、视觉上有联系的空间综合体。如连接、包容、接触、相交等。

③多元空间

a. 集中式构成。为一种稳定的向心式构成，一般由一定数量的次要空间围绕一个大的主导空间，构成后的空间无方向性，主入口按环境条件可在其中任一个次要空间处。中央主导空间一般是规则式，尺寸较大，统帅次要空间，也可以其形态的特异突出其主导地位。

b.串联式构成。由若干单体空间按一定方向相连接，构成空间系列，具有明显的方向性，并具有运动、延伸、增长的趋势，构成时，具有可变的灵活性，容易适应环境的条件，有利于空间的发展。按构成方式不同，分为以下多种不同的串联形式：直线式、折线式、曲线式、侧枝式、圆环式等。

c.放射式构成。集中式与串联式两种构成的结合。由主导的中央空间和向外辐射扩展的线式串联空间所构成，是外向性图式。中央空间一般为规则式，外伸的长度、方位、按功能或场地条件而定，其与中央空间的位置、方向的变化而产生不同的空间形态。

d.组团式组合。一般将功能上类似的空间单元按照形状、大小或相互关系方面的共同视觉特征，构成相对集中的建筑空间，也可将尺寸、形状、功能不同的空间通过紧密的连接和诸如轴线等视觉上的一些规则手段构成组团。它具有连接紧凑、灵活多变、易于增减和变换组成单元，而不影响其构成的特点。

（2）**建筑体量构成**

人们首先是从外部感知建筑的形体，而后才逐步体验到内部空间的构成。当构成建筑内部空间形态时,必然同时构成建筑的外部体量形态,建筑体量的相互联系又构成建筑的外部空间形态。所以,建筑体量是其内部空间构成的外部表象，是空间构成的成果。二者是共生的，不可分的，具有正面的反转关系。建筑基本形体有立方体、柱体、锥体、球体。任何复杂的建筑形体均可简化为基本形体的组合。建筑的基本形体为最简单的几何体，其特点是单纯、精确、完整，富有逻辑性。它们各自具有明显的不同的视觉表情和强烈的表现力，容易使人感知和理解。

建筑体量的构成方式可分为以下几种：

①基本形体自身在3个向度的变量，进行大小、形状、方向的改变；

②基本形体之间相对关系的改变；

③多元基本形体组合方式的改变。

形体的视觉特性为：

①形状　体的表面和外轮廓的综合，体形式的主要辨认特征；

②尺寸　体在长、宽、高三维方向的度量值，确定体的比例关系；

③位置　体在环境中所处的地位；

④方位　体与地面、方向和观察者的相对地位；

⑤重心　体与支承面的相对关系，表达其稳定性的程度；

⑥色彩　体与周围环境区别的属性之一，包括色相、明度、彩度；

⑦质感　体表面的触觉和视觉特点、反射光线的能力。

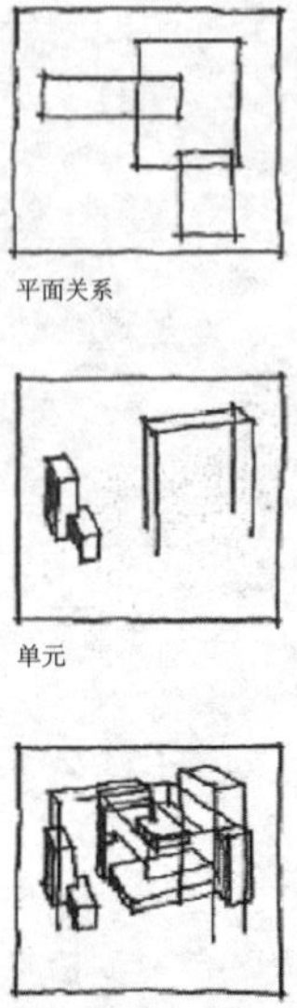

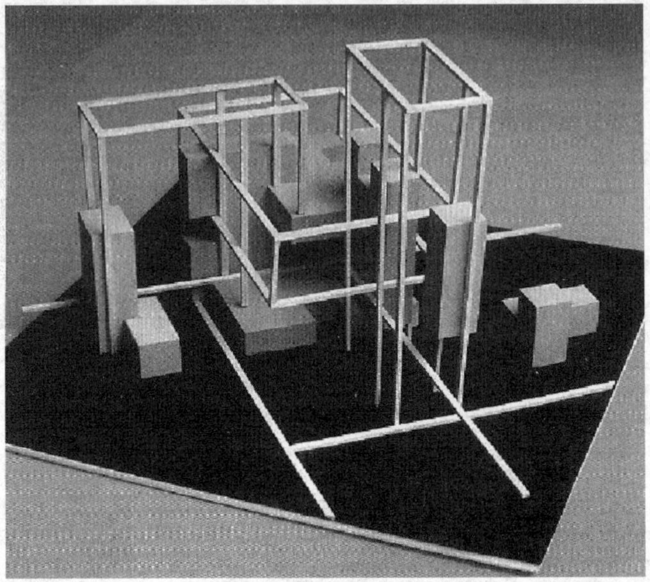

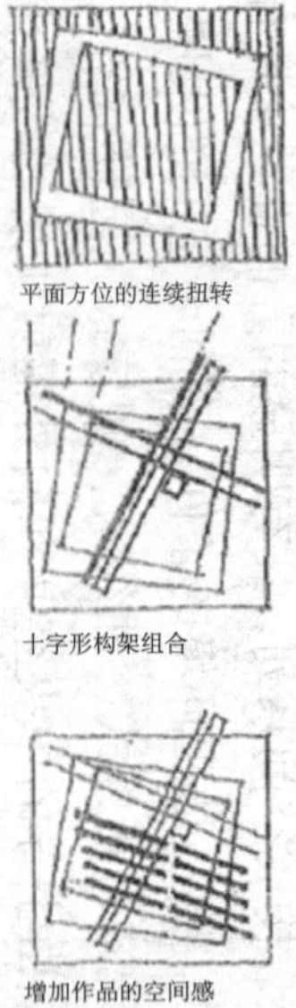

基本类型：线、体构成

基本单元：立方体

基本方法：单元的聚集

特点分析：

首先采用分组的方法，将实体的立方块相组合，按照多寡不等面分布在底盘的不同区域。所有的这些实体立方块都相对显小，而线框构成的立方块相对就大得多。这些线框立方体分布在外围，因而控制了整体的轮廓。原来散乱在不同部位的实体立方块，在视觉上完全被线框立方体的强势所压制，反而成为点缀其中的活跃要素。值得一提的是，靠近底盘的数条参差不齐的线条，它们划分了地盘，强化了其上实体在整个由线框组成的结构中的归属感。这个作品整体上显得自在，不做作，视觉效果轻松。

基本类型：线、面、体构成

基本形及基本单元：线、正方形与长方形

基本方法：形的重复与组合

特点分析：

采用空间坐标轴作为基本构架，但将相当于Z轴的竖向长方体进行偏移，其目的是：（1）打破对称、活跃造型；（2）使3个长方体在相遇中形与形的关系更为丰富（叠合、穿插和接触）。面与线的设计在本构成中同样重要，它们所产生的方位扭转、虚实对比对基本构架均有很好的衬托作用，折线的重复运用则为作品增添了空间意味。

图3-28 线、面、体构成举例

美国芝加哥陆军公寓

分离 形体间保持一定距离而具有一定的共同视觉特性。形体间的关系可作方位上的改变，如平行、倒置、反转对称等。两者距离不宜大。

日本球泉洞森林馆

重复 基本形体反复出现，以其规律性、秩序性产生节奏感，基本形可为一种，也可为两种以上，但种类不宜过多，以免破坏整体感。

澳大利亚悉尼歌剧院

近似 基本形体彼此在视觉因素上相近，形体构成要素上有一定差异，其重复出现，既有统一的连续性，又有一定的形态变化。

浙江省外贸大楼

接触 两形体保持各自独有的视觉特性，视觉上连续性的强弱取决于接触方式，面接触的连续性最强，线接触和点接触连续性依次减弱。

德国奥尔夫斯贝格文化中心

渐变 基本形体在形状、大小、排列方向上作有规律的，按一定级差逐渐改变，既有程序，又产生强烈的韵律感。

美国迈阿密阿特兰提斯公寓

特异 基本形体作规律性的重复，个别形体或要素突破规律，作形体、大小、方位、质感、色彩等方面的明显改变，引起视觉上的刺激。

日本东京最高法院

相交 两形体不要求有视觉上的共性，可为同形、近似形也可为对比形、两者的关系可为插入、咬合、贯穿、回转、叠加等。

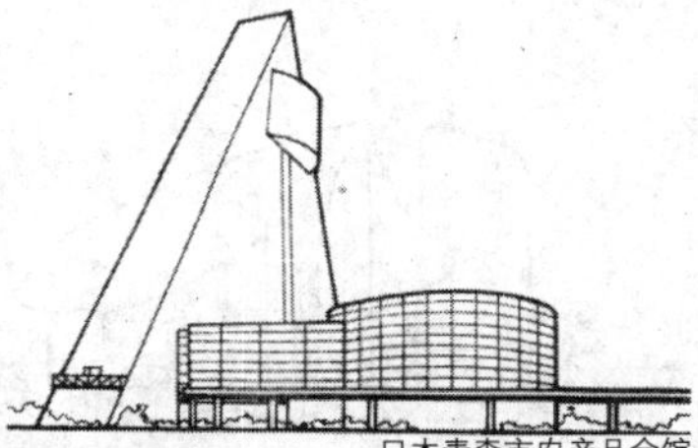

日本青森市农产品会馆

对比 基本形体各有不同的视觉特性，各形体间产生强烈对比，也可以个别形体同群体进行形状、大小、质感、色彩上的对比。

北京中日青年交流中心

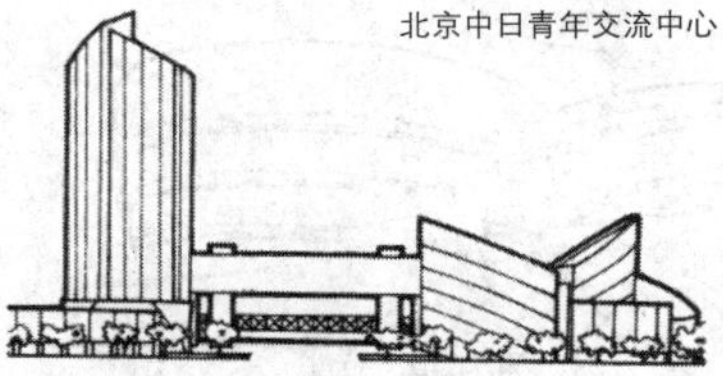

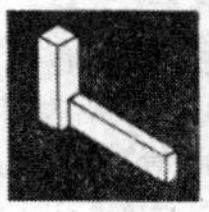

均衡 非对称构成中较大体量靠近平衡中心，较小体量远离中心，以取得视觉心理上的整体感，构成中注意统一的比例和尺度关系。

沙特阿拉伯费萨尔国王基金总部

连接 由过渡性形体将两个有一定距离的形体连为整体。连接体可不同于所连接的两形体，造成体量上的变化，突出形体之特点。

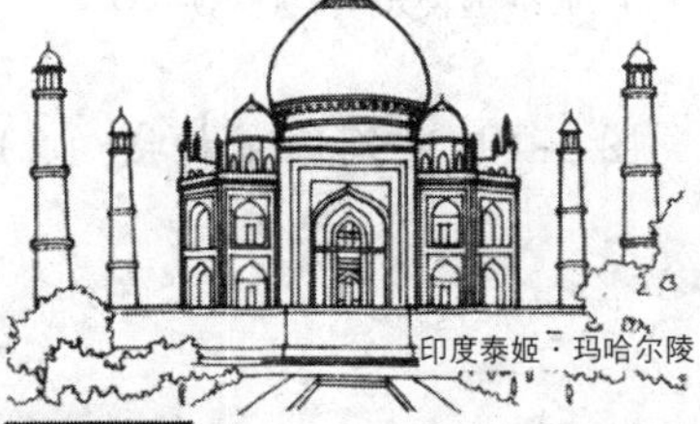

印度泰姬·玛哈尔陵

稳定 形体构成的上下轻重关系，通常体量向上逐渐递减收缩，使重心尽量降低；采取有明显中轴线的对称构成，以取得稳定感。

北京民族文化宫

主从 以对比显示形体间的差异，以呼应取得形体间的联系。可将主要形体置于主轴线上，从属形体在两侧或周围，以对比突出主体。

(a) 形体间的构成关系　　　(b) 多元形体构成法则

图 3-29 建筑体量构成（1）

美国拉金大厦

增加 在基本形体上增加某些附加形体，但附加体应处于从属地位。过多的附加体及过大的附加体会影响基本形体的性质

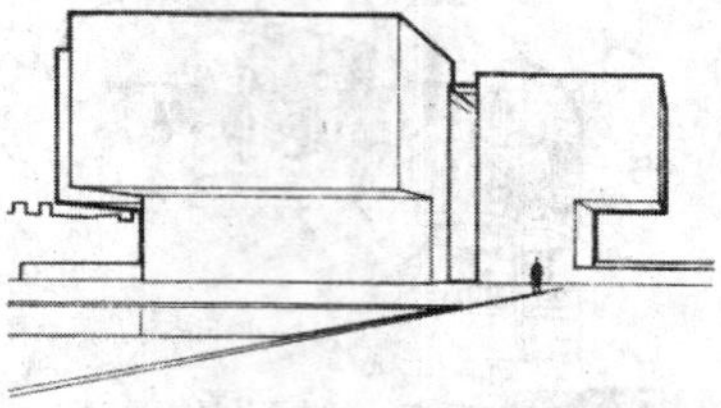

美国埃佛逊美术馆

削减 在基本形上挖切一部分。使原形保持完整性，削减的量和部位影响原形的特性。过多削减边棱和角部会使原形转化为其他形体

南京金融大厦

拼镶 不同质感的材料、不同形状的表层并置、衔接，并作凹凸的变化，造成形体上不同特性部分的对比变化

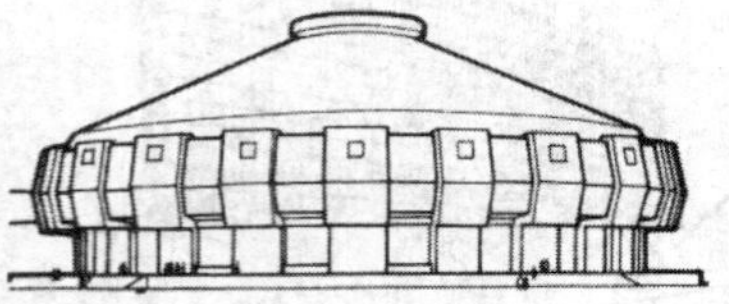

武汉杂技厅

膨胀 基本形体在各个方向或某些方向向外鼓出，使边棱、外表面成为曲线和曲面，使规则的几何体具有弹性和生长感

深圳小梅沙宾馆

收缩 形体垂直面沿高度渐次后退、使体量逐渐缩小的变化。反之也可自上而下收缩，造成形体上大下小，产生倒置感

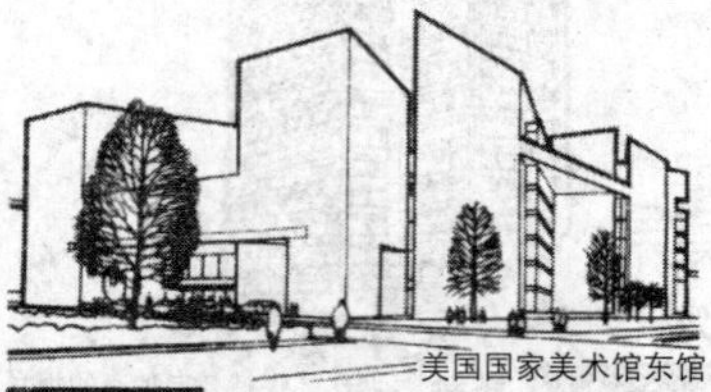

美国国家美术馆东馆

分裂 基本形体被切割后进行分离，形成不同部分的对立，产生相互吸引，可使形体完全分开，也可局部分裂，但应保持整体统一性和完整感

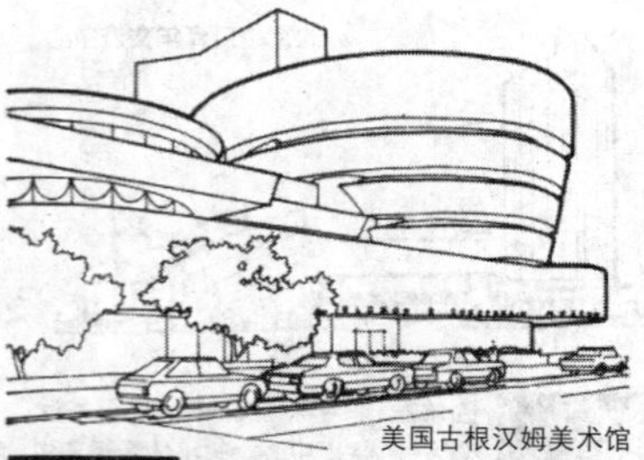

美国古根汉姆美术馆

旋转 形体依一定方向旋转，一般在水平方向旋转的同时，也可作垂直方向的上升运动，使之产生强烈的动态和生长感

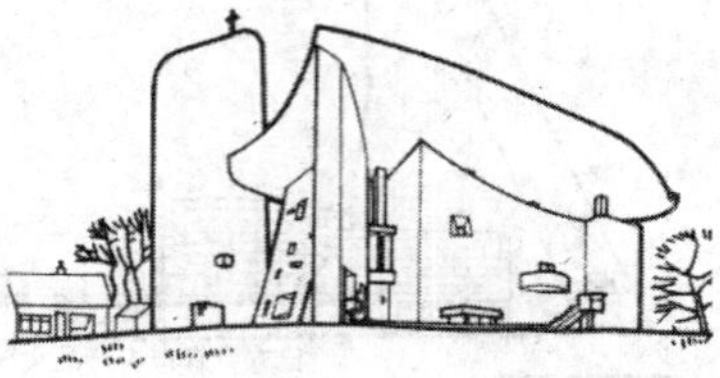

法国朗香教堂

扭曲 基本形体在整体或局部上进行扭转或弯曲，使平直刚硬的几何形体具有柔和、流动感。包括顶面和侧面的扭曲

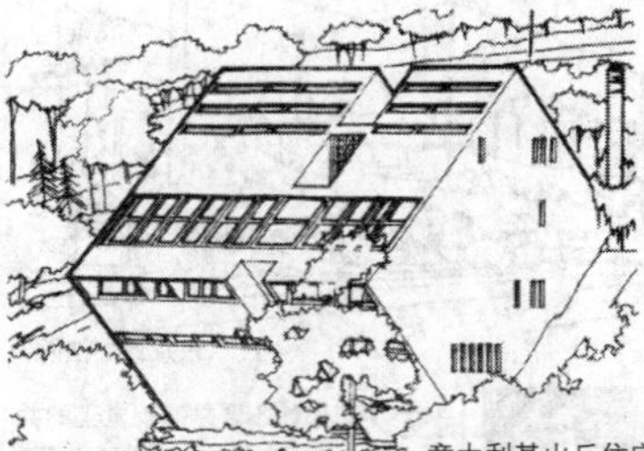

意大利某山丘住宅

倾斜 形体的垂直面与基准面（地面）成一定角度的倾斜，也可使部分边棱或侧面倾斜，造成某种动势，但仍应保持整体的稳定感

(c) 基本形体的体型变换

图 3-29 建筑体量构成（2）

BIAOXIAN JIFA

4 表现技法

BIAOXIAN JIFA

本章从建筑学专业（包括城市规划、室内设计、园林绿化等专业）角度，阐述建筑画的主要表现技法。建筑画的表现形式众多，本章主要介绍铅笔画、钢笔画、水彩画、水粉画、快速画的表现技法，并简要介绍工作模型制作。初学者在此基础上可推及一般，必要时可参阅专门的书籍。有关工程制图已在第三章论述，有关计算机制图，造型基础训练（素描等）另有专门课程，在此不予讲述。

考虑教学特点，本章分别论述主要几种表现技法，而在实际绘画时，可混合应用。

建筑画是表现设计意图的一种手段，是绘画艺术与建筑艺术的高度结合。其丰富多彩的表现技法，使它具有独特的艺术价值（表4-1)。

表4-1　　建筑画和美术画的主要区别

	建筑画	美术画
特点	建筑师的“语言”，主要是“画未来”	画家的“艺术创作”，只要画“现在”
目的	是研究建筑设计的一种有效手段，是沟通建筑设计人员和建筑单位之间的联系桥梁	艺术欣赏，丰富人类文化
要求	准确、真实、工整、细致	要求比现实的对象更集中、更典型、更概括
表现手段	基本用：铅笔、钢笔、水彩、水粉，此外还有碳笔、彩色铅笔、铅笔淡彩、钢笔淡彩、塑料笔、马克笔等作画	主要有油画、彩画、水墨画、版画、素描等

但是建筑画一直被列为艺术范畴,和美术画具有共性: ①造型规律基本一致,美感形式(审美能力)相通；②绘图基本技法相同。

建筑画重点是表现建筑形象。建筑绘画的原理和步骤简述如下：

(1）轮廓

没有准确的轮廓就不可能正确表现建筑形象。这里所说的轮廓不仅是指建筑物的外部形体结构，而且还包括内部的凹凸转折。一般用线描方法来表现。正确的轮廓必须用透视学基本原理和方法求得。透视学对建筑画具有特别重要的意义。

(2）光影和明暗

在建筑绘画中，一般多假定建筑物在阳光的直接照射之下，借助光影关系明暗变化识别对象。它包括：用建筑透视和阴影原理画出阴影范围，分出亮、暗面，表示出退晕变化。

(3）色感和质感

按建筑材料的色彩和质感表现。这点对水彩、水粉建筑画来讲，尤为重要。

(4）重点、虚实和调子

应避免将建筑物的各部分平均对待，而应当有重点，有虚实变化，主题突出。这些都和人的视觉特点，光的物理作用密切相关，有科学规律可循。

(5）配景和画面构图

既要考虑到建筑物和周围环境的统一性，适当地表现出天空、地面、人物、树木、绿化、远山、近水等自然景物作为建筑物的陪衬，又不能喧宾夺主。

在建筑绘画中，如果正确处理好以上各方面的问题，将能使我们得到比较充分和完美的表现图。

4.1 铅笔绘画

铅笔是作画的最基本工具，优点是价格低廉，使用简便，携带方便，特别是易于表现出深、浅、粗、细等不同类别的线条以及由这些线条所组成的面。由于铅笔画比较容易掌握，绘画快捷，而且还可以作适当的涂改，所以除了作建筑表现画以外，还常用来作草图和推敲研究设计方案。但是，铅笔表现图还是有其局限性，如不能反映色彩、图面篇幅不宜过大、图面易脏。

绘图铅笔为了适应不同的需要，又有硬、软之分，并分别用“H”和“B”字样标志于铅笔的一端。国产铅笔以6H为最硬，依次为5H，4H，3H，2H，H等；以6B为最软，依次为5B，4B，3B，2B，B等；HB则介于硬软之间。

硬铅笔主要是供工程制图用，软铅笔适合于绘画。软硬程度不同的铅笔除铅芯的成分不同外，其粗细也不同。愈软的铅笔，铅芯愈粗，画出的线条愈黑、愈宽。在建筑绘画中，采用哪一种铅笔为宜，应视表现对象和图画效果而定。其他还可用木碳铅笔、碳精条等。

铅笔画一般都使用图画纸（铅画纸）。纸面的粗细程度和纹理的不同，对于画面的效果也有一定的影响。一般来讲，光滑的纸面比较适合于使用较软一点的铅笔来作画；粗糙的纸面比较适合于使用较硬一点的铅笔来作画。此外，在选择画纸的时候，还要考虑纸的质地要耐擦，如果纸的质地太松软，用橡皮擦了以后就会起毛，这种纸不适于作画。草图纸（一种半透明的薄纸），主要用于推敲研究设计方案，有正、反两面，其正面比较光滑，不适于画图，其反面比较粗糙，一般画图用。描图纸（硫酸纸）是一种半透明的纸，表面较光滑，主要用于绘制工程图的底图，用它来晒制工程蓝图或复印，一般不适合于绘画。

铅笔画表现技法关键是：用笔得法，线条有条理，有轻重变化。做到了这几点，就必然会产生优美的笔触，而笔触正是铅笔画所具有的独特风格。

用铅笔作画时，为了取得不同的效果可以有不同的铅笔削法。例如，当画细线时，应把笔削成尖锥体；而画粗线时，则可以把笔削成斜面或斧形。另外，用笔的方法也有很多变化。例如，因铅笔与纸面的夹角不同，用力的轻重不同，所画的线条效果也不同。

较软的铅笔，铅芯很粗，质地很软。6B铅笔粒子太粗，不易与其他铅笔协调，故不常用。用软铅笔画宽线条，通常是把铅笔削成斜面（约45°），可以画出各种各样的线条。当然，画粗线条比画细线条的难度较大些，这是因为铅笔和纸的接触，不是一个点，而是一个面，如果握笔的角度掌握不好或是用笔的轻重不等，画出的线条就不均匀，甚至连宽窄都不一样。但是，通过反复的练习，一经掌握了这种技法之后，却可以利用握笔的角度变化或用力的轻重不同而画出虚实、深淡、强弱许多丰富有变化的线条来。关于铅笔绘画中的线条组织，既要求服从于色调和质感的表现，又要求有装饰性，还要求变化，以打破重复和单调。

为了保证形象准确，在勾画轮廓时，通常是用较细的线条，有些图甚至完全用线描的方法也可以取得良好的效果。此外，巧妙地组织线条，用画线成面的方法，也可以很好地表现出建筑物的光影明暗和建筑材料的质感。例如在画屋面时，如果全部都用横向的线条，就会显得单调，这时，为了打破单调，往往在局部的横向线条上，加上一些斜线条与其交错。又如瓦屋面，一般的陶瓦、水泥瓦屋面，要求用较粗的、波形的横线条来表现；而筒瓦、琉璃瓦屋面则要求用竖线条表现（在透视中也可能是弧形线）。例如，对于清水砖墙，一般用横线条表示；小尺度的清水砖墙要求用较细的横线来表现，大尺度的清水砖墙则要求用宽线来表现。再如乱石墙面，其用笔的变化和线条的组织就更为丰富了，当画面积较大的乱石墙面时，可插进一些斜向的线条或加上一些斑点，使得画面更生动。

对于材料质感变化丰富的传统建筑形式，用较宽的线条或较大的笔触来表现，往往可以取得良好的效果。但若用这些手法来表现那些材料质感比较单一的和表面平整光洁的建筑物时，就难以取得良好的效果。为了适应这种建筑形式，还有一种表现方法，即主要通过明暗色调处理的方法，来表现建筑物的体面转折和空间层次。这种表现方法是：用笔细腻，退晕均匀，不突出强调线条和笔触，但却注重明暗关系的处理，并通过退晕的方法取得光感和空气感，从而使整个画面具有良好的气氛。这种表现方法，虽然不强调线条和笔触的作用，但并不是说可以任意地用笔涂抹。一般用2B或3B铅笔，局部深处可用4B或5B铅笔来画，并且都应把铅笔削尖后再使用。另外，用笔的方向应有规律。要顺着体面的转折方向用笔；在作画程序上，一步一步地对比强烈起来，直到饱和程度为止。

对于配景（主要是绿化、树木），也是通过线条和笔触的变化来表现。例如，远处的树一般都是用竖线条来画，色调要淡一些，线条要细一些；近处的冬青，一般可以用斜线来表现，线条要宽一些，色调要深一些。前者用2B铅笔画比较适合；后者应考虑用4B或5B的铅笔来画。画近处较大的树，线条的变化要复杂一些，一般应按照树种的特点来组织线条才能取得良好的效果。画树干时要顺着树皮的纹理用笔，方能表现出树皮的质感。对于大多数树种来讲，树皮的纹理是竖向的，但也有一些树种的树皮是横向的。除了表现树皮的质感外，还要表现出光影关系，特别是树枝在树干的落影。画树皮时，用笔的方向一般应顺着树枝的长势，应由粗到细和由重到轻，这样，方能表现出树枝的特点。对于树叶的表现，可以用多种形式的笔触来概括，并且还要反映出光影明暗的前后层次变化。画树叶时，铅笔最好软一些，并且削成斜面或斧形，因为较宽的笔触概括能力较强，有利于树叶的表现。

画整体建筑物时，除了考虑上述诸多问题外，还要考虑画面的构图、透视角度的选择、光线角度及明暗处理，以及结合铅笔画的特点和对象的特点、如何用笔和组织线条等问题（详见本节实例）。

铅笔绘画除了主要用绘图铅笔外，还有炭铅笔、彩色铅笔，各有特色。

实例

图4-1 扬州个园（铅笔） 钟训正

图4-2 某西方古典建筑入口（铅笔） George Nelson

图4-3 西方古典柱式（铅笔） Ernest W.Watson

图4-4 某别墅（铅笔） J.Floyel Yewell

图4-5 某乡村住宅（铅笔） Theodore Kautzky

图4-6 某中庭内景（铅笔） Paul Stevenson Oles

4.2 钢笔绘画

钢笔画的历史虽比较短，但在建筑设计领域里，用钢笔来表现建筑却比较普遍。这不仅因为效果好、易于保存、携带方便、价格经济，还便于制版印刷、晒图复印。缺点是不适宜大幅的表现图，且不能表现色彩。

与其他画种相比较，钢笔画有两个突出的特点：①黑白对比强烈，除版画（黑白）外，任何一个画种在画面上都很少出现纯白和纯黑的色调，而在钢笔画中，黑和白却是2个基本色调；②中间色调没有其他画种丰富，例如接近白的浅灰色调，用钢笔来表现就比较困难（一般用疏而细的线条或用点点的方法来表现）。由于这种原因，用钢笔表现对象就必然要用概括的方法，即只表现对象中比较突出的要素，而舍去其余细微的变化。这看上去似乎是钢笔画受到了局限，其实却正是钢笔画的特点。如果我们能够正确地运用概括的方法，合理地处理黑、白、灰3种色调的关系，就能非常真实、生动地表现出各种形式的建筑形象。

绘画的钢笔应有粗细之分，目前市场上没有专供建筑绘画用的钢笔（有的弯头美工笔适宜于速写），一般采用普通的钢笔即可满足要求，甚至用旧了的、用习惯了的旧笔尖画起来效果更好。有时画细线也可用绘图小钢笔尖，自己来加工磨细（用油石）。

钢笔画除了徒手画外，还常用工具画（直尺等），此时可用不同粗细规格的针管笔或直线笔（鸭嘴笔）来画。

钢笔画所用的墨水，应是色黑而有光泽，书写流利且质量较好的墨水。市场上供应的绘图黑墨水，或碳素墨水都可应用。有沉淀渣滓的或变了质的墨水，不适合用来作画。

钢笔画所用的纸，表面不宜粗糙，不宜有纹理，否则会刮笔尖；但也不能太光滑，否则由于吸水性能差，影响画面的效果。另外，纸的质地应较密实，以防止墨线条渗透。

钢笔画表现技法主要是画线和组织线条。钢笔画是靠用笔和组织线条构成明暗色调的方法来表现建筑。为此也需要通过画线的实践来熟悉了解工具——钢笔的性能和特点。钢笔画对用笔的轻重影响不大。但只能沿着一定的方向，否则笔尖就可能要刮纸，这些和铅笔画技法有很大差别。

有些钢笔表现图，仅用线条来勾画对象的内外轮廓就够了。但是，如果要表现出对象的光影和明暗，还必须学会用线条来组成不同深浅色调的面，即主要取决于线条的疏密。愈是密集的线条所组成的面，色调就愈深，线条愈疏则色调愈浅。用笔的轻重虽有一些影响，但其作用是有限的，这是因为钢笔的用笔不可能太重的缘故，如果希望得到较粗的线条，就只能采用另一种较粗的笔尖。要注意，在钢笔画中除了纯白或纯黑外，凡是中间色调——从浅灰至深灰——都清清楚楚地显露出组成这种色调的线条。因而，对于钢笔画来讲，线条的组织对画面效果影响极大。也正是由于这个道理，钢笔画在组织线条的技巧上的变化也极其丰富。同一色调可以用多种多样组织线条的方法来表现，这是钢笔画基本特点之一。例如对一个简单的几何体——立方体，可以用竖线、横线、斜线、交叉线乃至更多形式的组织线条的方法来表现。也可以用同一线条组织方法表现不同的对象。

对于各种不同的构造做法和材料质感的表现，也都有相应的用笔和组织线条的方法。

清水砖墙一般用水平线来表现。小尺度的砖墙可以用细的水平线来画，其中，暗面的线条应较密（或较粗），亮面的线条应较疏（或较细）。较大尺度的砖墙，要表现出砖块来才有效果，但也不可能把全部的砖都一块块地画出来。在这种情况下，就要运用概括的方法，如在转角处适当地画出几块，就可以分出明暗以概括其余了。抹面的墙面，一般颜色较浅，不适合于用线条来画。尤其是亮面，更要保持一定的明度。此时可用点的疏密来分面，也可以利用分块线的轻重或虚实来分面。如果感到表现得不充分，为了加强分面效果，只要在局部转角处，加上一些装饰性的线条（如树影等），即可取得十分良好的效果。画乱石墙面也应用概括的方法，即在重点的地方——转角处或明暗交界线处，特别是暗部，比较清楚地画出一些石块，而其余的部分则逐渐的模糊下去。画石块比画砖块在组织线条上要复杂一些，不能简单地用一个方向的线条来表现，否则就会显得单调、呆板。

不同的屋面做法，也有不同的画法。一般常见的陶瓦和水泥瓦屋面，水平的接缝比垂直的接缝明显得多，适合于用横线条来表现。由于瓦缝的间距比砖缝的间距大而且明显，所以屋面应当用更粗一级的线条来画，并且线条本身应有适当的起伏和断续，以表现瓦楞的凹凸和质感（一般用波形线来表现）。筒瓦和琉璃瓦的瓦垄是竖向的。而琉璃瓦屋面一般多为曲面，所以每条瓦垄从透视上看都是曲线。筒瓦屋面虽为平面，由于透视的关系，画起来也较普通陶瓦屋面复杂。对于这类屋面，一般的画法是：主要是通过对屋脊和檐头的刻画来显示瓦垄的起伏，再辅以适当的瓦垄，即可取得较好的效果。对于小青瓦屋面，则可以用弧形线来概括。

其他如门、窗的表现，对于线条的组织没有什么特殊要求，只要把明暗关系表现准确就可以了。

建筑配景中的树，有远近之分，用钢笔画树时应区别对待。近处的树应画得细致一些，有的甚至要画出一片片的树叶；远处的树则应画得概括一些，否则就会分不出层次。考虑到与建筑物的协调和统一，画树时允许在写实的基础上作适当的抽象和概括，并使之带有一些图案化或程式化的特点。树的种类很多，各种树的性格和特点都不相同：松柏苍劲，杨柳柔曲，某些树的枝叶繁盛茂密，某些树的枝叶则比较稀疏。此外，不同类型的树，其树叶的大小、形状和结合形式不同，树干的纹理和质感也不同，而针对每一种树的特点，分别使用相应的表现方法来组织线条，即可取得较好的效果。

在组织一个完整的画面和表现一个整体建筑物时，各种线条应穿插地应用并有机地结合，才能使画面具有生动活泼的效果，但必须考虑到用笔的统一。例如一个建筑物，可以用细腻的笔法来刻画，也可以用粗旷的笔法来表现，前者在用笔方面要求严谨工整，后者要求轻快活泼，这两种手法如果用在同一个画面上就会破坏画面的统一。

另外，在钢笔表现图中，有的偏重于用线描的方法来勾画建筑物的内外轮廓；有的强调线条的自由变化；有的则强调线条的统一。总之，用钢笔表现建筑在手法和风格上的变化是丰富多样的。但是，不论怎么变化，在钢笔画中都有一个如何处理色调——黑、白、灰三者关系的问题。这个问题，虽然在别的画种中也要妥善地处理，但在钢笔画中更为突出，这是由钢笔画的特点所决定。但也要防止走向另外一个极端，即过分地强调黑白对比而忽视中间色调的作用。与版画（黑白）不同，钢笔画还是可以用线条交织出一定的中间色调，而画面的效果，在很大程度上就是取决于这些中间色调的变化。因而在作画前，要认真地分析对象，并作出适当的概括。所谓概括，就是通过分析以后，去粗取精，去伪存真，保留那些最重要、最突出和最有表现力的东西并加以强调，对于一些次要的、微小的枝节上的变化，则应大胆地予以舍弃。这样既能防止因追求细微的色调变化，而使画面发灰，又能防止由于忽视中间色调的作用而使黑白对比失调。

近年来，新出现了一种用透明色塑料笔表现建筑的方法，其画法和钢笔画的技法比较接近——也是用线条和组织线条的方法来表现建筑形象。塑料笔既可以画单色图，又可以画彩色图。由于这些透明色的色相和深浅都是固定的，如果要想改变色相和深度，只能用不同颜色的笔相互重叠渲染或改变线条的疏密。此外，还可以考虑和彩色铅笔配合使用，这样就可以获得更加丰富的色彩变化和深浅变化。

塑料笔画图优点是图案性强、装饰性强、色彩鲜艳、快速简便；缺点是图面不充分（不够真实、细腻、深刻）。

实例

图 4-7 光滑表面材质表现（钢笔）

图 4-8 希腊某别墅（钢笔）

图 4-9 某塔式建筑（钢笔）

图 4-10 某高层建筑局部（钢笔）

图 4-11 某共享空间内景（钢笔）

图 4-12 某建筑群鸟瞰（钢笔）

4.3 水彩绘画

水彩画具有色彩清新明快、质感表现力强、效果好、画幅不受限制、保存也较方便等优点。因而经常被作为建筑设计方案的最后表现图。

国内外早期的建筑表现画主要为水墨渲染，由于水墨渲染不能使用现成的墨汁，而必须用墨锭研磨的墨汁，并且还需过滤后方可使用，比较麻烦，加之又不能表现色彩，所以已很少使用。由于水彩渲染和水墨渲染在技法上比较接近，为了继承和发扬渲染画的优点，因而使用水彩渲染。这样既能继承水墨画的传统，又能发挥水彩的特色。

本节讲述水彩画表现技法主要是指水彩渲染技法。

水彩渲染的颜料，就是普通的水彩画颜料。有盒装和散装两种，盒装的颜料有 12 色、18 色等。对建筑渲染来讲，12 色水彩颜料已够用。

水彩渲染的用笔，可以用水彩画笔，也可以用中国画笔或一般写字用的毛笔。作渲染应具备大、中、小 3 种型号的笔才能满足需要。渲染大面积最好用较大号的水彩画笔，也可用扁笔。画细部时较适合使用衣纹笔，因这种笔含水量较大且又有弹性，在任何情况下，笔尖都可以恢复原状，所以画时舒畅方便。

水彩渲染用纸，一般以表面较粗糙的图画纸为宜，要求它既有一定的吸水性却又不洇水。过于光滑的纸面吸水性较差，不适合于水彩渲染，表面过于粗糙的水彩画纸也不适合于水彩渲染。

此外，还要准备一个调色盒和调色碟、若干个杯子，小的杯子供调色用，较大的一个杯子供洗笔用。海棉一块，供洗图用。

由于纸在接触水后会产生膨胀现象而凹凸不平，因而在水彩渲染（水墨渲染）之前，必须把画纸裱在画板上。使画纸预先经水膨胀具有一定的张力，裱好后再遇水渲染时，不会产生很大的膨胀和凹凸不平，画起来方便，并可保证画面效果。

裱纸的方法目前常用美纹纸裱法。其步骤是先将画纸正反两面弄湿，使其伸胀；再定位铺在图板上，用扁笔将画纸往返刷平，直至将画纸背面的气泡驱走；然后将美纹纸有胶的一面弄潮，使有粘性（不能太湿），紧贴在画纸四边，美纹纸（带状）的宽度一部分粘贴在画纸边上（约 1.5cm），其余部分粘贴在画板上；最后将图板平放，经过约 1～1.5h 画纸干平，有时为了防止画纸中部很快收干而开裂，可用湿巾等覆盖在画纸中心，待画纸与图板粘牢后再移去。画完后将画纸用刀裁割下来。

水彩渲染基本技法是：正确用色，掌握水分和运笔。

水彩颜料的特性是：

①颗粒细而透明，各种颜色的透明程度也不同，例如柠檬黄、普蓝等的透明度较高，颗粒也比较细，而群青、赭石、熟褐等的透明度就较低，且有颗粒的沉淀，但总的说水彩颜料还是属于透明性的颜料；

②由于水彩颜料具有透明性，这就决定了水彩渲染的基本方法是叠加法，即用一种颜色罩在另一种颜色之上，从而产生丰富的层次和色调上的变化；

③由于整个渲染过程是一个逐步叠加的过程，最后的色彩往往是由若干种颜色叠加而成，因而色彩比较调和，但也容易变灰、变脏，在渲染中特别要注意这一点；

④ 颜色愈薄透明度愈大，附着力也愈强，因而在运用叠加法时，应按照先浅后深的顺序着色，即先画浅的颜色，后在浅的底色上加较深的颜色，最后加最深的颜色，反之，如果先画深的颜色，后画浅的颜色，不仅效果不显著，而且深的颜色很可能被洗掉；

⑤由于水彩颜料具有透明性，如果画坏了就不容易遮盖，要求作画时，特别细心，尽可能避免发生错误（不得已才用海绵擦洗），此外，对于轮廓的线条要求也较严格，直到最后轮廓的线条都可以清晰地保留下来，为此，在画铅笔轮廓线时，线条要流畅，粗细要适当均匀。

色彩的表示方法，在实际中常用直观的表色体系法，即把所有色彩按照一定规律，有秩序地进行组合，成为系列。

色彩的表色体系很多，在建筑上使用的表色体系一般为孟赛尔（美国）表色体系，因其易为建筑工作者所理解和使用。孟赛尔表色体系是将物本表面色彩以色相、明度、彩度三属性表示，而在运用中仅以色相沿水平面配置，称做孟赛尔色相环（俗称调色盘），虽然色相相环中各色相不是等明度或等彩度的关系，但因它简便，可作为一般建筑、装饰等配色时参考。

图 4-13 是按孟赛尔色相环配置的调色盘配色分析。

对于初学者，在着手渲染建筑物之前，应做些基本技法练习。包括平涂、退晕和叠加退晕等以及色彩调和（色相环）练习。

（1）平涂

平涂主要要求是均匀，没有色彩变化，是最基本的技法，大面积平涂，首先把颜色调好放在杯子里，待沉淀后，把上面一层颜色溶液倒入另外一个杯子里即可使用。在平涂渲染时，应把图板放斜以保持一定的坡度，一般＜15°，然后用较大的笔蘸满色水后，从图纸的上方开始渲染，用笔的方向应自左至右，一道一道地向下方渲染，应注意色水要多些（但不要往下流淌），注意用笔要轻，移动的速度保持均匀，笔头尽量避免与纸面接触。这样逐步向下移动（每道约2cm宽），直至快要到结束时，逐渐减少水分，最后，把汪在纸面上的水用笔吸掉（多次）。较深的颜色不易画均匀，应分几遍来画。

（2）退晕

分 2 种方法：单色退晕和复色退晕。

单色退晕较简单，可以由浅到深，也可以由深到浅。由浅到深的退晕方法：先调好两杯同一种颜色的颜料，一杯是浅的，量稍多一些；另一杯是深的，量稍少一些，然后按照平涂的方法，用浅的一杯颜料自纸的上方开始渲染，每画一道（约 2～3cm）后在浅色杯子中加进一定数量（如一滴或两滴）的颜色，用笔搅匀，也可直接加在画面上的色水中，将笔轻轻搅匀，这样作出的渲染就会有均匀的退晕。自深到浅的退晕方法基本上也是这样，只是开始用深色，然后在深色中逐渐加入清水即可。

复色退晕的方法有 2 种：叠加退晕和一般退晕。

叠加复色退晕，即沿着一定的方向，用某一种颜色愈叠次数愈多，而在反方向上，另一种颜色愈叠次数愈多。一般复色退晕，要稍麻烦一些，由一种色彩逐渐地变到另一种色彩，即先调好 2 种不同颜色，基本方法仍和单色退晕一样，在一色中逐渐加入另一色。

(3) **叠加退晕**

方法是沿着退晕的方向在画纸上分成若干格(格子分得愈小,退晕的变化愈柔和),然后用较浅的颜色平涂,待干后留出一个格子,再把其余部分罩上一层颜色;再干后,又多留出一个格子,而把其余的部分再罩上一层颜色。这样,一格一格地留出来,重复着色,直到最后,罩的层数愈多,颜色也愈深。从而形成退晕。

上述平涂和退晕渲染一般要渲染好几次(至少3次以上)才能完成,千万不能急于求成。

建筑物(包括建筑立面)渲染,一般是先用H或HB铅笔,在已经裱好的图纸上,画出建筑物的轮廓线和配景。对于线条,应分出轻重粗细,即轮廓线最粗;内轮廓其次,其他一律用细线。在画轮廓线时,应尽量避免使用橡皮,以免擦伤纸面,引起渲染时出现斑痕。

完成轮廓线后就可以开始渲染。渲染大致可以分成5个步骤(图4-14)。

(1) **分大面**

主要任务是把建筑物和背景(天空、地面)分开。

先铺底色。建筑物在阳光照射下,一般都带有暖黄的色调,为此,可用较淡的土黄加柠檬黄色把整个画面涂一遍,以取得和谐统一的效果。然后再把建筑物和背景(天空)分开。天空渲染,最常用的就是上深下浅的均匀退晕法。此外用湿画法画云天,方法是先用笔蘸清水把纸洇湿,待半干时按照云的态势铺色,利用纸面干湿不均匀的特点,颜色在纸上扩散开来,然后再因势利导,调整各部分的深浅及形状,以表现出云天的效果。还可以用天蓝色,点破一些地方来表示晴空,这样不仅可以加强层次感,而且还可以更好地衬托出云的轮廓。另有一种画云的方法是,先铺天空底色,待未干前用海绵在较深的天空中洗出白云,用这种方法比较柔和,但缺点是颜色变化不够丰富。

(2) **分小面**

主要任务是分出前后层次,分出转折面,分出材料的色彩,表现出光感,留出高光。

按照前亮后暗(个别情况也可能前暗后亮)和前暖后冷的原则。分块进行渲染。渲染次序可以从屋顶→檐口→墙面→窗子→过梁、遮阳→栏杆、窗台→烟囱→台基等。

(3) **画阴影**

这是一个比较关键性,也是最能取得效果的一个步骤。画阴影要考虑到整体感,不能一块一块零零碎碎的画,而应当整片地铺设。特别如檐部的阴影,应当连贯起来依次画完,阴影在不同色彩的物体上,使原来的物体颜色变暗,但是还应该反映出该物体原来的色彩,而水彩颜料的透明性正好能做到这一点。一般来讲,大面积的阴影相对地浅一点,小面积的阴影应当相对地深一点。有时阴影有反光,要同时作2个方向退晕,此时从技法上讲比较复杂,如果没有把握,也可以分2遍来画,一遍只作水平方向退晕,待干后再作上下的退晕,但前一遍的颜色不可太浓,以免画第二遍时被洗掉。

阴影是画面中最深的色调之一,因而要在最后来画。也就是说在画完阴影之后,最好不要作大面积的渲染,以防止把它洗掉。

(4) **做质感**

主要表现出建筑材料的质感,表现技法应根据不同材料区别对待。

例如陶瓦屋面,可以用直线笔画,线条应宽一些,要求左深右浅,以加强原有的退晕效果,另外线条还需要一些断续,以显示屋面的斑驳。砖墙也可以用直线笔画,线条应窄一点,也可利用原来的铅笔线当作水平砖缝,然后适当地加深一些砖块以取得良好的效果,在加深砖块时,应当和底色的退晕关系相一致(上深下淡、近深远淡),以加强反光效果。乱石墙画起来复杂一些，先按照铅笔线的分块逐块地填颜色，深浅、色彩均可有一定变化，并应在迎光的边棱上（即左、上两边）留出高光，最后再在一部分石块的右、下方勾出影子就可以了。至于大理石，除表现出光泽感外，还应用很细的狼毫笔描绘出大理石的纹理。面砖的画法和普通清水砖墙相同，只是色彩变化多一些，另外缝是直通的，不需要错缝。抹灰墙面（如水刷石、斩假石等）的质感，主要是通过分块线来表现，面上可加深色小点，在较大尺度时，应按光线角度表现出高光及阴影。总之，材料的表现不需要详细一一地画出来，而只需重点画一部分，否则费事又显得呆板。

（5）**画配景**

这是最后一个步骤，通过这个步骤渲染，就如同把建筑物置于真实的环境之中。重点还是建筑物，不要喧宾夺主。

用较淡的颜色画远树，用较深的颜色画近树，用较鲜明的颜色画人物等。画树时，可充分利用水彩的特点来画一种层次不多，图案化的树。这种树不仅容易掌握，而且还可很好地烘托建筑物。画法是先在草图纸上推敲好树的形状及轮廓，然后用铅笔将轮廓刻画在正式图纸上，再用含水饱满，且富有弹力的狼毫笔蘸色填出树的轮廓，并作出退晕，使受光的一面亮一些，色彩暖一些，背光的一面暗一些，色彩冷一些。这样就完成了树的第一个层次；待稍干时，再用较深的颜色填出背光和里层的最暗处，同时表现出树枝和树干。

通过上述5个步骤的建筑表现画，最后加以统一调整，修改即告完成。

水彩渲染的其他各种技法初学者可以通过临摹优秀作品，分析实例加深理解。

在建筑绘画中，还出现用水彩渲染和铅笔相结合的铅笔淡彩画；用水彩渲染和钢笔相结合的钢笔淡彩画。主要方法是运用两者的表现技法。

实例

图4-15 博物馆（水彩）Thomas Schaller

图4-16 某驿站方案（水彩）Thomas Schaller

图4-17 伊斯坦布尔2000年奥运会广场方案（水彩）Thomas Schaller

图4-18 纽约犹太人博物馆扩建（水彩）Revin Roche and John Dinkeloo Inc. Architects

图4-19 威尼斯水巷（水彩）刘寿祥

图4-20 某公园茶室设计方案（水彩）彭一刚

4.4 水粉绘画

水粉画的历史比水彩渲染短，但是由于水粉的色彩鲜明强烈，表现建筑物的真实感强。因此，近年来在实际工作中被广泛采用，并且受到欢迎。

水粉画虽是色彩画的一种，但它与水彩画有明显的区别，下面通过二者比较使初学者对水粉画特性有较全面的认识，有利于水粉画的正确表现（表4-2）。

表 4-2 水粉画和水彩画特性分析

项目	水粉画	水彩画
画面效果	具有强烈表现力	具有明快、洒脱的魅力
颜色特性	不透明颜料	透明颜料
颜色深浅	加白颜料	加水
基本技法	覆盖法	叠加法
着色程序	深色→浅色（不必留出亮部）	浅色→深色（先留出亮部）
画轮廓线	按着色顺序，先后绘制相应轮廓线	着色前完成全部轮廓线
画面改正	便于修改（用色覆盖或洗掉）	不易修改（局部可用海绵洗掉）
画纸要求	图纸不限	水彩画纸
色彩原理	两者相同	两者相同
绘图原理	两者相同	两者相同

水粉颜料，就是一般所称的宣传画颜料，有瓶装和盒装两种。瓶装的水粉颜料颗粒较粗，开盖后如长期不用则容易变干，不及盒装的质量好和用起来方便。常用为12色或18色盒装水粉颜料。

水粉加水是为了解决颜料的稠度，水粉加白色颜料是为了解决色彩的深淡，因此白色颜料作为基本调色剂来使用，用量最多。

水粉画有专门水粉画笔（大、中、小号），这种笔比油画笔软，但比水彩画笔又稍硬一点，正适合于水粉颜料的稠度，水粉画笔有羊毫、狼毫之分，后者较富有弹性，比较好用。在着色时为了适应不同的需要，应准备大、中、小号笔各一支，此外，还要准备一支衣纹笔画细部，一支扁笔画大面积的天空及墙面等。

水粉画的用纸要求并不严格，一般图纸（包括色纸）均可使用。但最好把纸裱在图板上，这样不仅平整画起来方便，而且万一画坏还可以用清水把颜料洗掉重画，而不致使纸面翘曲变皱。

水粉画基本技法是用覆盖法来作画。即用一种颜色覆盖在另一种颜色上，而前一种颜色则完全被覆盖。着色方法也有干画法和湿画法2种。

对于初学者，还必须通过一些基本技法练习，包括平涂、退晕、分格退晕以及一些简单的几何形体（圆锥体、多面球体等）。

（1）平涂

主要要求是均匀。调色时水分要适当，应使颜料保持一定稠度，过稠的颜料拉不开笔，不容易画匀；过稀了显得颜色单薄，也不容易画均匀。如果两种以上颜色调合在一起，应充分地调匀后再画。另外，在用笔上应有规律，要按照一定的方向（如左右或上下）作往复运动，不可乱涂。作大面积的平涂时，应当用较宽的扁笔来画。颜料应当准备得充分一些，否则在中途作补充调色，无法保证前后颜色一致，从而也就无法保证均匀。

（2）退晕

主要要求是深浅变化应均匀。方法是在原有的颜色中逐渐地渗入白色（用湿画法，即在颜料未干时逐渐地改变颜料的成分），使其均匀地由深变浅（或由浅变深），互相渗透而不留痕迹。

（3）分格退晕

方法是每画完一格，等干后等量地渗入少量的白色画下一格，这样逐渐地使颜色变浅。由于湿的时候颜色显得深一些，而干后又变浅，所以在作分格退晕时，若靠视觉观察来判断深浅，常会出现错觉。因此，为了保证退晕均匀，主要还是依靠调色来控制，即每画完一格，在颜色中渗入白色的量要均匀或按一定的比例来增减。这样，等干了以后，深浅的变化就必然均匀。

而圆锥体的画法可以用分格退晕的方法来表现；多面球体的画法是对每个小面平涂着色。

建筑物水粉画可按照下面步骤进行。

（1）先画天空和地面，然后画建筑物的体形，在画建筑物时不考虑窗子的存在，而按墙面的颜色铺底色，并分出明暗，表现出退晕变化；

（2）用H铅笔在墙面上画出窗子的轮廓线，为了保持色彩、退晕、笔触的连贯性，应不留出窗子之间的墙垛，然后填进颜色，并作出退晕；

（3）在窗子的底色上，用H铅笔画出墙垛的轮廓，并把墙面的颜色填进去，从而把连贯的窗子分开；

（4）画出阴影效果，用最浅的颜色表现出墙垛的亮面，表现出窗棂和墙面的分格线；

（5）调整画面关系，主要包括画面中心、轮廓、色彩、明暗、虚实诸方面。

根据水粉画特点，为了获得较好效果，一般在着色前做色稿草图，先画环境，后画建筑物；在画建筑物时，先画大的体面关系，后画细部。

水粉画天和云，最好采用湿画法。例如画晴朗的天空，可以用普蓝掺群青并略加一点土黄（使其变灰）作上深下浅的退晕，在接近地面处可少量加一点柠檬黄，使其略微地变浅、变暖。如果要画云，则可以在底色未干前，用白色（略加土黄）来画云朵。如果底色干了，则颜色之间的结合就比较生硬，不能很好地表现出云的柔软、飘洒的特点，而往往使画出来的云朵流于呆板。如果当云层较厚，此时云的体积感很强，在阳光的照射下呈现出明暗和透视的变化，画这种云天时，更需要事先用画纸洇透，使纸保持较长时间的湿润，以便有充分的时间，来推敲云的形状和明暗、透视关系。但在一般情况下，作为建筑物背景的天空，不必过分强调云的体积感，以免喧宾夺主。一般多采用干湿相结合的方法来画云，即在底色处于半干的时候，用扁笔（视画幅大小而定）来画云。采用这种画法，云的体积感虽不强，但轮廓如果处理得当，用笔活泼，同样可取得充分衬托出建筑物的良好效果。

水粉画树有2种方法。

（1）先画树，后填天空。这种画法比较适用于背景简单而又不作重点表现时。先用铅笔在纸上勾出树的大体轮廓，然后用较深的颜色画出树枝及枝干，并按照受光的情况分出冷暖及明暗变化；再用色填出天空，可以平涂，也可作上深下浅的退晕，在填天空色的同时，也就是最后肯定树形和轮廓的过程，因而是比较关键的一步，应仔细加以推敲，以保证树的形状和轮廓的优美；最后调整树的各部分明暗关系，并作出高光、反光及树干的纹理、质感效果。用这种方法画树图案性较强。易与建筑物协调，画起来也比较容易，缺点是画出的树不够生动活泼。

（2）先画背景，后画树。在背景比较复杂的情况下，用后填背景的方法来画，很难保证背景的完整统一。在这种情况下，可以不考虑树的存在而先把背景画好，然后在已经画好的背景上，用铅笔轻轻地勾出树的轮廓，再用较重的颜色去画树。采用这种方法画树，最好是一气呵成，不要涂改，因而对于画树的技巧要求较高。用这种方法画树，不仅可以取得生动活泼的效果，而且还可以保证背景的完整统一。

画室内建筑具有2个特点：明暗变化较复杂；质感、色彩的变化较丰富。由于水粉画本身所具有的特性，所以，非常适合表现建筑的室内景观。

室内建筑中，顶棚和地面的透视感特别强，在铺底色时要充分注意色彩的变化和退晕。为了退晕的方便，在铺底色时，可以暂时不考虑地面和顶棚上的图案装饰，分块线和灯具等细部。这些可以在铺完底色后再用铅笔画出轮廓，然后用颜色直接在底色上画。这些细部同样也具有强烈的透视感，因而在画的时候也要注意到虚实、轻重的变化和色彩的处理，并使之与底色统一为一体。另外值得注意的问题是：应当充分地表现出材料的光泽。室内饰面材料的表面，一般都比较细致、光滑、反光性能较强，我们应当充分地利用这些特点，来表现材料的质感。

利用水粉来表现光泽，其有利的条件是可以直接用亮色加在底色上。但应注意，加上去的颜色和底色之间的衔接不可生硬，有时最好在底色未干之前立即加上去，使之互相渗透，有时则适合于用干笔触来取得效果。

墙面也具有和顶棚、地面相似的特点，即透视感强和质感变化丰富。特别是比较光滑的墙（如水磨石或瓷砖墙面等），也有分块的缝和光亮的质感。而当墙面上开设门窗时，则不便于大面积地铺底色，此时应逐块填色。

实例

图4-21 某办公综合大楼（水粉）

图4-22 某博物馆（水粉）

图4-23 某大厦（水粉）

图4-24 某旅馆大厅内景（水粉）

4.5 快速绘画

快速画最大的优越性是快速、高效、方便。它是建筑绘画的一种表现方式，从画底稿开始直至完成，一般在4h左右，最多不超过8h。快速画不是快速草图，也不是快速设计，而是快速设计的一种表现方式。其概念性、写意性、趣味性和速度是其他建筑表现画以及电脑画所不能代替的。目前已被广泛的认识，受到欢迎，并加以运用。特别在当今，新的表达方式、表现技法以及信息交流的手段越来越多样化，甚至出现了电脑效果图的“大战”，而快速画以一种明快简洁的美感和丰富的形象语言显示了它旺盛的生命力。

快速画用的笔种类很多。有铅笔、钢笔、炭笔、美工笔（弯头钢笔）、塑料笔、彩色笔、蜡笔以及马克笔等。

画纸种类很多，一般都可以用，但不同的纸张，运用不同的工具效果也不一样。快速画常用的纸张有：绘图纸、图画纸（铅画纸）、白报纸、毛边纸、卡纸、书写纸、复印纸等。

快速画的基本技法是用简练和概括的手段表现出主要形象的特征。

“简练”指运笔，要求下笔肯定，用线明确，落笔有形，大胆挥洒。行笔要沉着稳健，在稳中求快求准。线条要充分表现形态特征，若线条画不准确，不必顾虑或作修补，可重新再画一条准确的线条去校正。

“概括”指画面内容要有取舍，善于舍弃无关紧要的细节，用最简洁的笔法去表达主要形象特征。在画图过程中，始终应注意“以少胜多”。要做到这点，关键是在画对象之前，观察分析重点应放在对象主要造型特征的把握，不要受局部细节的干扰。取舍是根据要表现的目的而定，并且是以画面的主题和构图的需要为前提。

快速画的表现形式主要有3种：

（1）**以线条为主**

是最常用的表现手法，线条最富有生命力。线条作为描绘对象的手段，不单是表现对象的形体、结构，也不单是对象的再现，而是作者主观思维与客观对象相结合的产物。线条在快速画中不但成为一种高超的表现手段，而且本身还具有独特的审美情趣，具有极强的韵律感，出神入化表现出各种情态和意境。

（2）**以明暗调子为主**

是通过光线照射在物体上所产生的明暗调子的变化来表现物体的形体特征，也称块面法。任何一种物体都是由许多体面构成，要善于运用明暗调子变化的视觉效果来表现物体的形体特征与空间关系，明暗调子变化使画面黑白对比强烈，有较强的视觉效果。

（3）**线条与明暗调子结合**

是以线条为主加明暗调子，或者以明暗调子为主加线条的画法。在实际作画中，无论是单纯用线或明暗，都有一定的局限性，如单纯用线条无法充分表现对象的空间感和体积感；而单纯明暗块面，有时无法表现对象流畅生动的韵律。因此线条与明暗调子结合画法可以既有二者的优点又可避免二者的缺点，使画面效果生动活泼、变化丰富，能够充分表达物体的形状、体积和质感等效果。

快速画建筑，应选择最能体现该建筑造型特征的角度，根据要表现的目的确定视平线的位置，把主题景物放在合适的位置。从最感兴趣的部位画起，画局部时必须照顾整体与透视，始终强调特征的表现和画面的协调。根据意境与构图的需要，合理地进行取舍移景，使画面完整。

快速画建筑群，根据建筑群的高低错落，选择合适的角度，确定视平线的位置，把主题建筑安排在构图中心的位置上。从主体建筑画起，向四周建筑扩展描绘，注意建筑比例、透视、造型特征以及建筑相互关系。突出主题，取舍移景，在大效果的基础上，对重点部位深入刻画，使画面有虚有实，层次丰富。

快速画室内建筑，根据室内建筑特点，选择要描绘的内容与角度，确定视平线的位置，安排好画面的主次关系，做到“意在笔先”。从主要部位着手，逐渐向邻近部位展开，边画边注意相互间的关系与透视效果，并要处理好前后的空间层次关系。

快速画表现形式可不拘一格、多种多样，下面重点描述马克笔画技法。

马克笔画

马克笔又称记号笔，由英文Marker音译而来，全称为Magic Marker。意为有魔幻般的效果。近几年来从国外传入，特点是线条流利、色艳、快干、具有透明感、使用方便，深受欢迎。

马克笔分为油性、水性及酒精性3种，有多种颜色。

油性马克笔由甲苯、二甲苯作为溶剂，具有刺激性气味，对人体有微毒，但该种马克笔在3种笔中性能最稳定、最透明、效果最好。水性马克笔以水为溶剂，上色时吃色厉害，且运笔欠光滑。酒精性马克笔，以酒精为溶剂，无毒无副作用，缺点是易变色，往往在上一种颜色以后，几分钟后就变成另一种颜色。

马克笔用纸要求不高，一般分为渗透性纸和非渗透性纸两种。

（1）渗透性纸

上颜色后，有一定洇色。常用绘图纸或道林纸，水彩纸和复印纸。绘图纸等渗透性较大，但可多次运笔，适宜画较精细作品，另外由于吃色厉害，马克笔消耗大。复印纸色彩渗透度适中，且有一定透明性，也可拷贝底图，但不适宜多次运笔。

（2）非渗透性纸

颜色浮现在纸表面。常用有硫酸纸、拷贝纸等。用硫酸纸可拷贝底稿，画面有水迹斑驳的效果，也可运用刀刮作画的技法。拷贝纸上色很方便，特别是平涂流畅，十分适宜作草图表现画。一般情况下，在非渗透性纸上，马克笔颜色会变得很淡，往往感觉深不下去，尤其是作渐变效果基本上无法实现，此时应结合彩铅等其他工具的辅助。

关于马克笔画幅大小问题，由于马克笔的局限，一般不能进行大面积的渲染，常以A3图幅为主（包括周边虚化处理和留白）。图幅越小越容易把握整体，绘制更加快捷，充分体现马克笔的特色。个别鸟瞰图可扩大到A2图幅，至于要达到A2以上的图幅，则要设法放大（或扫描）打印。

马克笔画的缺点是原作品会随着时间推移而褪色，特别是当它直接被阳光照射，受光线中的紫外线所破坏。除了妥善保管外，还可以拍照（扫描或电子文件）或复制打印原作来展示。

马克笔的基本技法，一方面要充分发挥色彩透明性的长处，另一方面要充分发挥线条色彩艳丽厚重的特性，从而取得一种物境相辉的艺术效果。马克笔的线条可粗可细，粗线条显得粗旷豪放，细线条显得浑厚圆润。要注意马克笔在运笔过程中，停笔时间不宜长，时间长画面就出现类似国画的顿笔，在笔画末端出现颜色稍重的堆积效果。一般徒手画和工具画都可获得好的效果。

马克笔画法一般步骤:

①用铅笔（或彩铅）大致先画样稿;

②用铅笔（或彩铅）在画纸上绘出物体轮廓，并添加细节;

③在画纸上，用马克笔每次针对一个对象，先染上最浅的颜色，然后逐渐加上深色，这样做是为了获得好的混合效果，并应防止画面产生水痕;

④用彩色铅笔或其他画笔添加深色和细部。

马克笔画明暗渐变（近似渲染）步骤:

①先选择同一颜色不同深浅的3～5种马克笔;

②在整个区域内用最浅的颜色同一方向（从左到右或从上到下）渲染几次;

③在最浅的颜色干之前，用下一个深一点的颜色渲染约2/3的面积（从左到右或从上到下），交叠的区域迅速用前一种颜色渲染数次，直至交叠处变得不明显;

④根据画面需要，可以重复③的步骤，最浅的颜色可以用一种无色笔或白色颜料来画，这样就能产生类似水彩渲染的效果。

马克笔作画，可不拘一格，一般用下述方法。

（1）辅色为主

先以马克笔大色调作为主体，以铅笔或钢笔（或一次性针管笔）为辅助工具勾勒对象形体。主要用马克笔本身来体现色调明暗、虚实、冷暖、色彩表现充分，而线条只起补充作用。

（2）线描为主

先以钢笔（或一次性针管笔）勾线，类似钢笔画（刻画程度可粗可细），用线条把基本形体的明暗，细部刻画到位，最后敷以马克笔色调。这种色调基本以平涂为主，这种方法作画过程易于控制，较适合初学者。

(3) 马克笔和水彩相结合

既有马克笔的刚劲，又有水彩画的柔润。两者相得益彰。

关于马克笔表现建筑物和建筑材料等技法，初学者可在本章4.1～4.4节基础上，再结合优秀作品临摹和实例分析，大胆灵活运用来加深理解。

实例

图4-25 快速画（一）某橡林别墅、某度假别墅

图4-26 快速画（二）某别墅、某医院

图4-27 快速画（三）某办公楼建筑群、某公寓大楼

图4-28 快速画（四）某度假旅馆、某校园

4.6 工作模型

现代建筑越来越向着复杂化的多维空间发展,为了更完美地把设计意图表达出来,除了建筑表现图之外,还必须借助于建筑模型。各国有关院校都非常重视对学生进行这方面的训练，并将模型作为提高和完善建筑设计的表现手段。

建筑模型不同于建筑表现图二维空间的平面透视形式，它是按照一定比例缩微的形体，以其真实性和完整性展示一个多维空间的视觉形象，并且以色彩、质感、空间、体量、肌理等功能表达出设计的意图，这对设计人员、建设单位、评审人员等研究设计方案都是十分有益的。

建筑模型体现出建筑实体，又区别于建筑实体，它是以其立体形态和表面形象表现出建筑的外观状况。建筑模型和建筑实体是一种准确的缩比关系：如体量组合、方向性、质感、轮廓形状、空间序列等；还体现出各种形式美的关系——如统一、尺度、比例、均衡、韵律、序列等。

建筑模型大体上分2种。

(1) 工作模型

制作较简单、快捷。对精度和色彩要求不高，也不要求很详细的立面，只要求整体的基本效果。其目的是为了帮助研究设计构思，供有关方面进行方案探讨，起到一个立体草图的作用。

(2) 使用模型

准确按一定比例、做工精巧、色彩和谐统一。具有高度的真实性和形象性，质感强，这类模型主要用于上报审批、投标审定、展览等，有较长期使用和保存价值。

上述2种模型除了制作目的和深度不同外，在制作方法上基本相似，本节主要介绍工作模型。

模型材料主要有：卡纸、泡沫塑料、吹塑纸（或硬纸）、PVC板、KT板、磨砂纸、木条、木屑以及有机玻璃等。

模型基本工具有：各种刀具（美工刀、刻刀等）、量尺（钢卷尺）、手工锯、电热锯以及制图用具等。各种黏结剂（乳白胶、胶水、502胶、801胶、氯仿等）。

制作模型程序：

熟悉图纸（或草图）→ 确定模型方案（材料、色彩、比例等）→ 绘制模型图纸 → 制作底板（道路、位置、周围环境、绿化、朝向等）→ 制作单体建筑物 → 全部固定。

草坪一般用植绒纸，若要其他颜色可用所需要的水粉色用喷笔喷在植绒纸上，也可用细锯木屑

染色用乳白色乳胶粘在底板上。

树木可用染色的大孔泡沫塑料，然后将泡沫塑料切成各种形状（如锥体、球形等）。花坛、花圃可在一小块大孔泡沫薄片上参差不齐地涂上红、绿、黄水粉色后贴于植绒纸上，一般在底板上粘贴植绒纸的同时留出道路，然后用白色水粉画出道路边线。

水面的表示方法有两种：一是用浅蓝色有机玻璃；另一种是在染色的图纸上，盖一层透明的赛璐珞片。

山地的表示方法也有两种：一种可用砂泥、石膏纸浆、石膏锯末等材料制作；另一种用厚纸板层层叠叠粘在一起。

此外，目前已有很多电脑软件，可代替手工制作模型，更为迅速，而且还可以从多个角度观察。

实例

图 4-29 工作模型（一）某图书信息中心方案

图 4-30 工作模型（二）某文化中心（剧院、群艺馆、观光塔）方案

图 4-31 工作模型（三）某商业街规划方案

图4-1 扬州个园（铅笔） 钟训正

图4-2 某西方古典建筑入口（铅笔） George Nelson

图4-3 西方古典柱式（铅笔） Ernest W.Watson

图 4-4 某别墅（铅笔） J.Floyel Yewell

图4-5 某乡村住宅（铅笔） Theodore Kautzky

图4-6 某中庭内景（铅笔） Paul Stevenson Oles

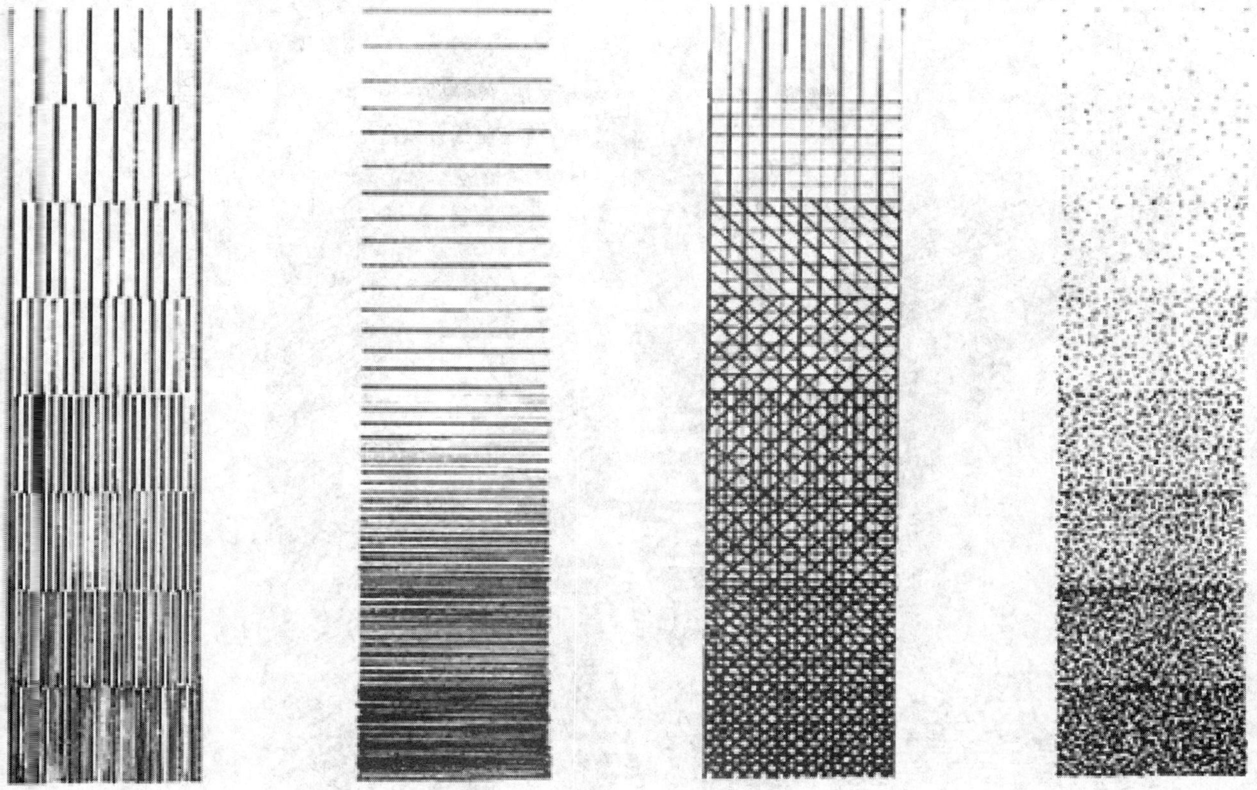

明暗退晕

重庆北碚图书馆（钢笔）

图 4-7 光滑表面材质表现（钢笔）

(91.4cmx61cm)
细腻的落影和反影是画面的关键。

(91.4cmx61cm)
综合应用了线条和明暗这两种钢笔画技法，建筑本身采用点画的阴影来表示，周边的山岭则用徒手的单线表示。

图 4-8 希腊某别墅（钢笔）

塔式建筑虽在明暗和质感的表现方面上下无甚变化，但就整体而言，加上强烈的凹凸起伏，具有丰实敦厚的体积感。环境虽范围不大，却也丰富多姿。

塔式建筑虽在明暗和质感的表现方面上下无甚变化，但就整体而言，加上强烈的凹凸起伏，具有丰实敦厚的体积感。环境虽范围不大，却也丰富多姿。

图 4-9 某塔式建筑（钢笔）

画面的透视效果较夸张,近中心表现细腻,明暗强烈,远离中心则逐渐简略。用虚与实、简与繁的手法突出画面重点，显示明显的聚焦性。表现色块的用线只有垂直线、水平线和聚向中心灭点的消失线，浓黑的天空由密集的短乱线组成。

图 4-10 某高层建筑局部（钢笔）

此共享空间内容丰富，表现细致，透视复杂而正确。画面光源为天然光，暗部基本上全用平铺的竖线，体面分辨明确。

图4-11 某共享空间内景（钢笔）

环境的表现丰富真实，地形有明显的跌宕起伏,坡地的表现简洁明了。

图 4-12 某建筑群鸟瞰（钢笔）

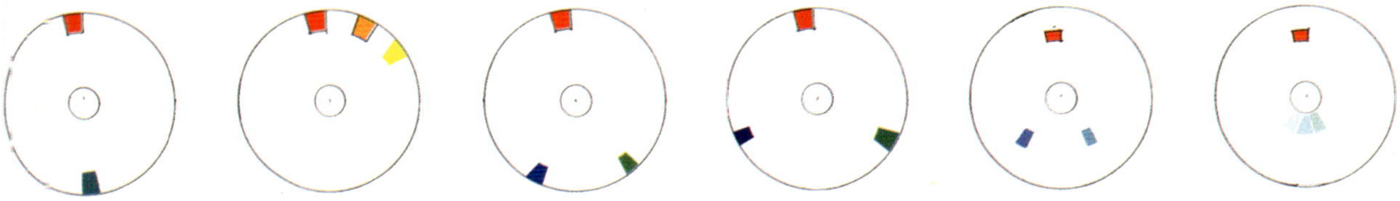

1型配色法：是在调色盘上选取一对互补色

2型配色法：是在调色盘上选取三个类似色的组合

3型配色法：是在调色盘上选取一个主色与两个近补色的组合

4型配色法：是在调色盘上选取一个主色与两个异色的组合

5型配色法：是在调色盘上选取一个小面积的强色与两个较弱的近补色的组合

6型配色法：是在调色盘上选取一个小面积的强色与三个较弱的补色系的组合

色相环以5个主色（红、黄、绿、青、紫），5个中间色相和5个次中间色相组合而成。外圈各色为纯色；中圈各色为含外圈色的50%及中间灰色的50%；内圈各色为含外圈色的50%及中间灰色的50%（百分数表示颜色直接配合量）。

图4-13 孟赛尔色相环配色分析

(1) 分大面：可分两个步骤，先用土黄加柠檬黄铺一层底色，然后再把建筑物和天空分开。如果是深天空则应用普蓝画天空；如果浅天空则应如右图所示，仍用土黄加柠檬黄把整个建筑罩上一层。

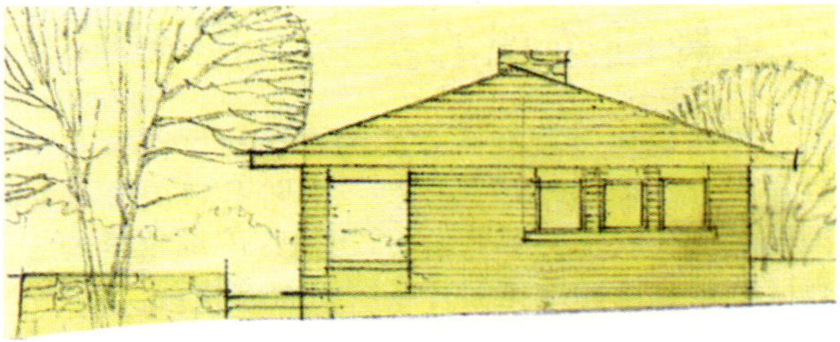

(2) 分小面：表现出不同建筑材料的固有色；分出各小面的前后导次；作出退晕变化以表现出光感效果；留出各处的高光。

(3) 画影子：是关键性的一步，也是最能取得效果的一步。画影子要考虑到整体感，应当整片地罩，并作出退晕。

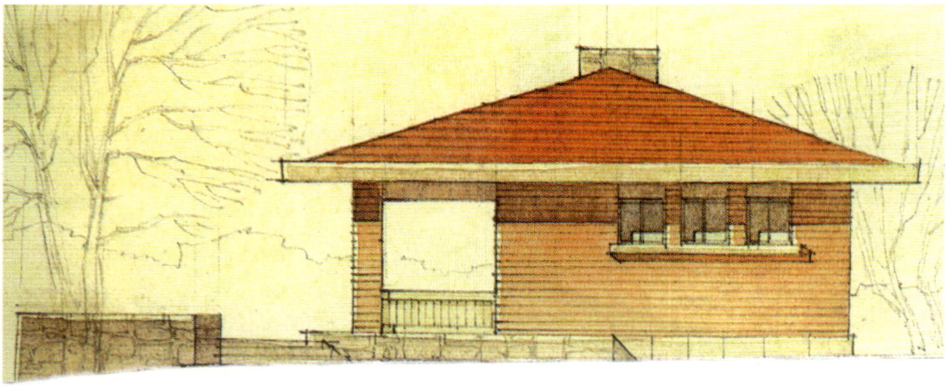

(4) 表现质感效果：在画完影子之后应进一步表现出不同材料的质感效果。如清水砖墙、陶瓦屋面、乱石砌的烟囱和平台墙以及局部抹面的勒脚、檐口线等的质感效果。

(5) 画配景：画出云天、树、人物等配景。注意概括和层次。

立面表现图最后效果

图 4-14 水彩渲染立面步骤

图4-15 博物馆（水彩）Thomas Schaller　　1989年（432mmx559mm）

图 4-16 某驿站方案（水彩）Thomas Schaller　1992年（762mm×558mm）

图4-17 伊斯坦布尔2000年奥运会广场方案（水彩）Thomas Schaller 1992年(905mm×610mm)

图 4-18 纽约犹太人博物馆扩建（水彩）Revin Roche and John Dinkeloo Inc. Architects

图4-19 威尼斯水巷（水彩） 刘寿祥

图4-20 某公园茶室设计方案（水彩） 彭一刚

图4-21 某办公综合大楼（水粉）

图 4-22 某博物馆（水粉）

图 4-23 某大厦（水粉）

图 4-24 某旅馆大厅内景（水粉）

某橡林别墅（79.1cm×19.1cm，2h）

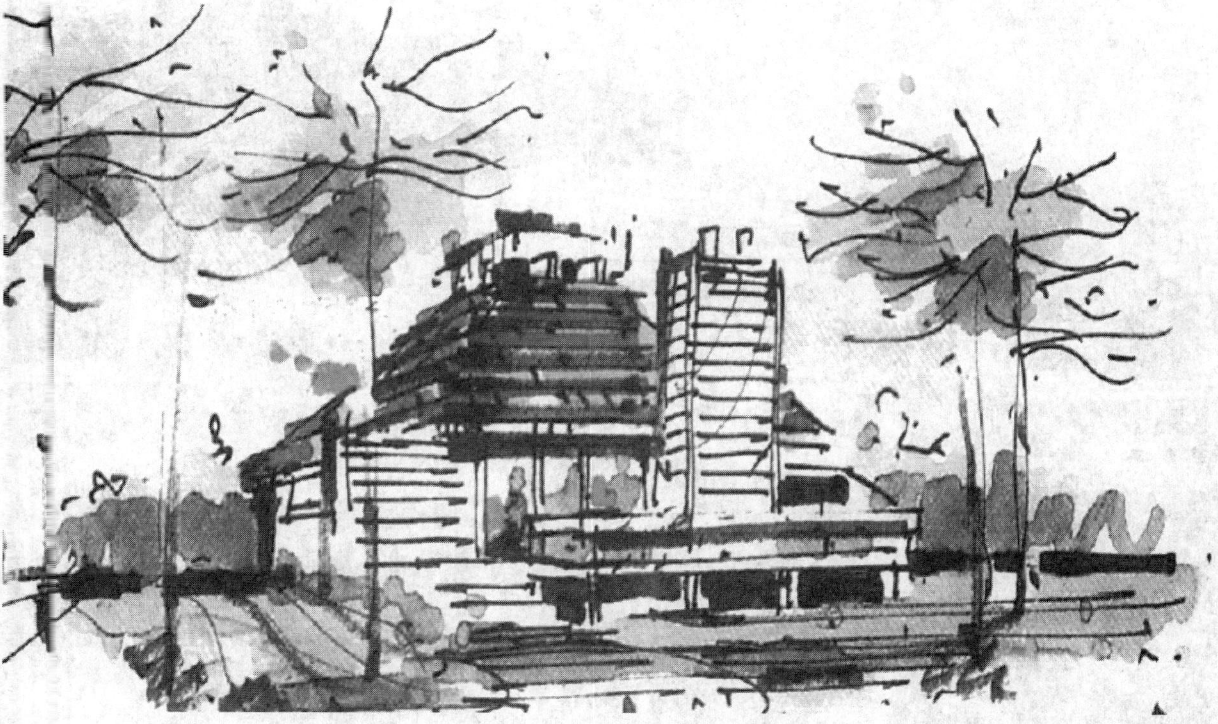

某度假别墅（20.3cm×12.7cm，15min）

图 4-25 快速画（一）

某别墅（66.1cm×24.1cm，2h）

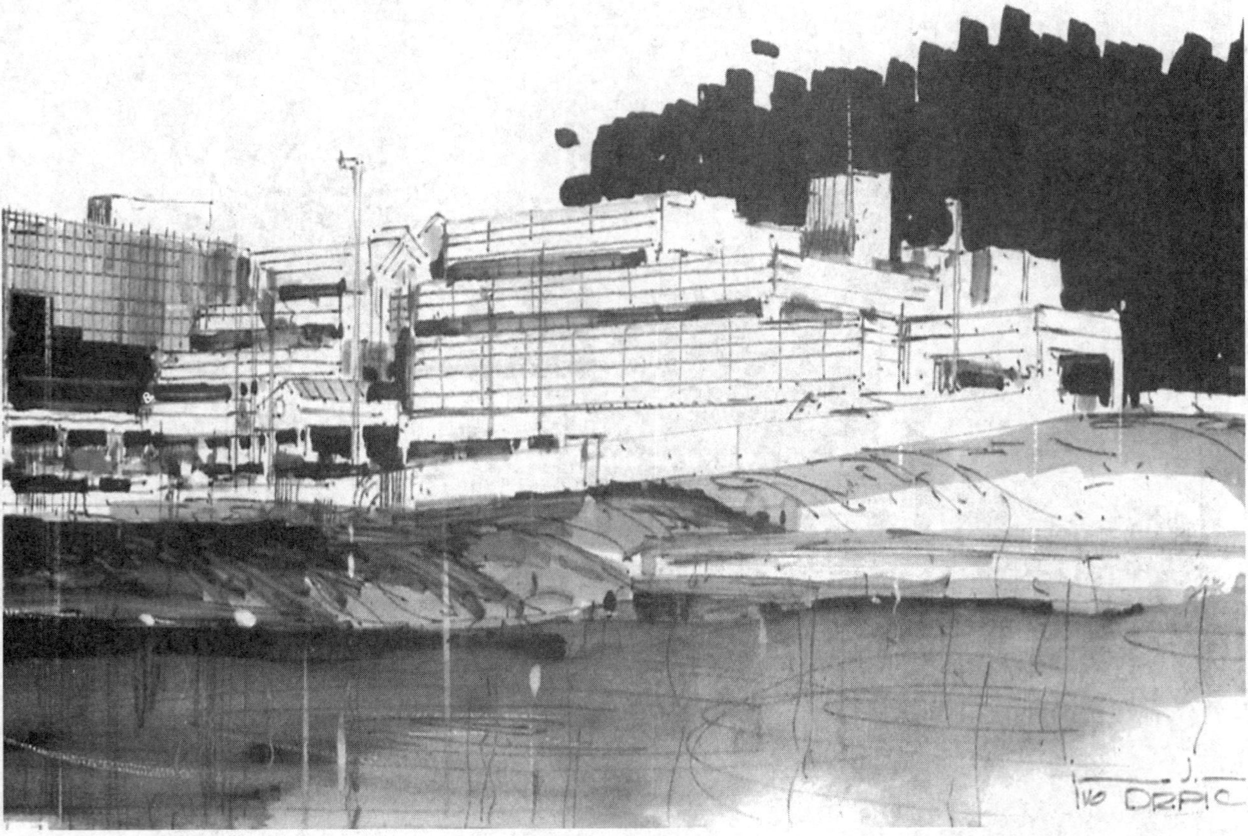

某医院（43.2cm×15.2cm，30min）

图 4-26 快速画（二）

某办公楼建筑群（50.8cmx22.9cm，1.5h）

某公寓大楼（30.5cmx30.5cm，1.5h）

图 4-27 快速画（三）

某度假旅馆（50.8cmx33.1cm，15min）

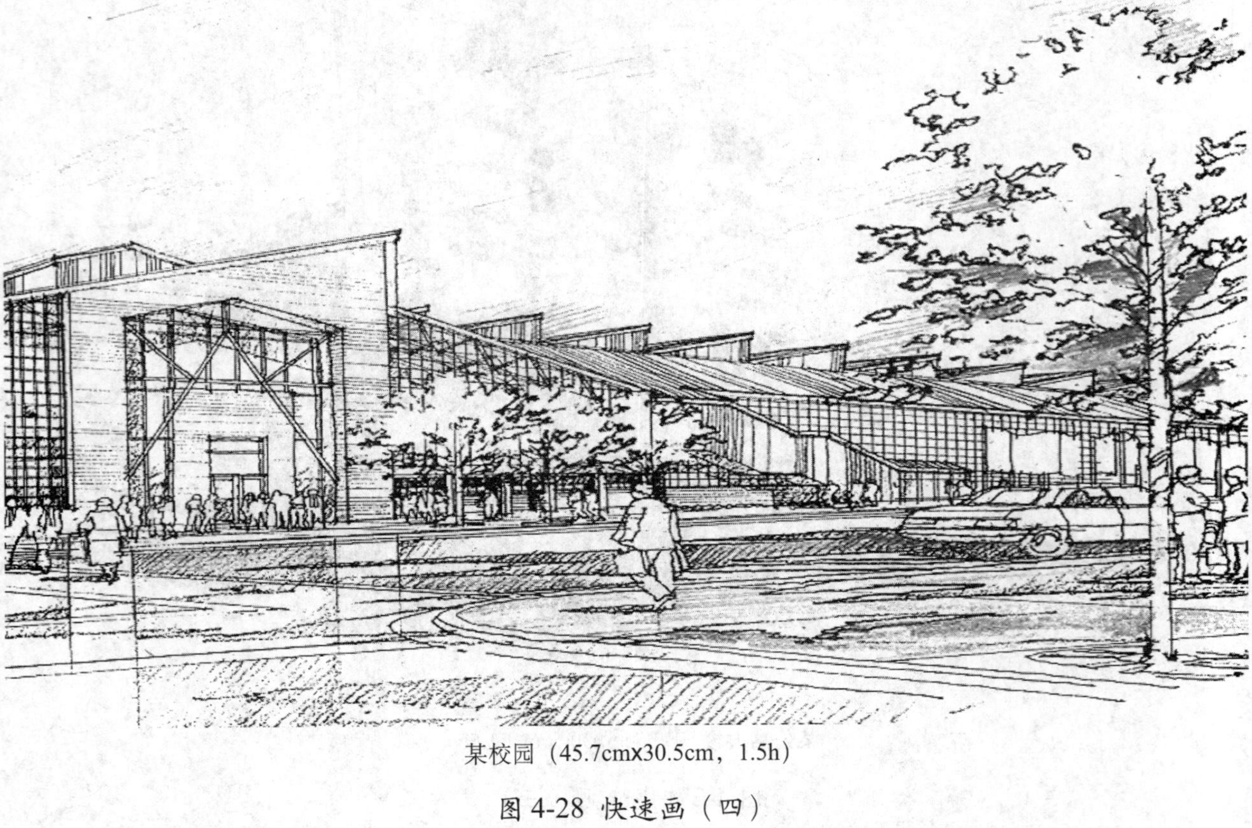

某校园（45.7cmx30.5cm，1.5h）

图 4-28 快速画（四）

图 4-29 工作模型（一）某图书信息中心方案

图 4-30 工作模型（二）某文化中心（剧院、群艺馆、观光塔）方案（1）

图 4-30 工作模型（二）某文化中心（剧院、群艺馆、观光塔）方案（2）

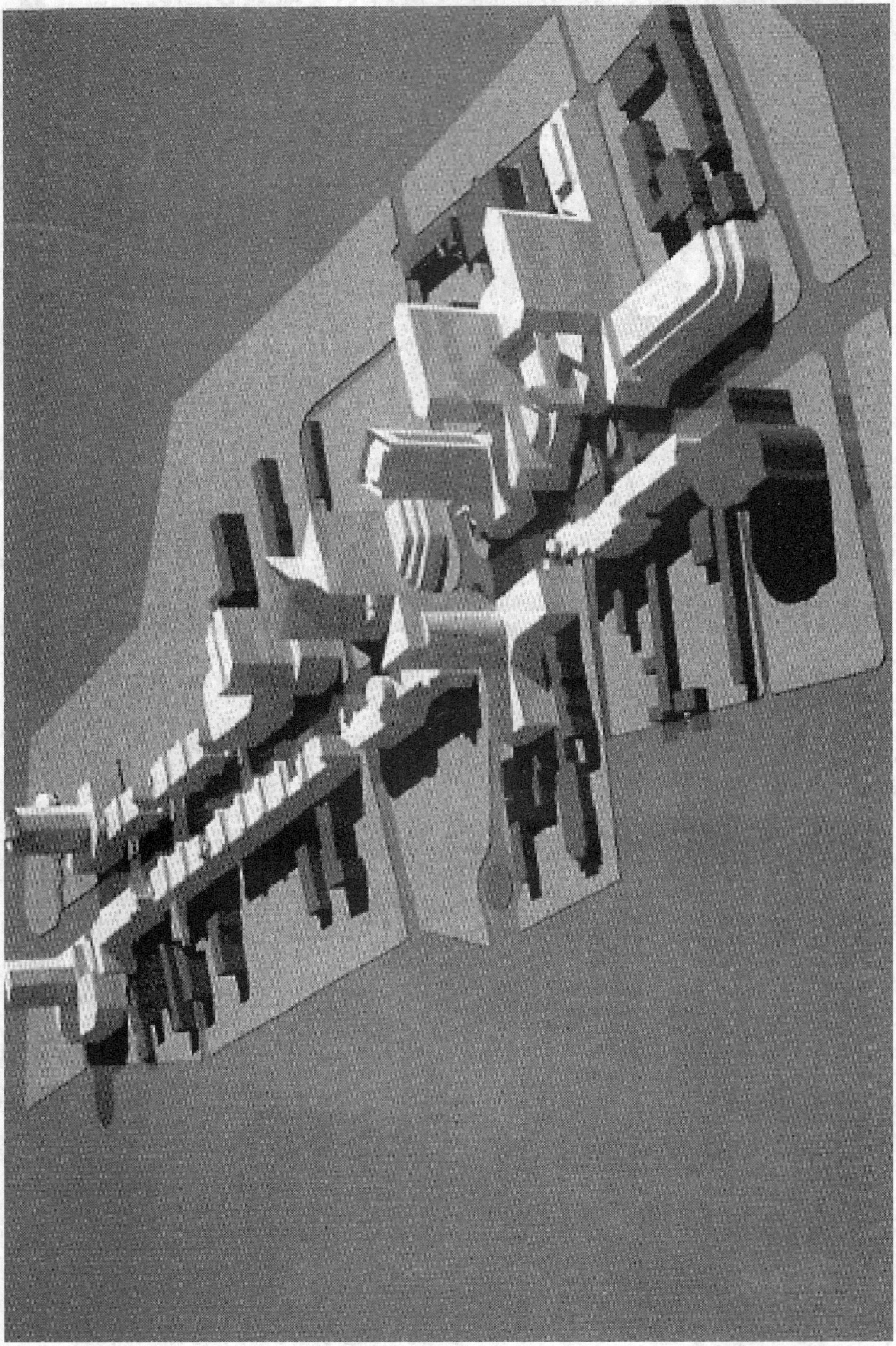

图 4-31 工作模型（三）某商业街规划方案

ZHUO YE XUNLIAN

5 作业训练

ZHUO YE XUNLIAN

作业训练安排2个学期完成，作业的时间安排，内容取舍，数量多寡，先后次序均可以按具体情况而定。作业主要在课堂进行，加以教师示范和辅导，有些准备工作如裱纸、刻描、预习等则可在课外进行。课外作业结合训练进度另外布置（如速写、配景、基本画法等）。其中水彩绘画练习以水彩渲染为主；形态构成练习以平面、立体、单色为主，也可用彩色。

练习1 工程字体

目　　的：

字体（文字和数字）是工程图纸的重要组成部分，要求工整、美观、清晰、易辨认。通过练习使学生了解、熟悉工程字体的格式和运笔特征。以便在今后的建筑图纸中书写。作业包括仿宋字、黑体字、英文字母、数字，其中仿宋字体不少于500字。构图由学生自己决定。

方　　法：

1.用铅笔线或墨线画42cm × 30cm的图框；
2.按不同字体画铅笔格子底稿（用淡铅笔线，最后不需要擦掉）；
3.用黑色墨水钢笔或针管笔（0.2或0.3mm）按参考资料进行书写。

注意事项：

1.仿宋字一般高宽比为3：2（练习中可用10mm × 7mm），字间距约为字高的1/3或1/4，行距为字高的1/2或1/3；
2.仿宋字体笔划要横平竖直，注意起落，仿宋字体结构要各部分合乎比例，上下左右均匀，笔划疏密合适；
3.字体一般顶格书写，而满型的字体须略小些，笔划少的字体略为大些；
4.外文字型和数字字型要注意笔划的顺序，字体结构由于曲线较多，运笔要光滑圆润；
5.数字字型可直写,也可75° 斜写；
6.较大的字体可先画铅笔底稿（或中心线）；
7.应注意不要急于求成而写一般的字体。

工具材料：

碳素墨水，钢笔，0.2或0.3针管笔，小毛笔（或粗黑笔），H（2H）铅笔，分规，绘图橡皮，刀片，2号图板，三角板，60cm丁字尺，玻璃胶带纸，白卡纸或铅画纸（四开）。

参考资料：

见本章作业参考图例，或其他参考资料。

成　　果：

一幅50cm × 35cm工程字体。

练习2 工程线条

目　　的：

线条是建筑绘画最基本的手段，不同粗细和不同类型的工程线条表示不同的意义。一般用仪器绘制，要求比例正确、粗细均匀、光滑整洁、交接清楚。这个练习训练学生运用仪器绘制工程线条的基本功和运用线条的变化来表现对象的方法，并熟悉建筑绘图工具的使用方法。

方　　法：

1.用铅笔线或墨线画 42cm × 30cm 的图框；
2.按比例用铅笔淡细线画底稿；
3.黑色针管笔运用不同粗细按参考资料绘制。

注意事项：

1.粗线用 0.9～1.2mm 针管笔，
中线用 0.5（0.6）mm 针管笔，
细线（虚线、点划线）用 0.2（0.3）mm 针管笔；
2.图中辅助线，尺寸线全部不要画；
3.曲线（圆弧线）和直线交接处应先画曲线再画直线相接。

工具材料：

碳素墨水，0.2（0.3）、0.5（0.6）、0.9～1.2mm 针管笔，圆规，分规，H（2H）铅笔，绘图橡皮，刀片，2号图板，三角板，60cm丁字尺，玻璃胶带纸，白卡纸或铅画纸（四开）。

参考资料：

见本章作业参考图例，或其他参考资料。

成　　果：

一幅 50cm × 35cm 工程线条图。

练习3 建筑配景

目　　的：

建筑配景是建筑画中为了突出建筑物而表现的环境气氛。所谓“配景”，顾名思义一定要注意“配”字，它是次要的、陪衬的内容尽量概括，注意层次。切忌喧宾夺主、本末倒置。建筑配景包括：云、山、水、石、树木、草地、路面、人物、车辆等。这个练习主要是对人物、树木、轿车的基本画法，学生应该多练习，并能举一反三。

方　　法：

1.用墨线画42cm × 30cm图框；
2.用铅笔画人物、树木、车辆的底稿，数量≥30个，构图由学生自己决定；
3.用黑色墨水钢笔（或美工笔）按参考资料描绘。

注意事项：

1.掌握比例尺度，要了解实际尺寸，注意物体各部分的比例关系，以达到真实感；
2.物体应高度概括，注意轮廓、层次、明暗等；
3.考虑透视关系，确定视平线高度。

工具材料：

碳素墨水，钢笔（或美工笔），H（2H）铅笔，绘图橡皮，刀片，2号图板，三角板，60cm丁字尺，玻璃胶带纸，白卡纸或铅画纸（四开）。

参考资料：

见本章作业参考图例，或其他参考资料。

成　　果：

一幅50cm × 35cm建筑配景图。

练习 4　中国古代建筑

目　　的：

中国古代建筑是世界古代建筑中一个独特体系。以木材为主要材料的木构架结构，在技术和艺术上达到很高水平，积累了极为丰富的经验。这个练习使学生了解中国古代建筑在外形、建筑结构、建筑装饰上等诸方面的特征，并熟悉主要部件名称。

方　　法：

1.用墨线画 42cm × 30cm 的图框；
2.用铅笔画底稿；
3.用黑色针管笔按参考资料绘制。

注意事项：

1.绘图时首先要清楚主要部件名称、功能作用、材料和构造做法；
2.深入领会中国古代建筑的造型比例；
3.细部一律要画，不能省略。

工具材料：

碳素墨水，0.2、0.5、0.7（0.3、0.6、0.9）mm 针管笔，分规，H（2H）铅笔，绘图橡皮，刀片，2 号图板，三角板，60cm 丁字尺，玻璃胶带纸，白卡纸或铅画纸（四开）。

参考资料：

见本章作业参考图例，或其他参考资料。

成　　果：

一幅 50cm × 35cm 中国古代建筑图（包括两幅画）。

练习5 西方古典建筑

目　　的：

西方古典建筑是一种以石制的梁柱作为基本构件的建筑形式，在世界上成为一种具有历史传统的建筑体系。柱式是西方古典建筑最基本的组成部分，了解西方古典建筑造型的特点首先应从柱式入手。通过练习使学生对西方古典建筑造型方面和建筑细部有初步的了解，并得到表现技法上的训练。

方　　法：

1.用墨线画42cm × 30cm的图框；
2.用铅笔画底稿；
3.用黑色针管笔按参考资料绘制。

注意事项：

1.绘图时首先要清楚主要部件名称、功能作用、材 料和构造做法；
2.深入领会西方古典建筑的造型比例。
3.细部一律要画，不能省略。

工具材料：

碳素墨水，0.2、0.5、0.7（0.3、0.6、0.9）mm针管笔，分规，H（2H）铅笔，绘图橡皮，刀片，2号图板，三角板，60cm丁字尺，玻璃胶带纸，白卡纸或铅画纸（四开）。

参考资料：

见本章作业参考图例，或其他参考资料。

成　　果：

一幅50cm × 35cm西方古典建筑图（包括两幅画）。

练习6 A.建筑抄绘

目　　的：

临摹中小型建筑设计图（方案或初步设计）。

1.了解建筑设计图的主要内容；

2.理解建筑平、立、剖面图的相互关系；

3.掌握建筑制图的画法、步骤、图例及规范。

方　　法：

1.看懂临摹图纸的全部内容；

2.用铅笔按比例描绘底稿；

3.检查无误后，用墨线或铅笔线加深，线条为粗、中、细。

注意事项：

1.正确按要求绘制。

2.粗线约0.7（0.9）mm，中线约0.5（0.6）mm，细线约0.2（0.3）mm;

3.图面构图应完整；

4.注明图名、房间名称、比例、剖面线、指北针。

工具材料：

碳素墨水，各种针管笔，H（2H，HB）铅笔，分规，比例尺，绘图橡皮，刀片，2号图板，三角板，60cm丁字尺，玻璃胶带纸，白卡纸或铅画纸、硫酸纸（四开）。

参考资料：

见本章作业参考图例，或其他参考资料。

成　　果：

一幅50cm × 35cm建筑抄绘图。

练习6 B.建筑测绘

目　　的：

实测一个小型建筑并绘制建筑平、立、剖面图。

1.进一步了解建筑工程图纸与建筑实物的关系，正确掌握建筑制图的画法、步骤及规范；

2.深入体会和认识建筑物构成的各要素，学习简单屋面、建筑结构、构造、材料和施工等工程技术知识；

3.分析理解建筑空间构成原理，熟悉建筑空间设计中的功能流线、布局和尺度等基本规律。

方　　法：

1.按班级分成3人一组进行建筑物的测量，每人绘制一套建筑平、立、剖面图；

2.根据现场测量数据按比例用铅笔绘制底稿；

3.检查无误后，用墨线或铅笔线加深，线条分粗、中、细。

注意事项：

1.搞好合作关系，及时进行测量记录，尺寸比例应正确；

2.粗线约0.7（0.9）mm，中线约0.5（0.6）mm，细线约0.2（0.3）mm;

3.图面构图应完整；

4.注明图名、房间名称、比例、剖面线、指北针。

工具材料：

皮尺或钢卷尺，碳素墨水，各种针管笔，H（2H，HB）铅笔，分规，比例尺，绘图橡皮，刀片，2号图板，三角板，60cm丁字尺，玻璃胶带纸，白卡纸或铅画纸、硫酸纸（四开）。

参考资料：

见本章作业参考图例，或其他参考资料。

成　　果：

一幅50cm × 35cm建筑测绘图。

练习7 形态构成

目　　的：

形态构成是造型艺术的基础,通过练习（平面构成、立体构成）培养学生具有灵活多变的形象思维能力和创造能力，以基本型（点、线、面）为基础，进行形的创造，从而获得造型能力的提高。为今后建筑造型打下基础。

方　　法：

1.运用形态构成原理，进行形的创造（包括图形和背景）；

2.找到各元素之间的结构关系，如控制线、模式、韵律、动感等，将这些隐藏在画面背后的关系用二维和三维构成设计在图纸上表现出来；

3.平面构成以8种构成形式（重复、近似、渐变、发射、特异、对比、密集、肌理）安排在一张图纸上，立体构成以3种构成形式（线材、面材、块材）安排在一张图纸上；

4.选择适宜色彩（单色或彩色）加以充分表达。

注意事项：

1.在练习中，要学习运用形态构成的语言；

2.作品应表现学生的创造性，所以无需刻意临摹或模仿；

3.简单重复的空间如果没有韵律的调剂会显得单调枯燥，而韵律过强而没有变化，也会带来同样的问题；

4 充分体会和享受形态构成的乐趣。

工具材料：

碳素墨水，各种针管笔，圆规，点圆规，分规，曲线板，建筑模板，H（2H，HB）铅笔，比例尺，绘图橡皮，刀片，2号图板，三角板，60cm丁字尺，彩色颜料，白卡纸或铅画纸（四开）。

参考资料：

见本章作业参考图例，或其他参考资料。

成　　果：

一幅50cm × 35cm平面构成图（8种构成形式）。

一幅50cm × 35cm立体构成图（3种构成形式），或作简易模型图。

练习8 铅笔绘画

目　　的：

铅笔绘画是建筑绘画最基本的一种表现方法。通过练习使学生懂得，如何用笔得法，线条有条理，有轻重变化来表现对象，并掌握明暗、取舍、构图、笔触等技法。临摹2幅铅笔画作品，以建筑物为主，一幅为徒手绘画，另一幅用工具绘画。

方　　法：

1.研究分析临摹作品的特点（画面内容、构图中心、表现技法等）；

2.线条组织、配景等画法可在课外多加练习，然后画在正图上；

3.用细淡铅笔线在正图上（画纸可裱也可不裱）画轮廓线；

4.根据临摹作品分粗、细、轻、重加深画面；

5.最后调整画面。

注意事项：

1.画轮廓线有2种方法，一是直接刻印在图纸上，另一是按比例画在图纸上，前者应注意不要将图纸搞脏，后者可训练熟悉比例尺度；

2.画配景，特别是画树木、绿化，重点在用笔技法，求其形似即可，不必苛求一笔一划相同；

3.注意正确选用软，硬铅笔型号，以及铅笔削法。

工具材料：

各种型号软、硬铅笔（B，2B，4B，5B，H，2H，HB等），绘图橡皮，2号图板，三角板，60cm丁字尺，白卡纸或铅画纸（四开）。

参考资料：

见本章作业参考图例，或其他参考资料。

成　　果：

一幅50cm × 35cm铅笔建筑画（包括两幅画）。

练习9 钢笔绘画

目　　的：

钢笔绘画的特点是黑白对比强烈；而中间色调没有其他画种丰富，必须正确处理黑、白、灰3种色调的关系。通过练习使学生懂得如何使用钢笔，组织线条构成明暗色调的方法来表现对象，并掌握用笔技法。临摹2幅钢笔画作品，以建筑物为主，一幅为徒手绘画，另一幅用工具绘画。

方　　法：

1.研究分析临摹作品的特点（画面内容、构图中心、表现技法等）；

2.线条组织、配景画法可在课外多加练习，然后画在正图上；

3.用细淡铅笔线在正图上（画纸可裱也可不裱）画轮廓线；

4.根据临摹作品正确组织线条，加深画面；

5.最后调整画面。

注意事项：

由于钢笔绘画的关键是组织线条，而在技法上的变化也极其丰富。因此应慎重选用墨水的深浅和钢笔的品种。

工具材料：

碳素墨水，各种品种钢笔，H（2H）铅笔，绘图橡皮，2号图板，三角板，60cm丁字尺，刀片，白卡纸、道林纸或铅画纸、硫酸纸（四开）。

参考资料：

见本章作业参考图例，或其他参考资料。

成　　果：

一幅50cm×35cm钢笔建筑画（包括两幅画）。

练习 10　水彩绘画

目　　的：

水彩绘画具有色彩清新、明快、质感表现力强的优点，因此，作为主要建筑表现图经久不衰。练习主要是水彩渲染，使学生掌握水彩渲染技法和色彩运用。作业一是水彩渲染基本技法练习（包括平涂，退晕和叠加退晕及色环图），另一是临摹作品（建筑立面或建筑透视水彩渲染）。

方　　法：

1.了解色彩原理，体会用色、用水、运笔方法；
2.研究分析临摹作品特点（主要是退晕的变化）；
3.配景画法可在课外多加练习，然后画在正图上；
4.用细淡铅笔把轮廓线画在正图上（必须裱纸）；
5.用叠加法逐步由浅至深着色渲染；
6.最后调整画面。

注意事项：

1.画底稿铅笔线条要清淡、正确，画好后不能擦去，能看到底稿线条；
2.着色前若擦橡皮，尽量不要将纸擦毛；
3.首次着色渲染应淡些，渲染由上至下，由左至右，渲染过程中绝不可反复运笔，必须待干后再渲染第二次；
4.水分不宜太少，也不宜太多，以不流淌为主。

工具材料：

水彩纸，水彩颜料，水彩笔（大、中、小号狼毫笔较好），调色盒，茶碟，洗笔水罐，H（2H）铅笔，2 号图板，以及有关绘图用具等。

参考资料：

见本章作业参考图例，或其他参考资料。

成　　果：

一幅 50cm × 35cm 水彩基本技法（色环、平涂、退晕、叠加退晕）渲染图。
一幅 50cm × 35cm 水彩建筑渲染图。

练习 11 水粉绘画

目　　的：

水粉画色彩鲜明，具有强烈的表现能力。常用作建筑表现画。它的画法与水彩绘画有明显的不同，通过练习使学生掌握水粉画的覆盖法表现技法（包括干画法和湿画法）和色彩运用。作业一是水粉画基本练习（平涂、退晕、覆盖退晕），另一是临摹建筑水粉画作品。

方　　法：

1.了解水粉特性，体会用色、用水、运笔方法；
2.研究分析临摹作品特点；
3.配景画法可在课外多加练习，然后画在正图上；
4.用铅笔把轮廓线逐步画在正图上（宜裱纸）；
5.用覆盖法逐步由深至浅着色；
6.最后调整画面。

注意事项：

1.着色方法和水彩相反，先深后淡（淡色不必事先画出）；
2.若要颜色变淡，不是加水而是加白粉；
3.轮廓线要被水粉覆盖掉，因此要随画随加轮廓线。

工具材料：

水粉纸或其他纸（卡纸等），水粉颜料，水粉笔（大、中、小号）圆笔头，调色盒，茶碟，洗笔水罐，H（2H）铅笔，2号图板，以及有关绘图用具等。

参考资料：

见本章作业参考图例，或其他参考资料。

成　　果：

一幅 50cm × 35cm 水粉基本技法（色环、平涂、退晕、覆盖退晕）表现图；
一幅 50cm × 35cm 水粉建筑表现图。

练习 12 快速绘画

目　　的：

快速绘画最大的优越性是快速、高效、方便。深受欢迎，具有旺盛的生命力。通过练习使学生掌握如何运用简练和概括的手段快速表现对象。作业是一幅用马克笔绘图，另一幅用其他形式（由学生自选）绘图，表现方式采用以明暗调子为主或线条与明暗调子结合2种（每幅画采用一种表现方式）。

方　　法：

1.研究分析临摹作品特点（重点是简练和概括技法）；
2.快速用笔方法可在课外多加练习，然后画在正图上；
3.用细淡铅笔把轮廓画在正图上（宜裱纸）；
4.确定表现方法进行绘画；
5.最后调整画面。

注意事项：

1.注意重点突出，大胆取舍；
2.追求画面大效果，不必画的过细；
3.根据表现方法正确选择用纸，否则影响效果。

工具材料：

马克笔及其他所需的彩色笔或颜料，H（HB）铅笔，用纸不限（卡纸等均可），以及有关绘图用具等。

参考资料：

见本章作业参考图例，或其他参考资料。

成　　果：

一幅 50cm × 35cm 建筑快速画（包括一幅马克笔画法，另一幅其他快速画，由学生自选）。

作业参考图例

建筑设计结构造施工设备水电暖风平立侧断剖切面总详标准草略图定稿透视鸟瞰画
朝向东南西北左右前后正反迎背新旧大小中上下内外纵横垂直完整比例年月日说明
共编号公尺米寸分吨斤厘毫甲乙丙丁戊已庚辛红橙黄绿青蓝紫黑白方圆粗细硬软松
坚厚薄绿化工农业民用居住公共厂址车间仓库机械制造动力冶金锻铸轻重纺织化肥
有无线电人民公社农机粮畜舍晒谷场商业服务修理交通运输行政办公文化教育科技
娱乐体育医疗展览纪念住宅宿舍公寓卧室厨房厕所贮藏浴室食堂饭厅冷饮餐馆百货
店菜场邮局影剧院会礼堂观众舞台休息售票铁路旅客站航空海港口码头长途汽车行
李候机船检票学校实验室图书馆诊疗养所综合专科医院托儿幼园俱乐部文化宫运动
场体育比赛博物馆走廊过道盥洗楼梯层数壁橱基础底扶手屋架顶条烟囱砖瓦沙泥浆
煤屑矿渣灰钢筋混凝土乱碎块石沥青柏油毡角铁铜铅铝木杉松柳安玻璃防潮隔热音
粉自来水龙头闸阀螺纹经家具床桌椅凳台灯激流方案景观环境创造施装饰地方工业
化图案陈潢修雕塑材料潮流聚集区园林规划古迹公共都自然山脉群落宏模式管理优
美硬件曲有序思维习俗局部消费保龄卡拉广场消防智能自动海滨微刷油漆斩假磨石
子马赛克磁釉填勾缝管井阴明暗沟化粪池脚墙身柱梁板格栅平吊顶地坪门窗隔断雨
蓬踏步斜坡栏杆尖钝长宽高面体积空间城市县镇郊区域规划街道我中华人民共和国

图 5-1 工程字体（一） 仿宋字体

发奋图强 振兴中华 ABCDEFGHIJKLMNOPQRSTUVWXYZ

刻苦钻研 建设祖国 **ABCDEFGHIJKLMNOPQRSTUVWXYZ**

勤于思考 温故知新 ***ABCDEFGHIJKLMNOPQRSTUVWXYZ***

戒骄戒燥 循序前进 **abcdefghigklmnopqrstuvwxyz**

高瞻远瞩 放眼世界 abcdefghigklmnopqrstuvwxyz

虚心使人进步 骄傲使人落后 *abcdefghijklmnopqrstuvwxyz*

1234567890 1234567890 1234567890 *1234567890*

图 5-1 工程字体（二）黑体字、数字字母

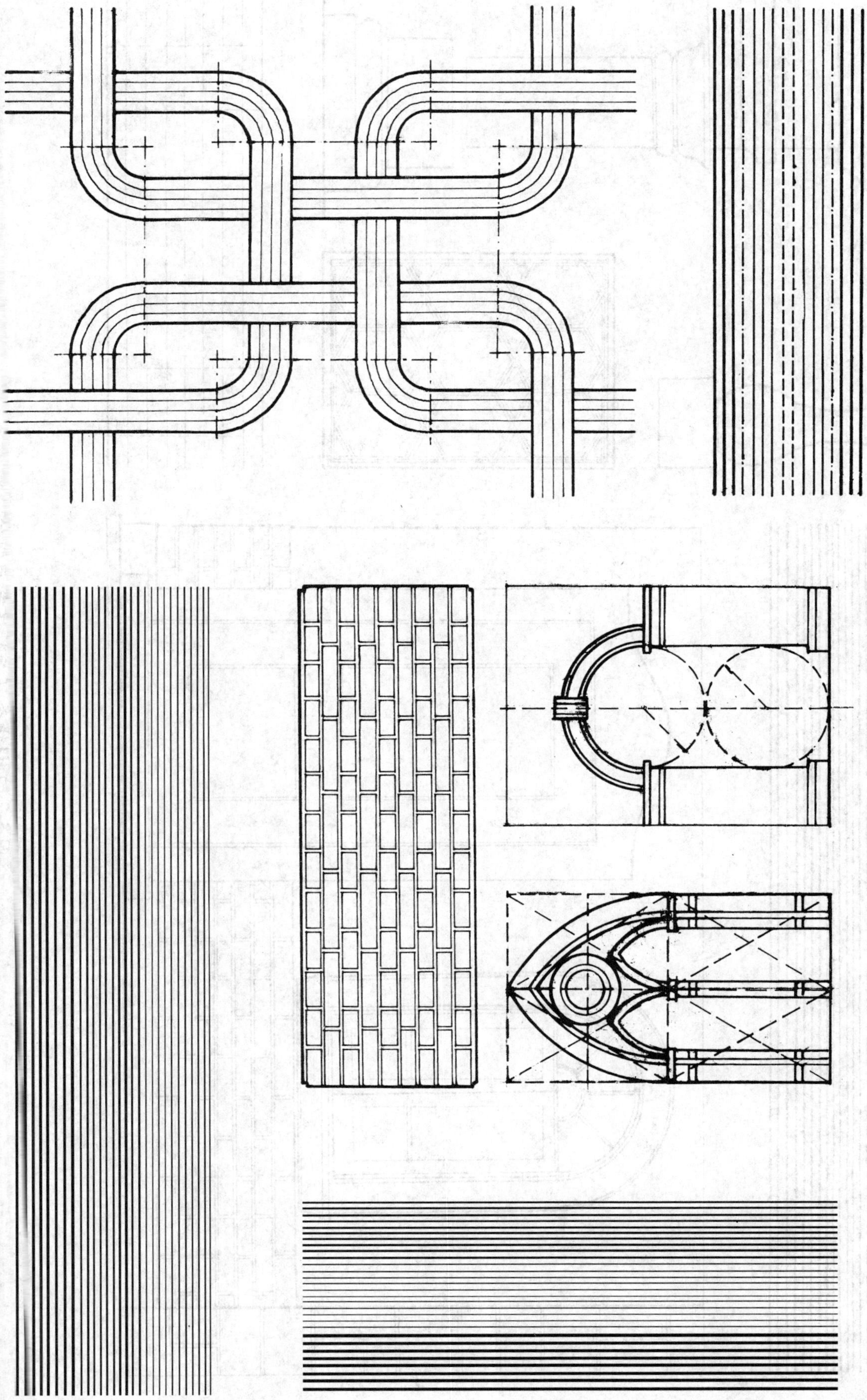

图 5-2 工程线条（一）直线与曲线

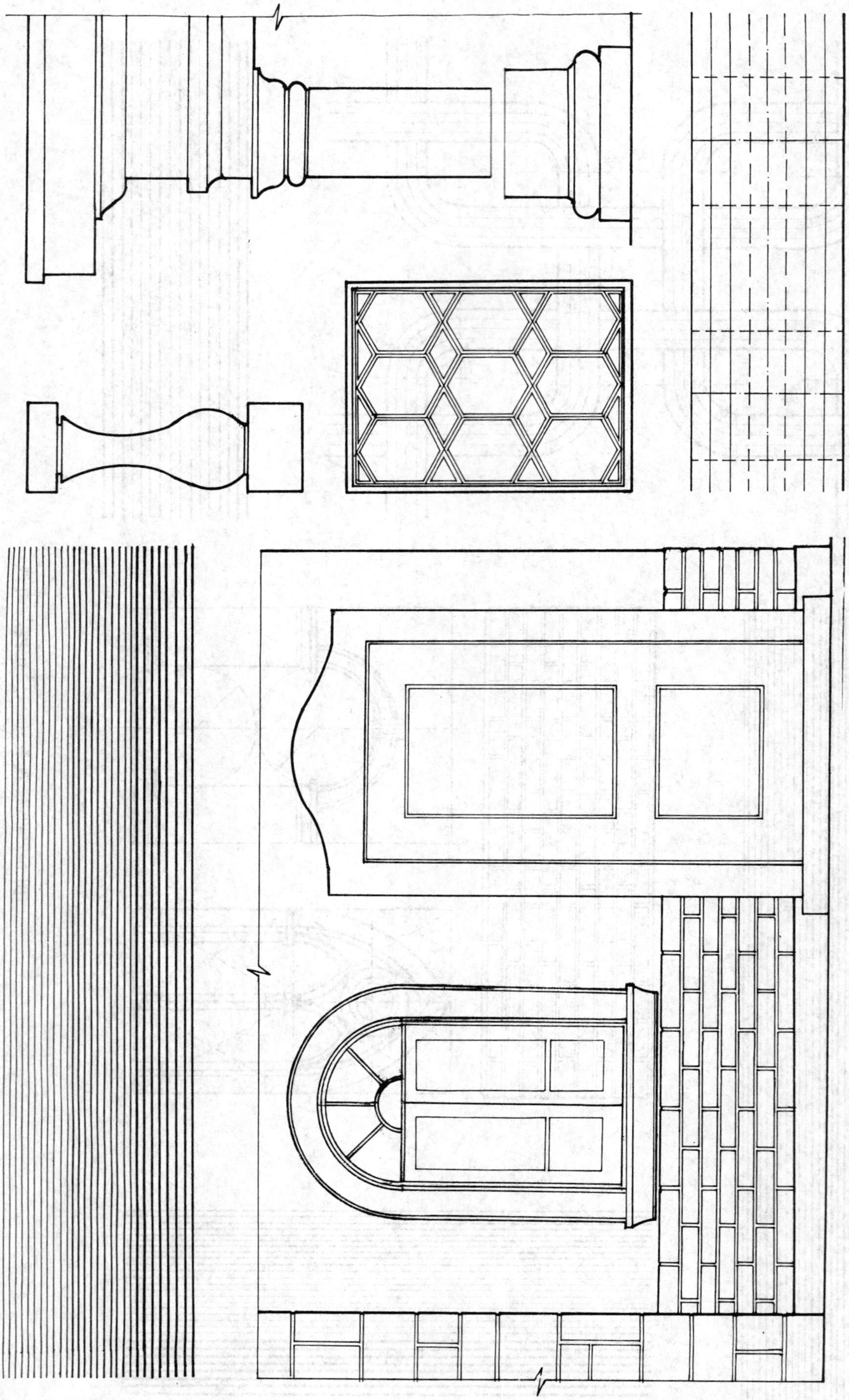

图5-2 工程线条（二）建筑与组合

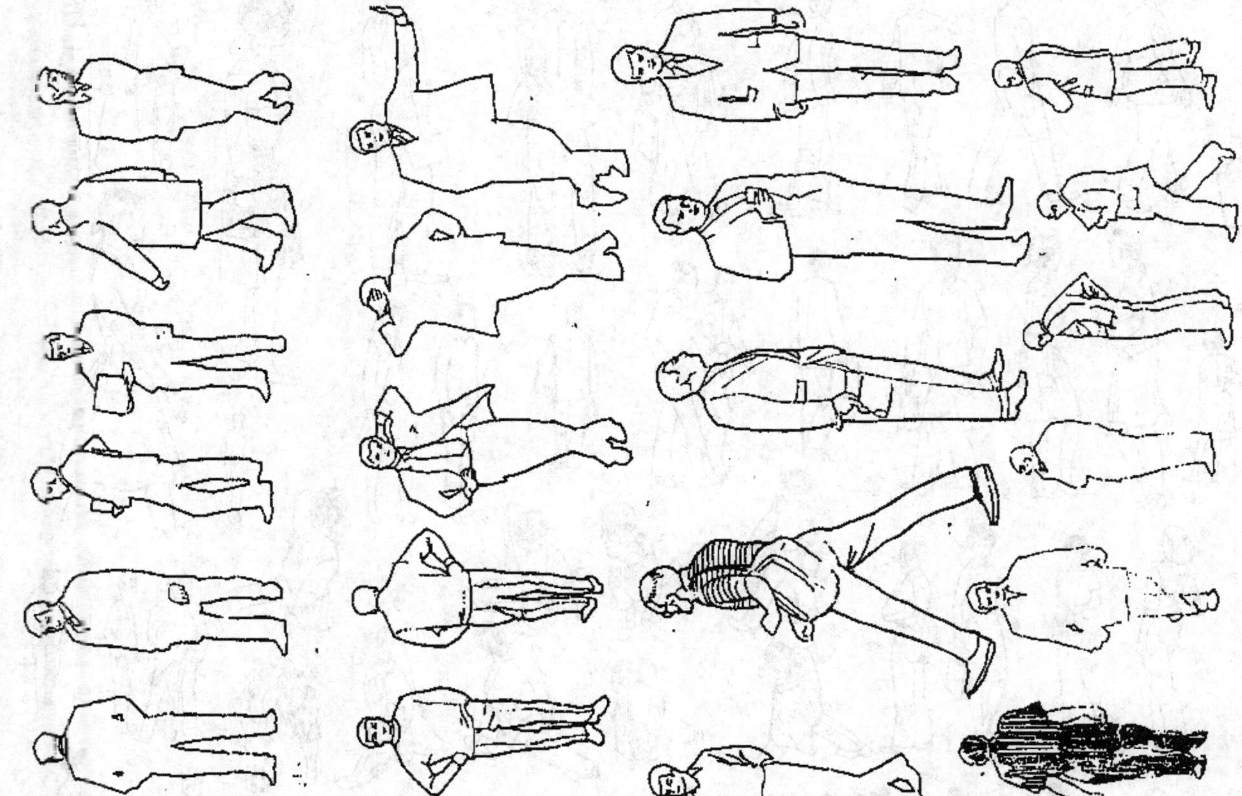

图 5-3 建筑配景（一）人物之一

图 5-3 建筑配景（二）人物之二

树干的结构形态

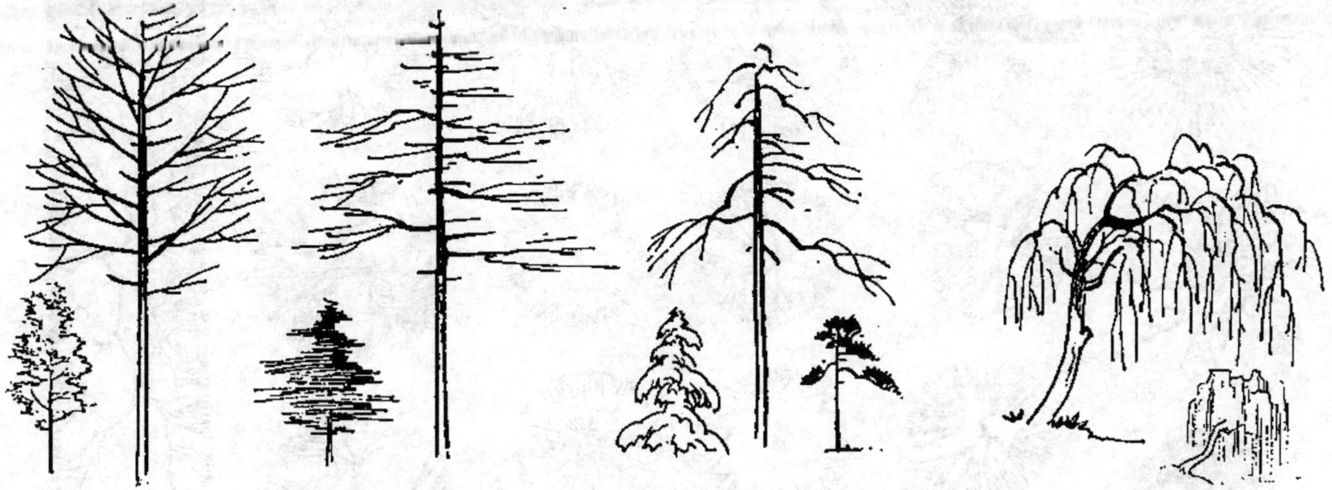

树枝沿垂直的一根主干朝上出叉

树枝沿垂直的一根主干平挑出叉

树枝沿垂直的一根主干出叉下挂

所有分叉的树枝都倒垂，一般为近水垂柳

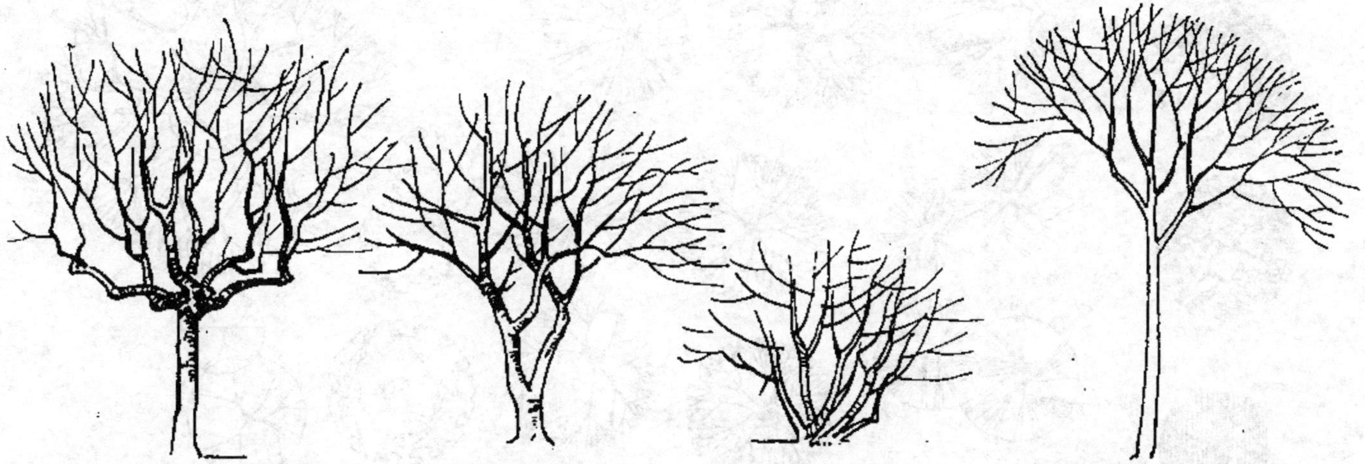

由主干顶部向上放射，主干粗大，多见于行道树

主干从根部开始分叉

主干多，多见于灌木

主干到一定高度不断分叉，树枝分叉越密，形成一茂密的树冠

图 5-3 建筑配景（三）树木之一

树的平面

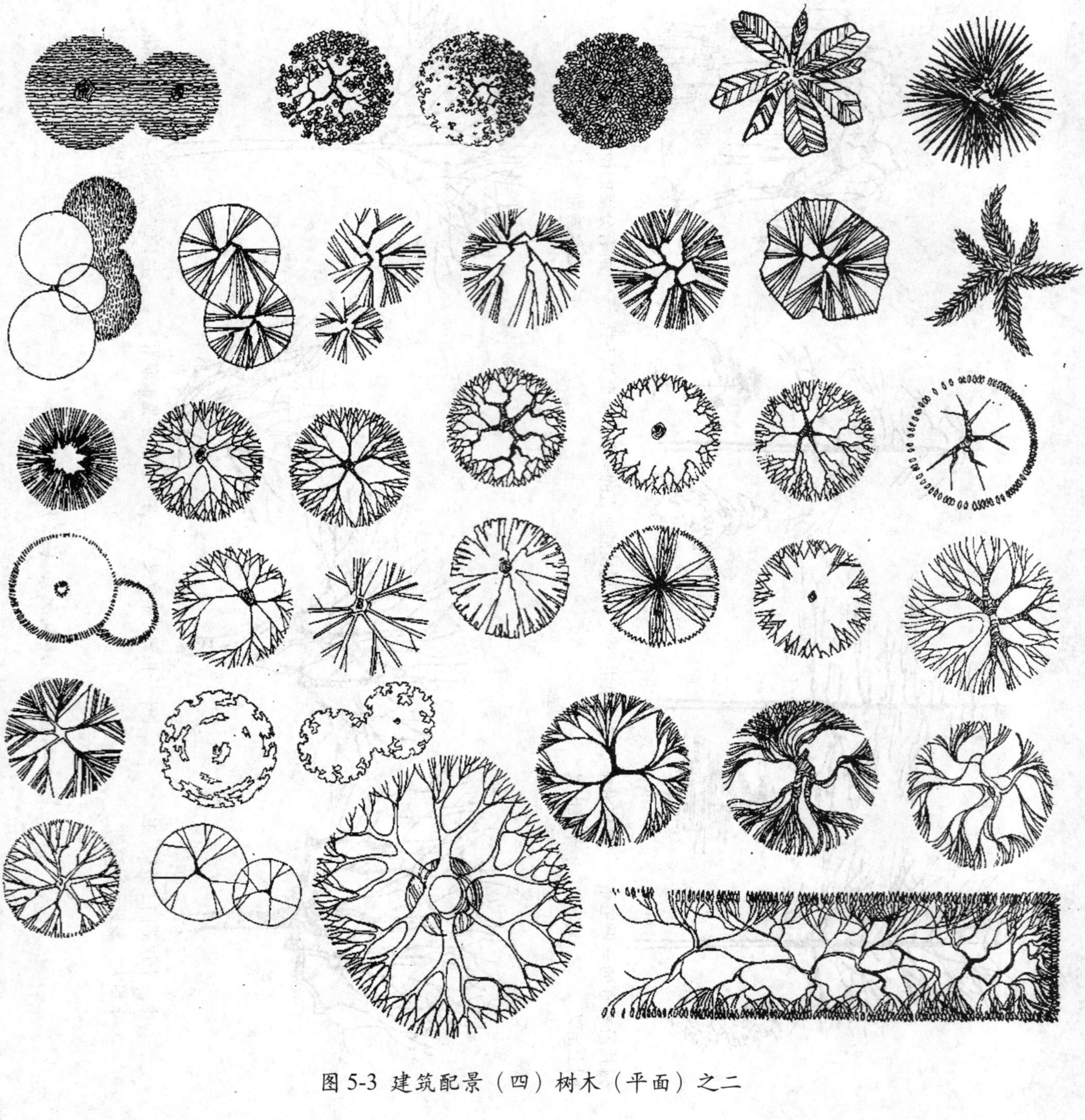

图 5-3 建筑配景（四）树木（平面）之二

树木的层次

近树亮，远树暗

近树暗，远树轻淡

使用不同的笔触，中间的灌木用成丛的笔触

利用高光表示层次

表示层次的远、中、近景用了几种不同明暗调子的变化

近树明处亮，暗处深，对比强烈，远树灰而平淡

近树的笔触要有叶的形象，渐远笔触渐细，远树不宜强调叶的笔触，有一个面或大的体量就够了。笔触要有成从成片的感觉

前树的笔触重，后树的笔触轻。后树的叶丛在接近前树的叶丛处笔触渐“虚”

图 5-3 建筑配景（五）树木之三

图 5-3 建筑配景（六）车辆

图 5-4 中国古代建筑（一）北京颐和园知春亭

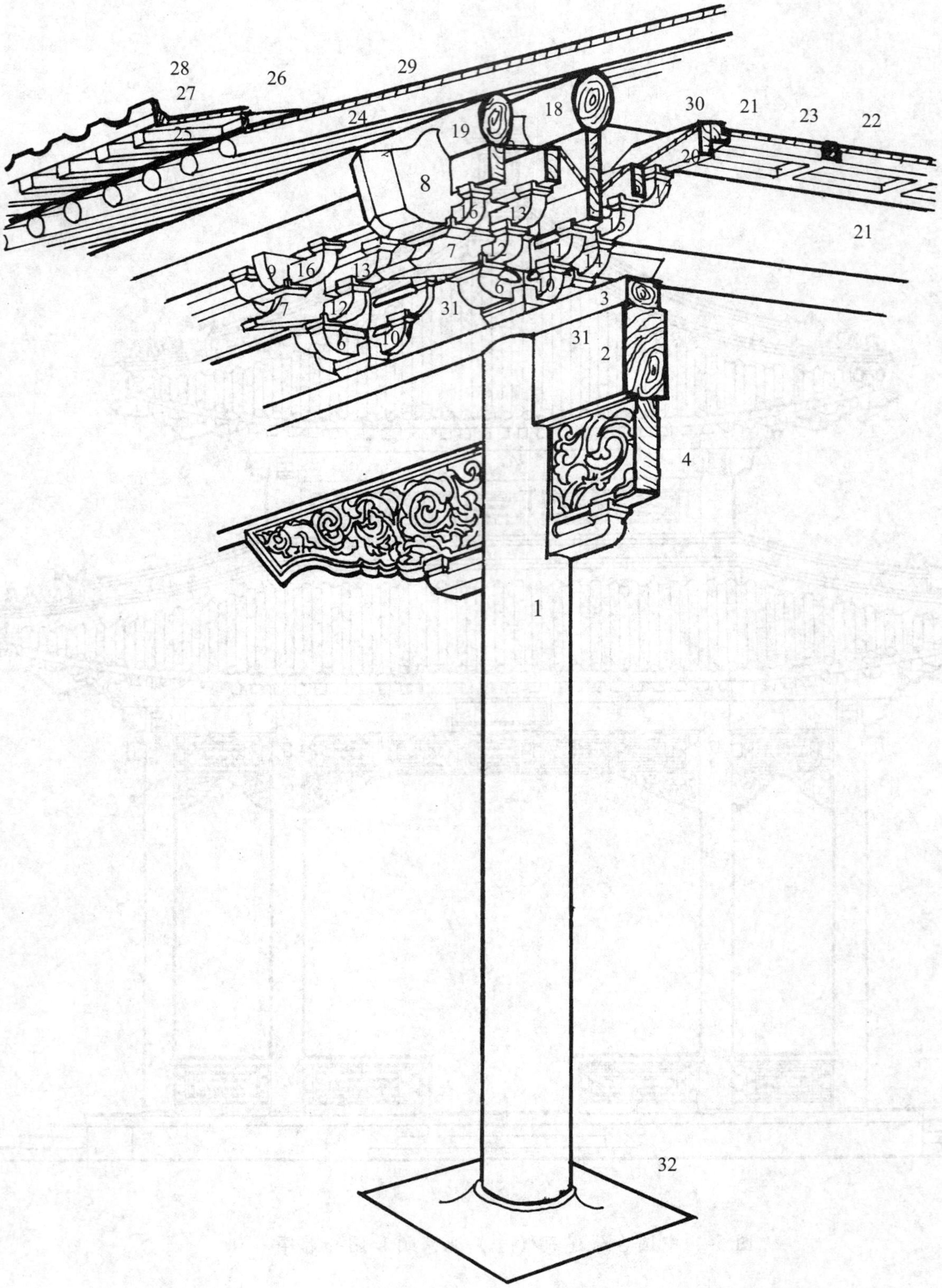

1—檐柱；2—额枋；3—平板枋；4—雀替；5—坐斗；6—翘；7—昂；8—挑尖梁头；9—蚂蚱头；10—正心瓜拱；11—正心万拱；12—外拽瓜拱；13—外拽万拱；14—里拽瓜拱；15—里拽万拱；16—外拽厢拱；17—里拽厢拱；18—正心桁；19—挑檐桁；20—井口枋；21—贴梁；22—支条；23—天花板；24—檐椽；25—飞椽；26—里口木；27—连檐；28—瓦口；29—望板；30—盖斗板；31—拱垫板；32—柱础

图5-4 中国古代建筑（二） 清式五踩单翘单昂斗拱

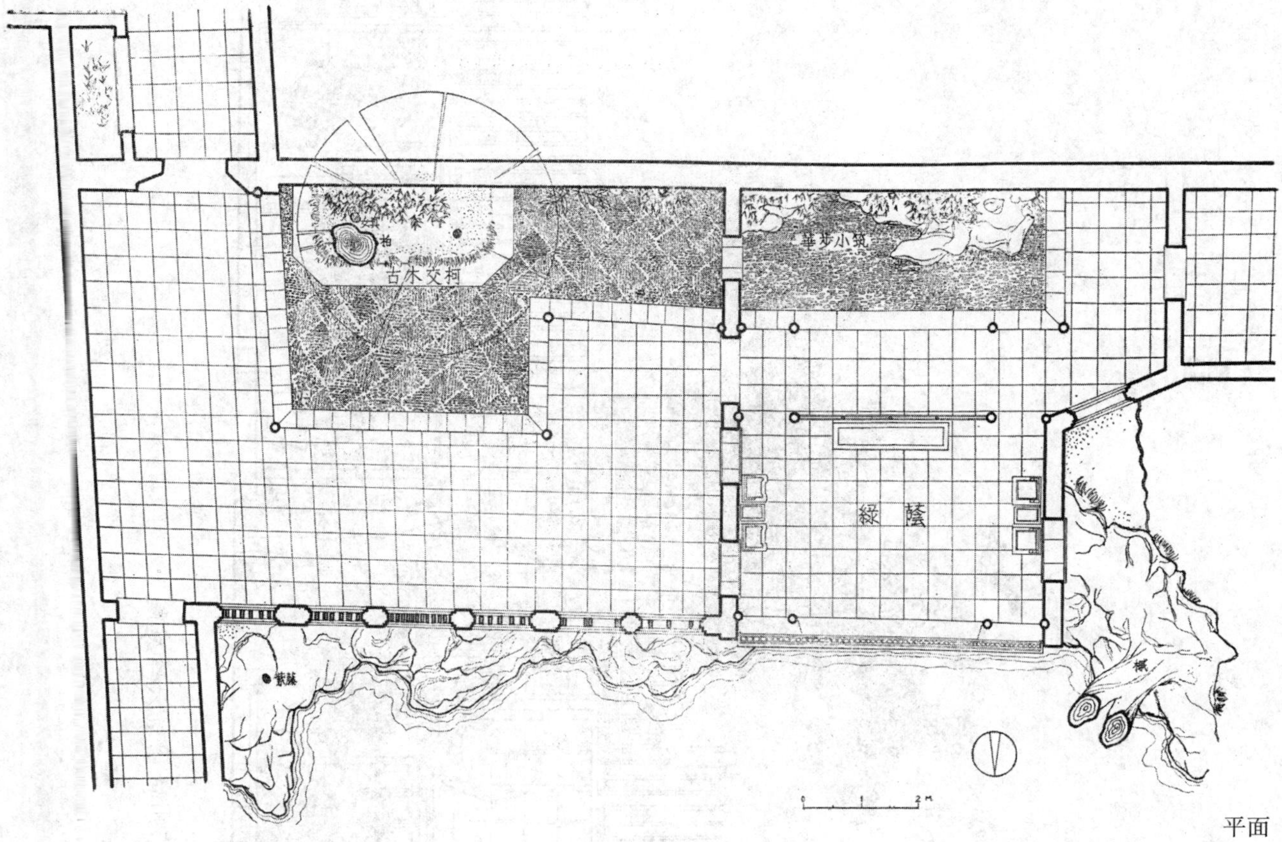

平面

外景

图5-4 中国古代建筑（三） 苏州留园华步小筑

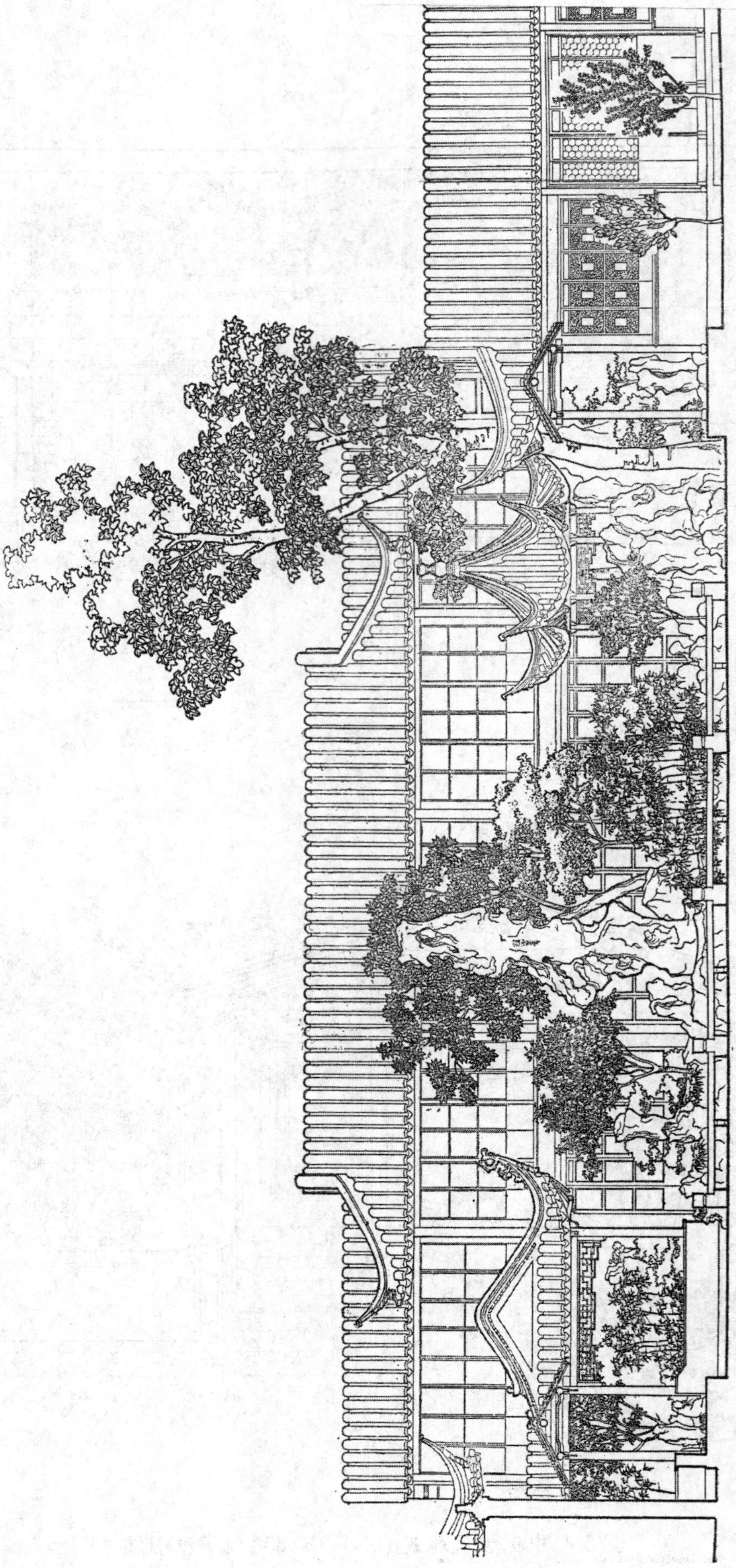

图5-4 中国古代建筑（四） 苏州留园冠云峰庭院

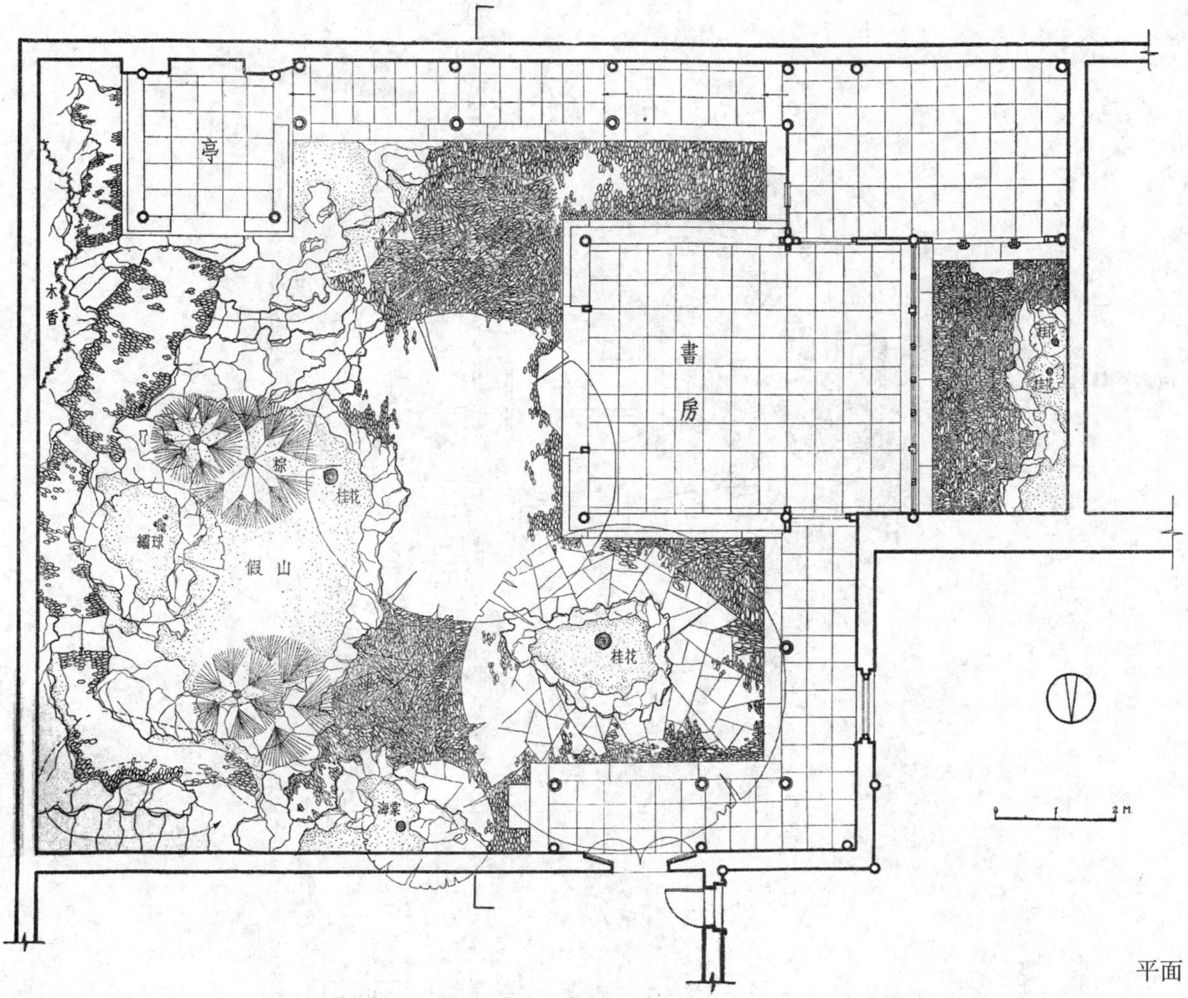

平面

剖立面

图5-4 中国古代建筑（五） 苏州王洗马巷某宅书房庭院

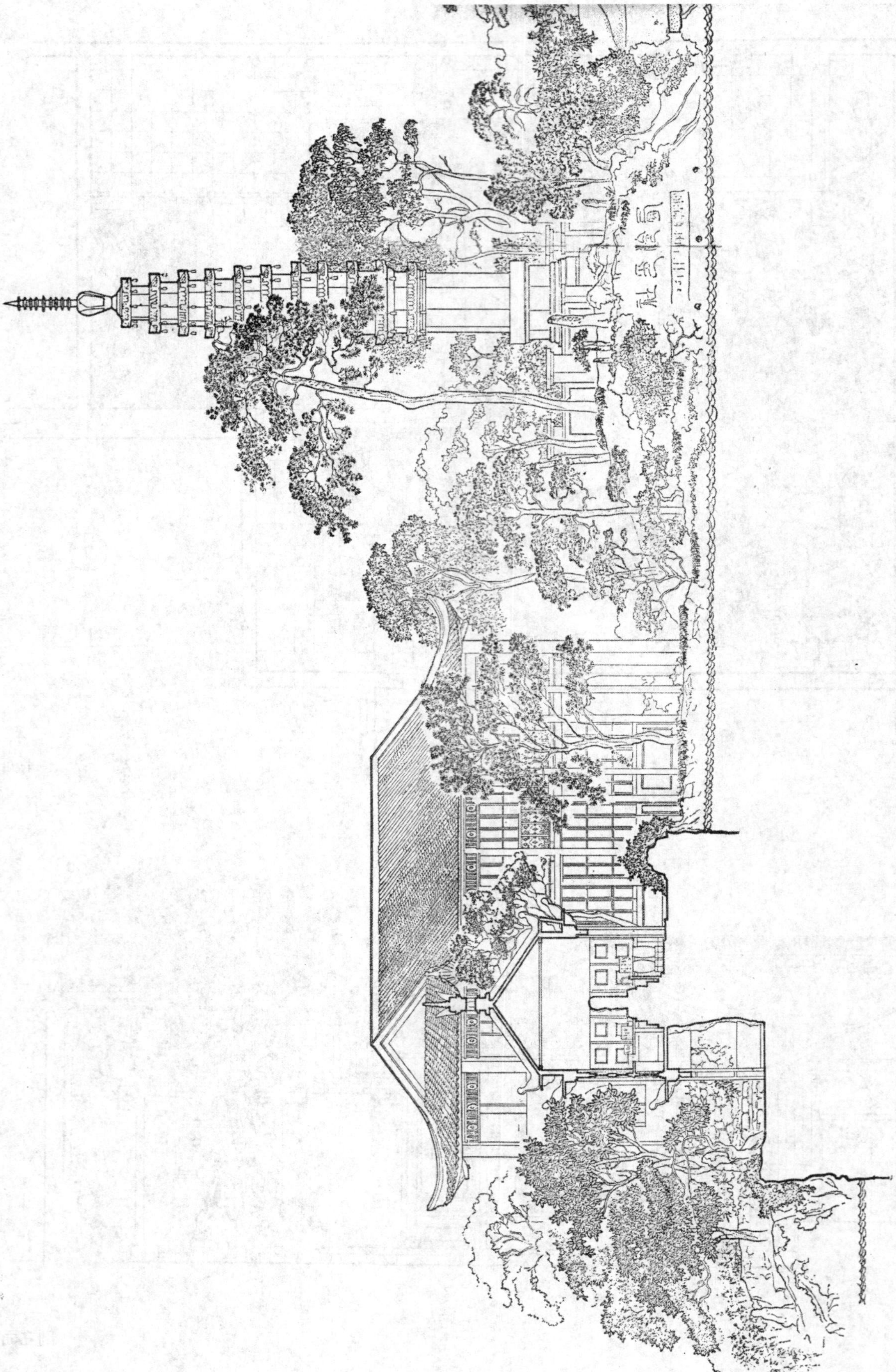

图5-4 中国古代建筑（六） 杭州西泠印社山顶庭园

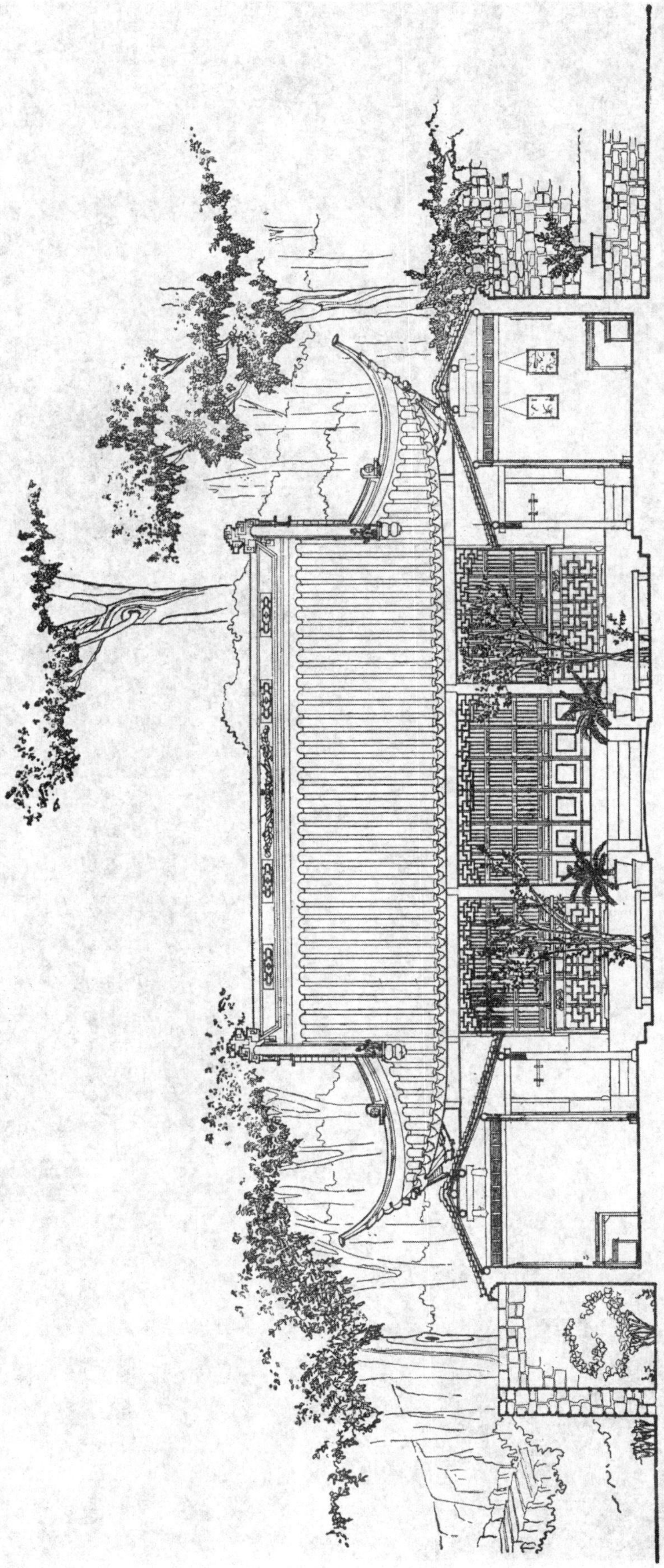

图5-4 中国古代建筑（七） 苏州天平山高义园

图 5-4 中国古代建筑（八）古建筑渲染

图 5-5 西方古典建筑（一）多立克柱式

图 5-5 西方古典建筑（二）爱奥尼柱式渲染之一

图 5-5 西方古典建筑（三）爱奥尼柱式渲染之二

图 5-5 西方古典建筑（四）科林斯柱式渲染

福建长乐度假村海丰塔（中国）

设计 东南大学建筑研究所

该塔是在海滨度假村中建在小山丘上的一个景点。塔高约22cm，另有一小厅，总面积182cm²,1998年建成。

设计构思是使建筑和谐地根植于自然环境中，在建筑与自然环境的共生中获得某种生命，力求突出自然的主题。在形态塑造上，将自然中的形式，海螺和海蚌，予以物化，结合结构、材料，以及人与自然的融合，充分表现“自然符号”的魅力。

塔平面呈圆形，底层直径为6m，向上渐渐收缩。中间设一转梯，共4层，供瞭望用。一层为小厅，直径为10cm，作为休憩活动用。采用钢筋混凝土结构，充分利用材料的可塑料，造型优美，富有寓意。

设计获1992年“建筑师杯”表扬奖。

外景

图5-6 建筑设计作品（一）福建长乐度假村海丰塔（中国）(1)

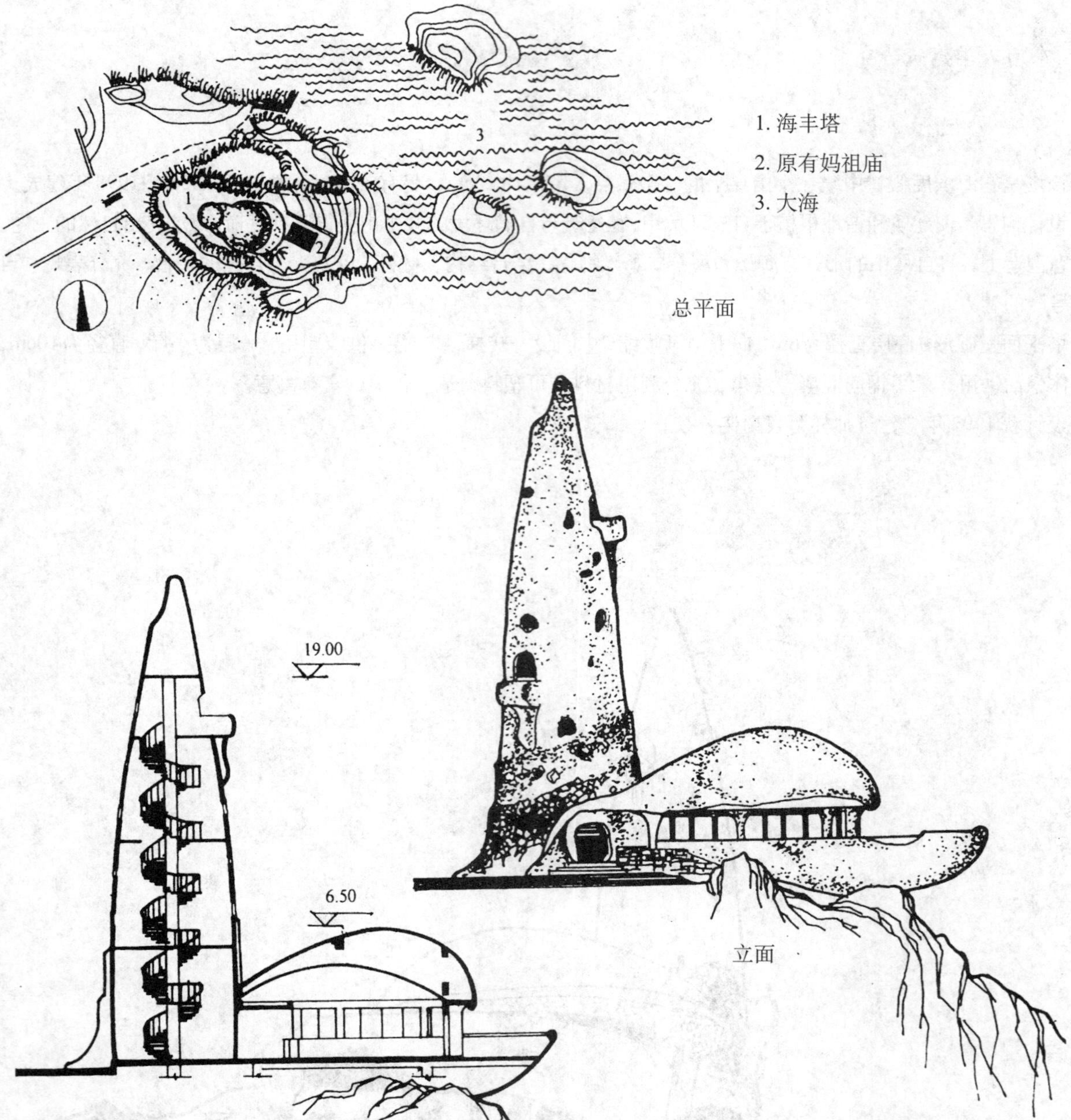

图 5-6 建筑设计作品（一）福建长乐度假村海丰塔（中国）(2)

辽宁闾山风景区山门（中国）

设计 清华大学建筑学院

闾山全名医巫闾山，在辽宁省北镇县境内。此地区曾是辽代统治者的发祥地，是一个自然景观和人文景观并胜之地，20 世纪 80 年代中被定为辽宁省级文化风景区。

山门设计主要构思是以新颖的手法显现历史。山门用四块钢筋混凝土板片组成一个硕大的“立体构成”，中间透空部分的边缘现出著名辽代建筑遗物——蓟县独乐寺山门的轮廓，四片斜置的钢筋混凝土板的位置同传统庑殿顶的四道斜脊相应。设计采用了图底倒转、虚实相生和见白当黑等造型方法，在一个总体上全新的东西之中现出一个虚的辽代建筑的剪影。凡是看见过中国佛教庙宇的人都不难辩认出它的意义，因而合乎约定俗成的要求。然而只有剪影，没有实体，与习见不同，符合艺术中的陌生化原则。于是让人们产生了似与不似，可理解又不可理解，既熟悉又新鲜的印象。

山门设计构思独特，造型新颖。

外景

图 5-6 建筑设计作品（二）辽宁闾山风景区山门（1）

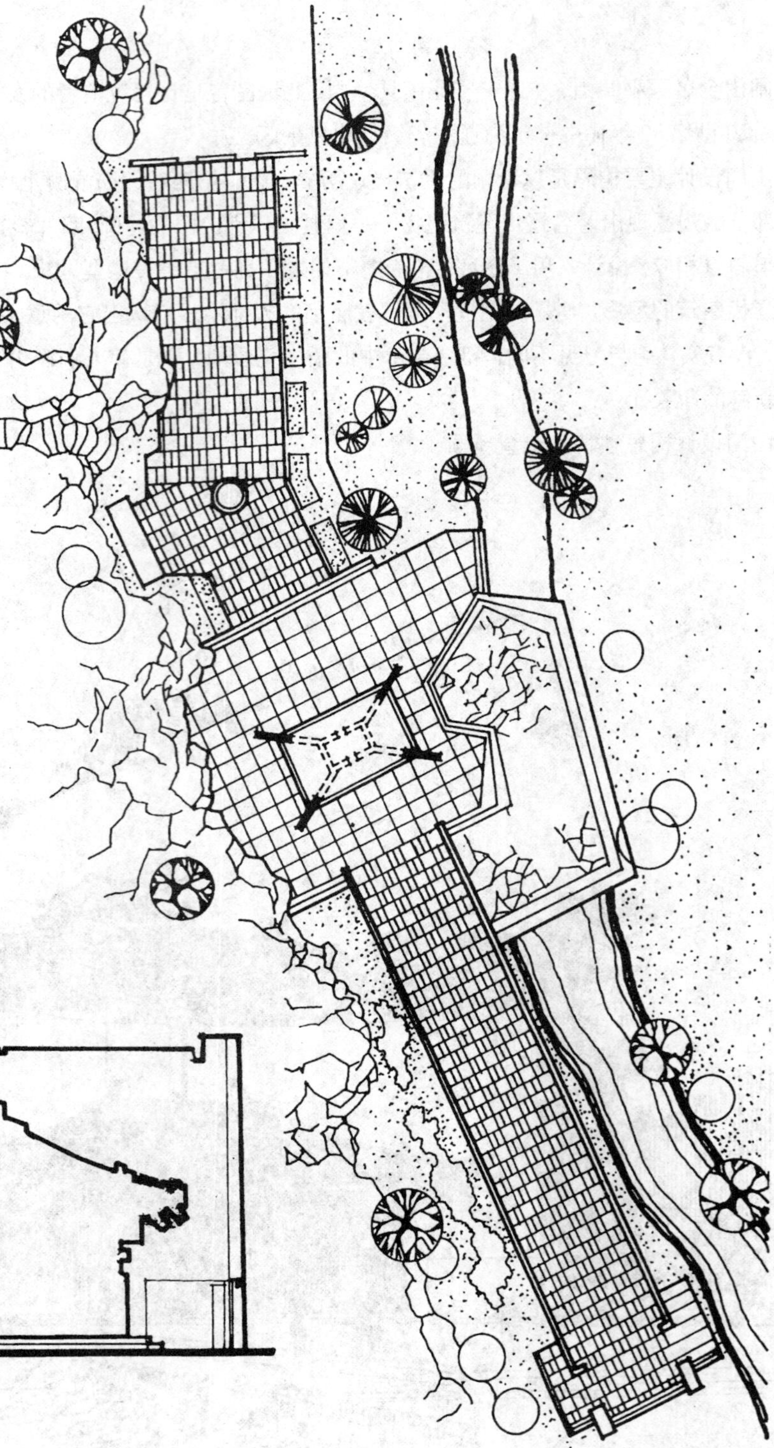

总平面

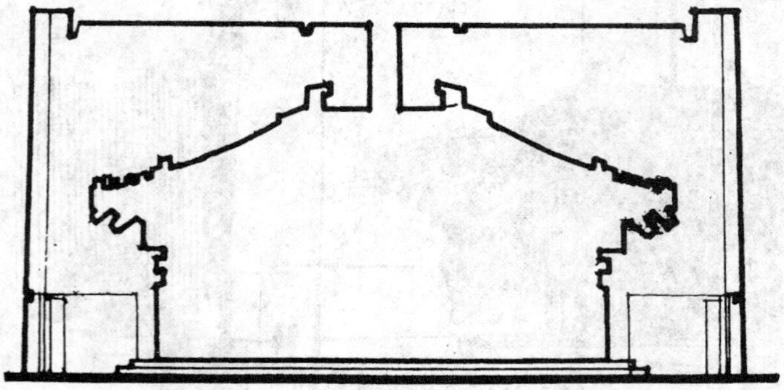

立面

图 5-6 建筑设计作品（二）辽宁闾山风景区山门（2）

礼堂等建筑面积 272.90m²
休息亭建筑面积 207.40m²

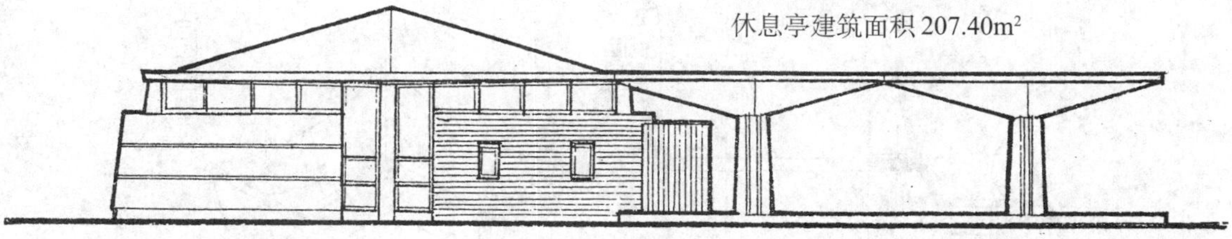

立面

1 礼堂
2 休息亭
3 管理
4.储藏
5.男厕
6.女厕

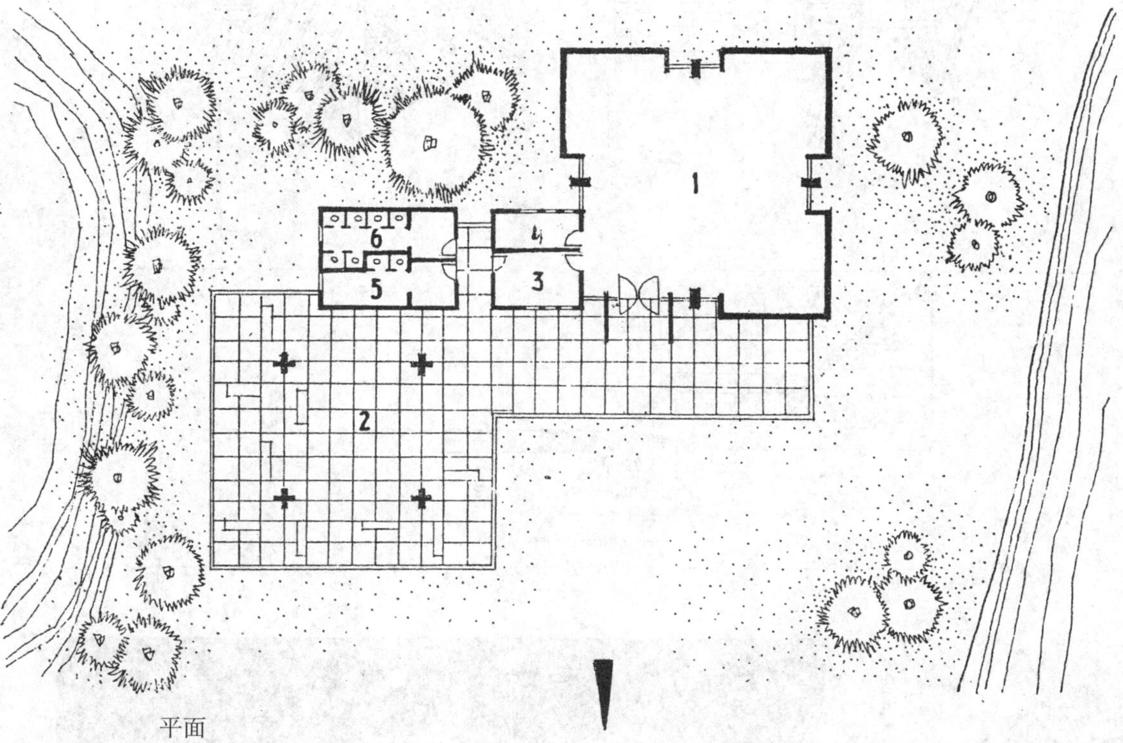

平面

外景

图 5-6 建筑设计作品（三）休息亭（日本）

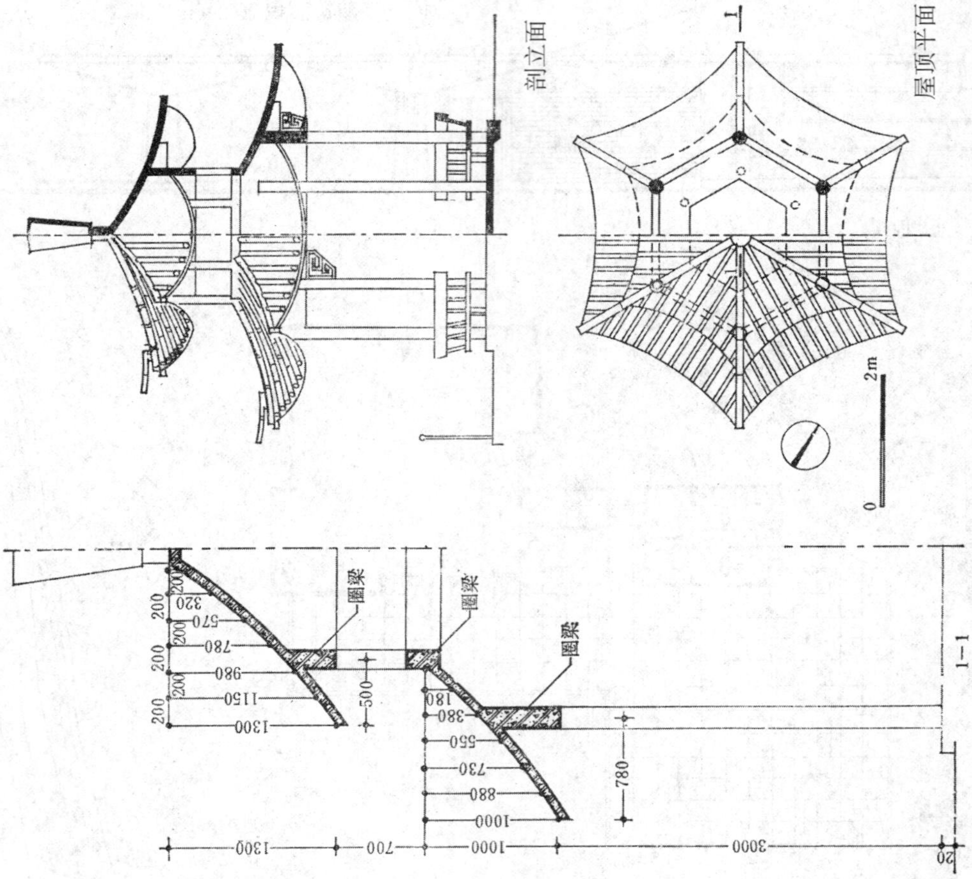

图 5-6 建筑设计作品（四）悬岩小亭

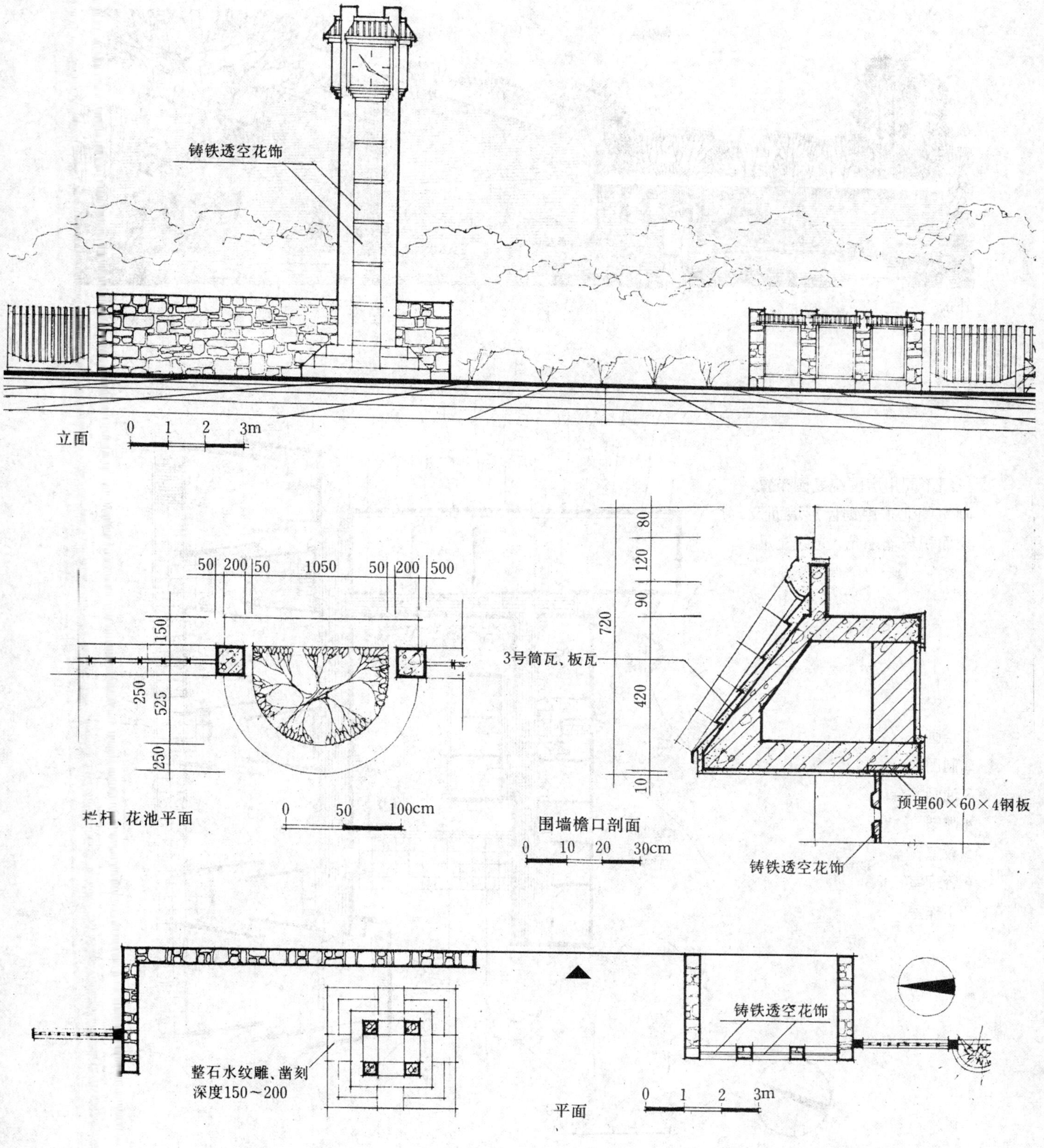

大门采用非对称式，并用一个10m高的钟塔与周围呼应，钟塔立柱为白色水泥抹面，立柱间嵌铸铁镂空花饰，钟塔后面用虎皮石矮墙衬托，手法朴素大方。

图 5-6 建筑设计作品（五）公园大门

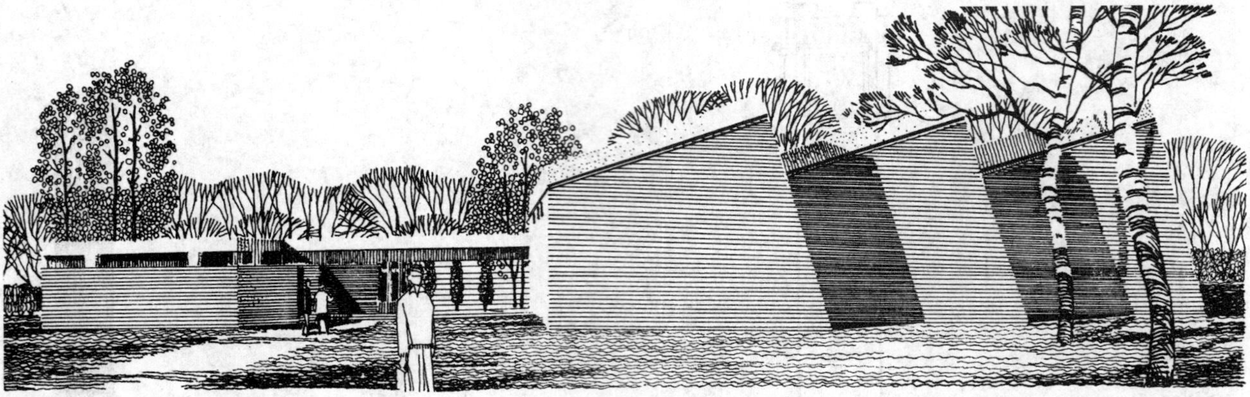

外景

三组不同用房围绕庭园布置，画室朝北采用锯齿形墙面及大面积玻璃采光，光线充足。

1.绘画
2.制图
3.油画
4.雕塑
5.教室
6.管理室
7.工作室

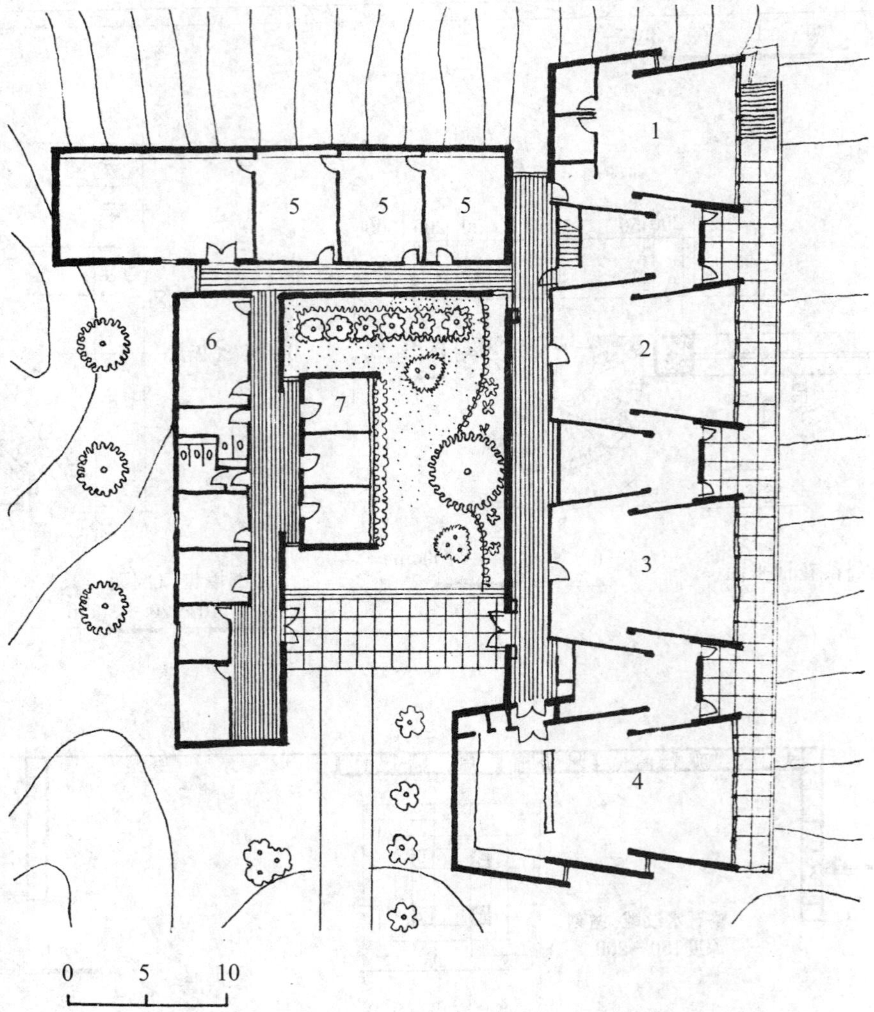

平面

图 5-6 建筑设计作品（六）勃兰德大学天然光源画室（美国）

绥芬河国际公路检查站（中国）

设计 中国建筑东北设计院

该检查站位于北部边境，总建筑面积 766m²，单层，1991 年建成。

设计构思：

（1）应用中国建筑文化的经验，如严谨的总体布局、中轴线、方形及三角形平面构思等。单体建筑是以传统屋顶作为原型进行简化、提炼。

（2）与环境对话。检查站周围群山起伏，树木葱郁，设计中用四片 20m 高三角实墙构成了锥形轮廓。与四周山形相呼应，并根据功能要求，设计一个尺度很大的空透检查大厅，使建筑物与自然十分协调。

（3）采用象征性手法。如严谨的布局，开放的空间，形如张开双手的三角墙体，具有腾飞趋势的轮廓线，旨在表达中国是一个伟大的、发展的、热情好客的国家。

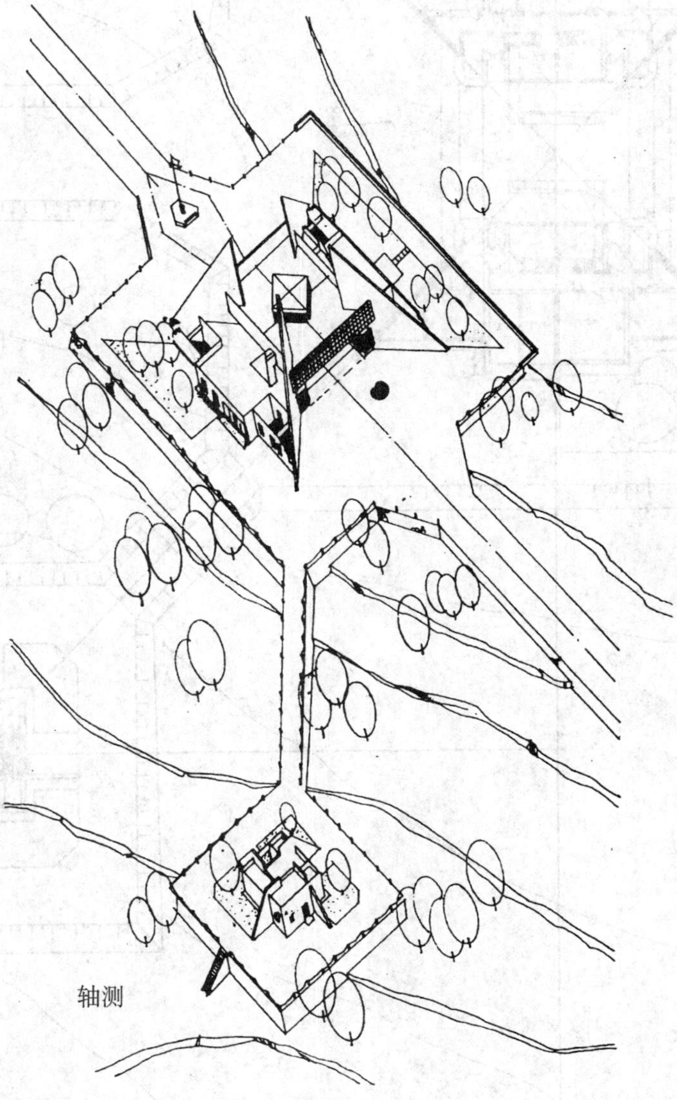

轴测

图 5-6 建筑设计作品（七）绥芬河国际公路检查站（中国）(1)

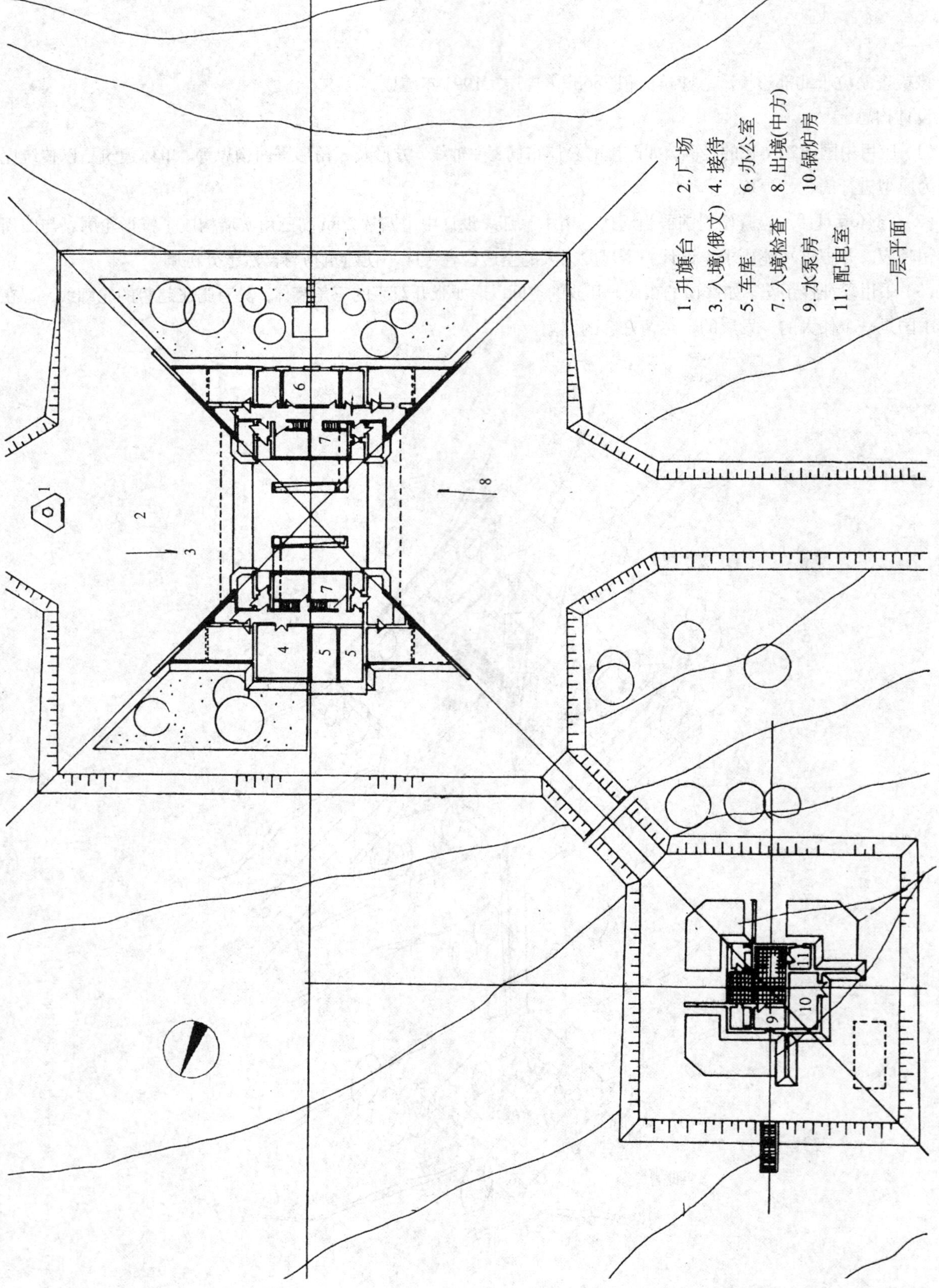

图 5-6 建筑设计作品（七）绥芬河国际公路检查站（中国）(2)

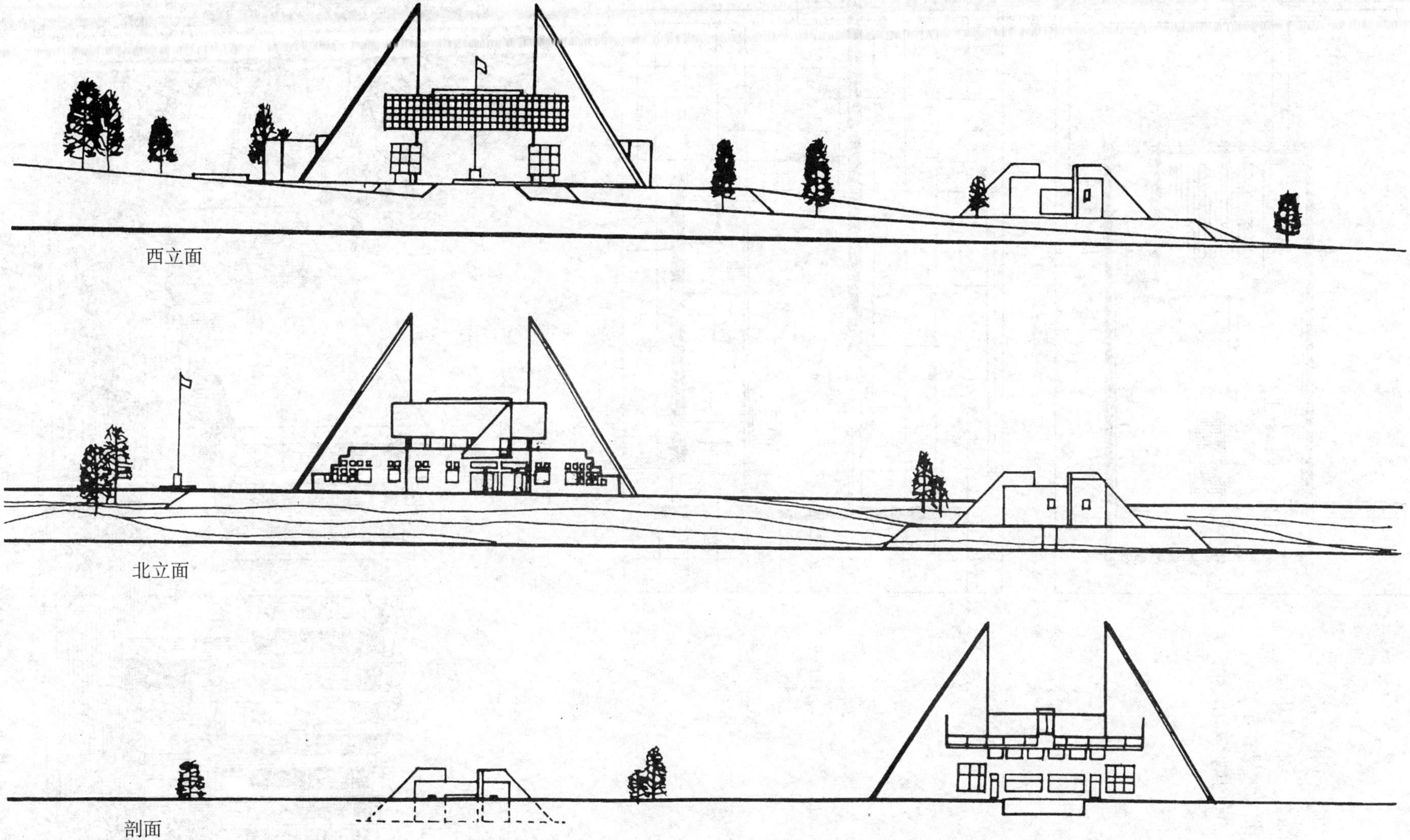

图5-6 建筑设计作品（七）绥芬河国际公路检查站（中国）（3）

为纪念苏联卫国战争中共青团员英雄马特洛索夫而建。该馆利用了地形特点，突出了建筑物的雄壮有力，入口门头的浮雕及墙面的虚实对比，给人印象深刻。

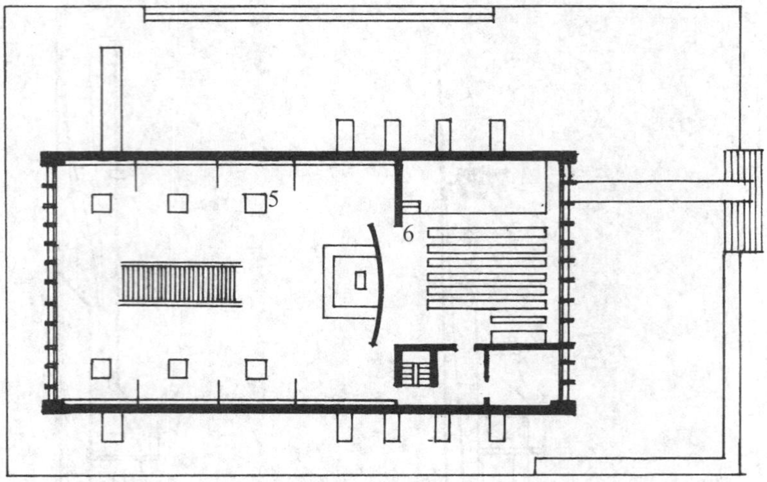

二层平面

1.入口
2.大厅
3.出口
4.厕所
5.陈列室
6.讲堂

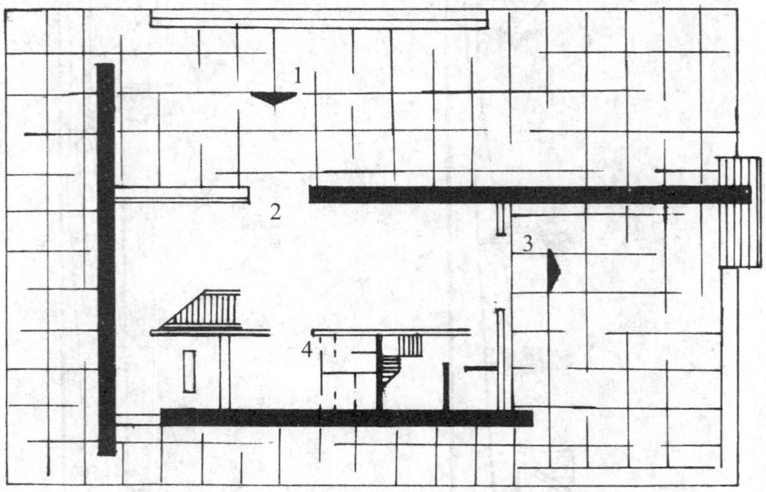

一层平面

外景

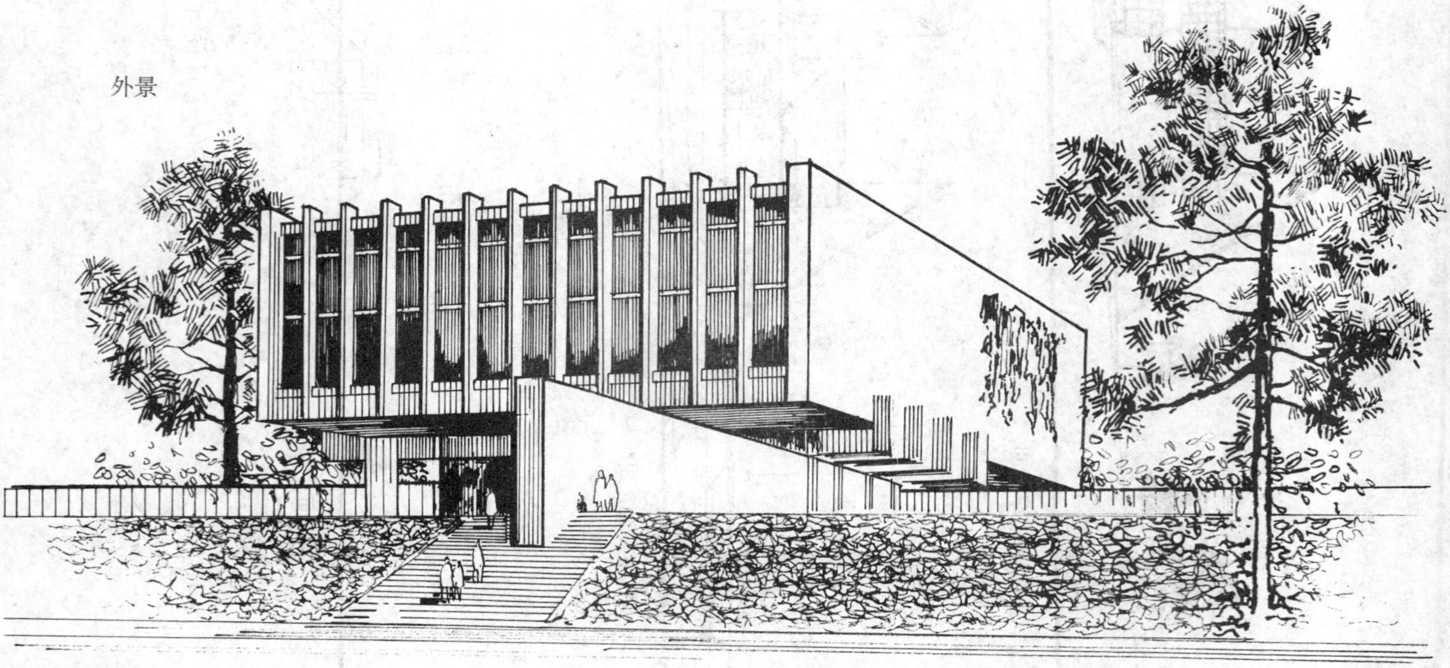

图 5-6 建筑设计作品（八）马特洛索夫纪念馆（苏联）

外景

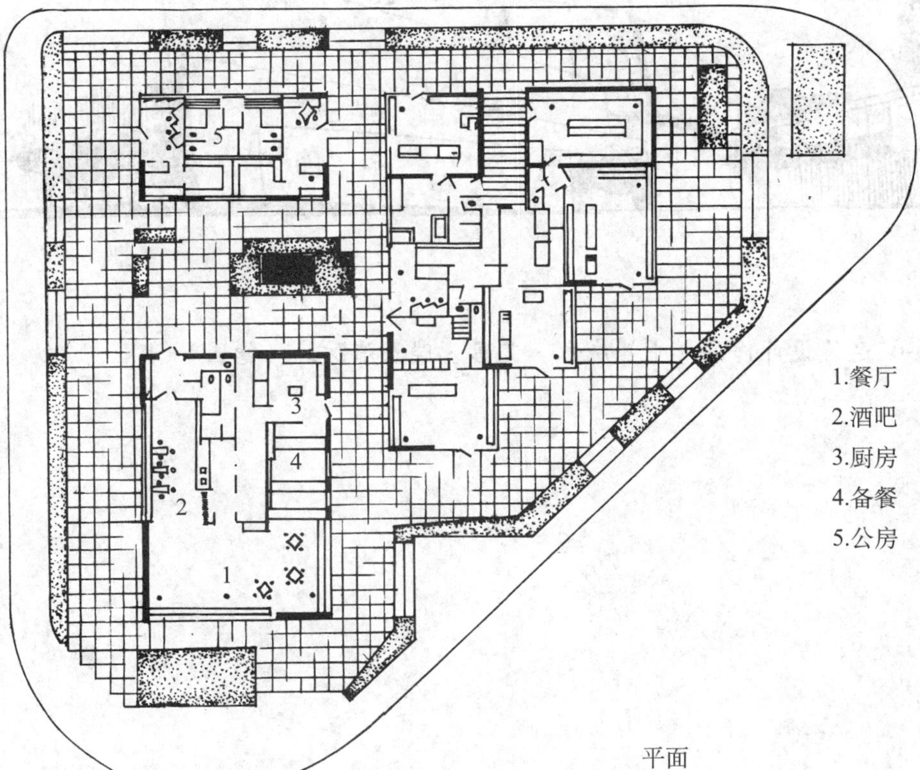

1.餐厅
2.酒吧
3.厨房
4.备餐
5.公房

平面

图 5-6 建筑设计作品（九）布拉索夫市居住区商业中心（罗马尼亚）

威尔·艾母·瑞恩消防站（德国）

Well am Rhein Fire Station, Germany

设计 Zaha Hadid

该消防站位于巴登—符腾堡州的玻璃设备厂内，主要为厂内24小时昼夜服务。南面是易燃化学品库，东边有主要生产车间。20世纪80年代建成。

建筑物规模不大，一层为更衣室、车库，二层为办公室，设计构思新颖独特，平面和造型有意设计成“放射”形，象征无比的威力。

车库的30m长悬臂屋顶插入第二层内，屋面和墙面均成倾斜状。其形体犹如快艇或卧在地上的太空飞船，使人们联想起小沙里宁设计的纽约肯尼迪航空港TWA航站楼等。

建筑物构思杰出，被誉为小品建筑中的一个里程碑。

外景

图5-6 建筑设计作品（十）威尔·艾母·瑞恩消防站（德国）(1)

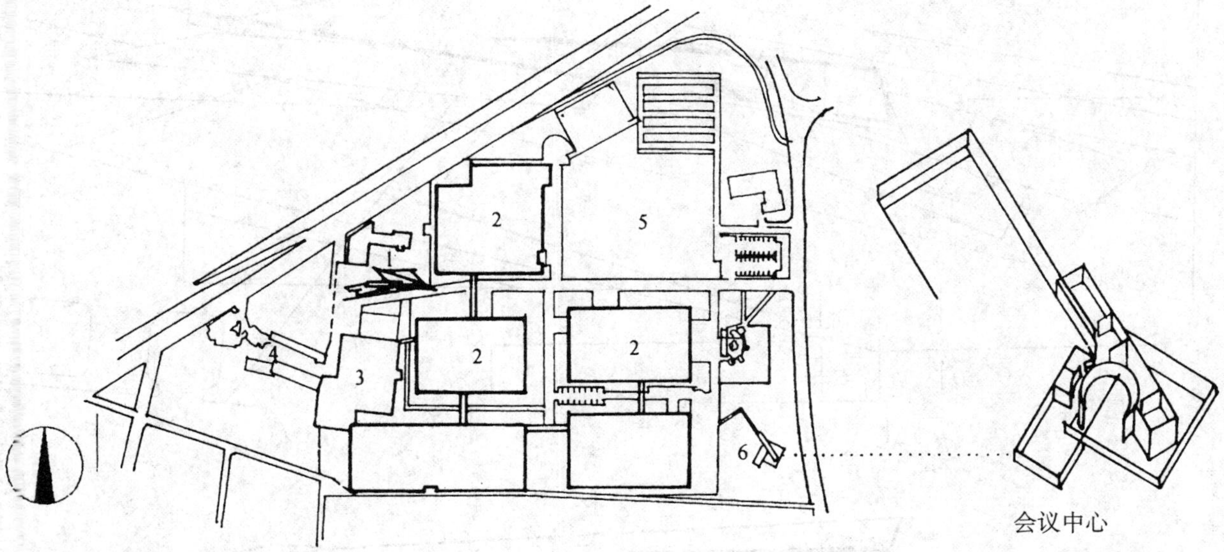

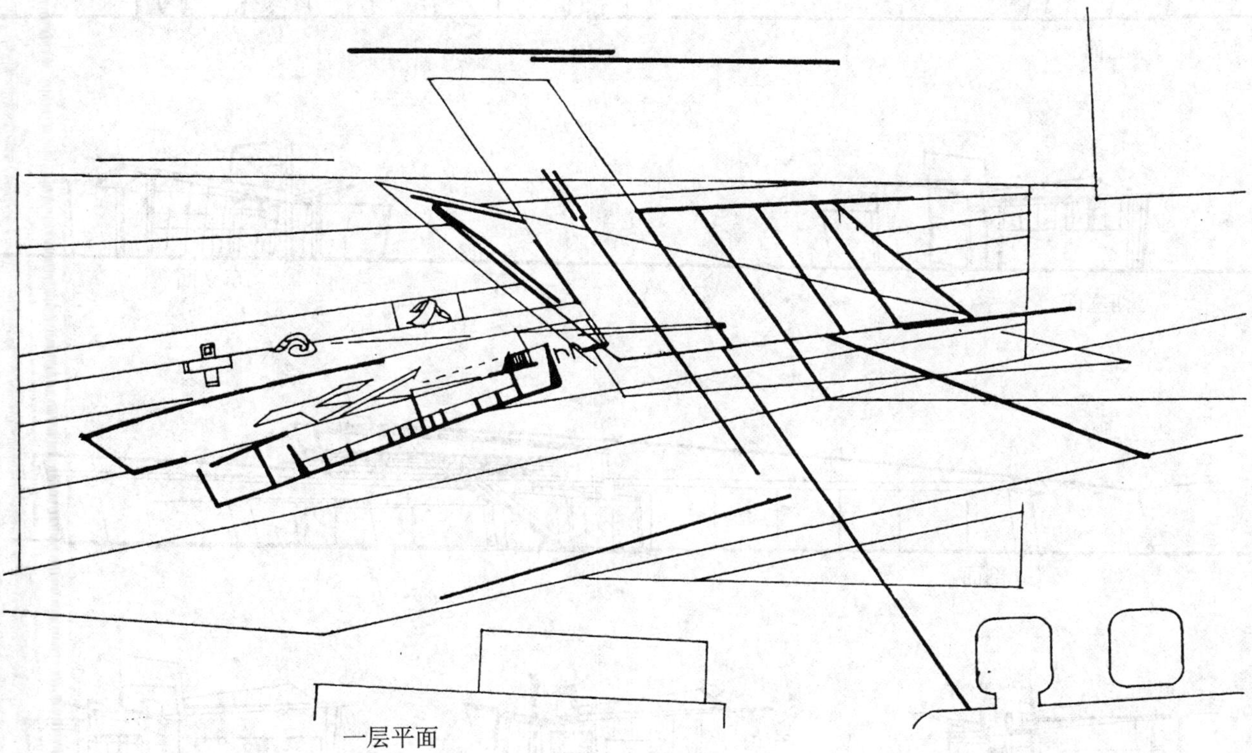

图 5-6 建筑设计作品（十）威尔·艾母·瑞恩消防站（德国）(2)

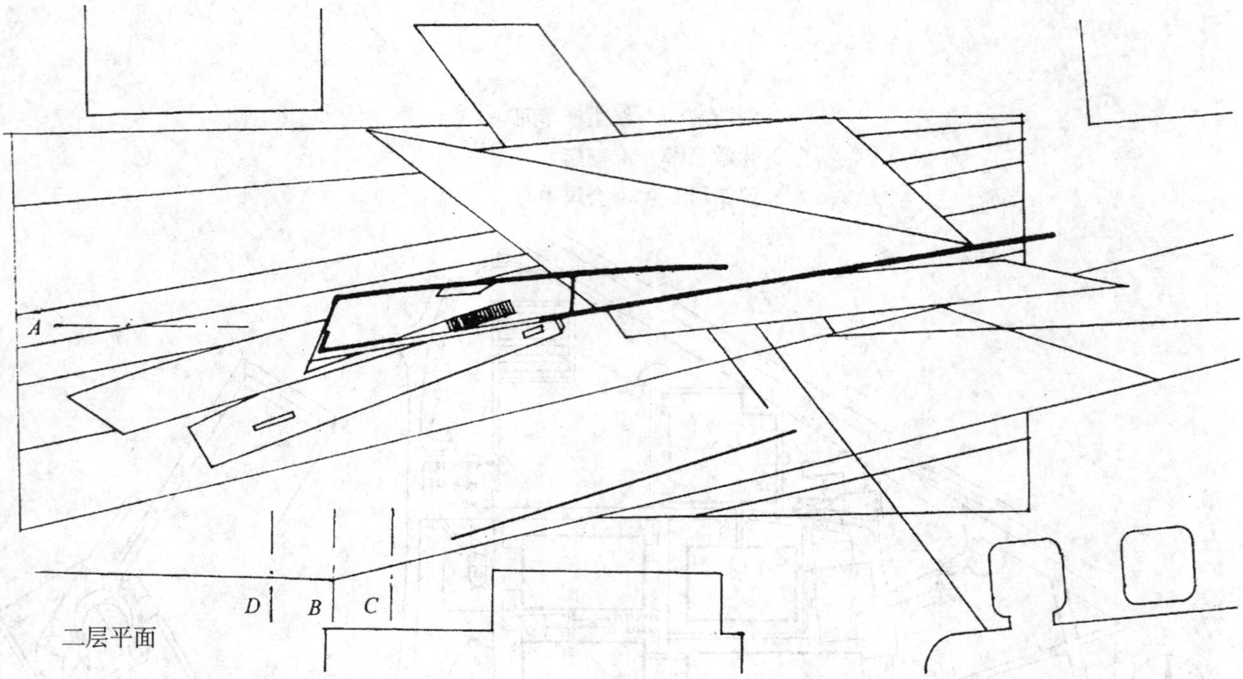

二层平面

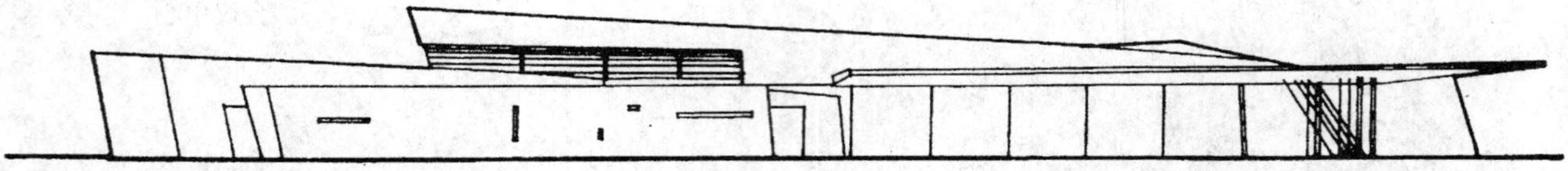

南立面

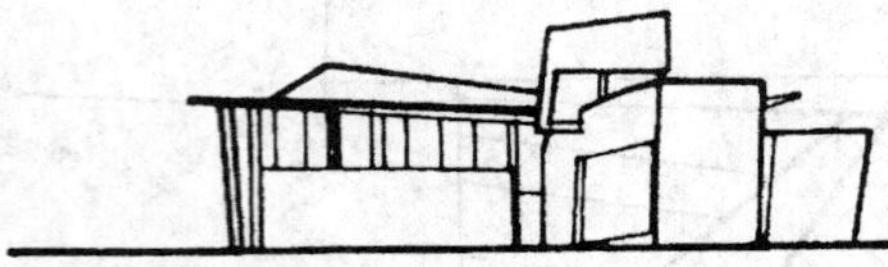

西立面

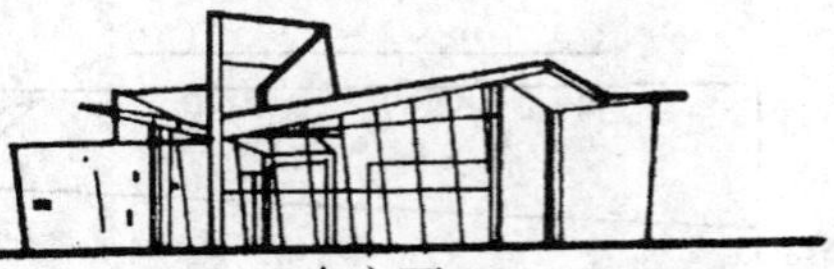

东立面

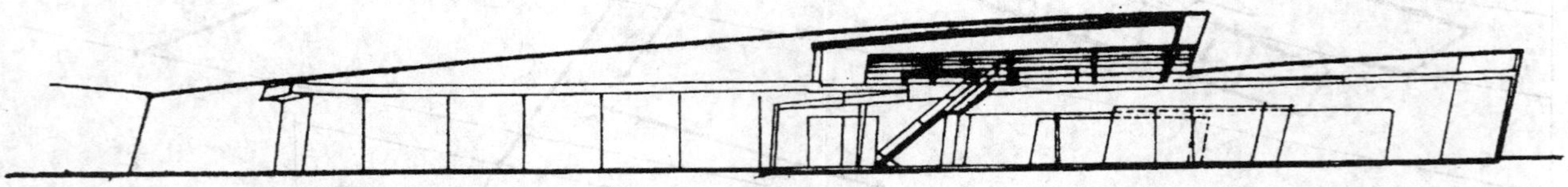

A-A 剖面

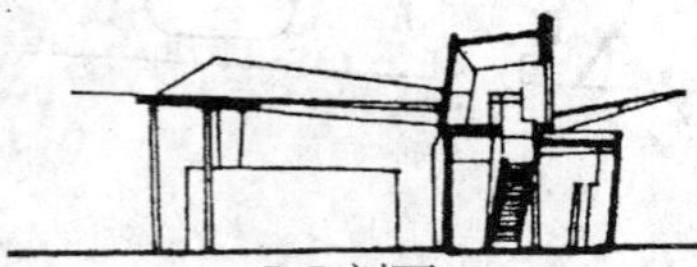

B-B 剖面

C-C 剖面

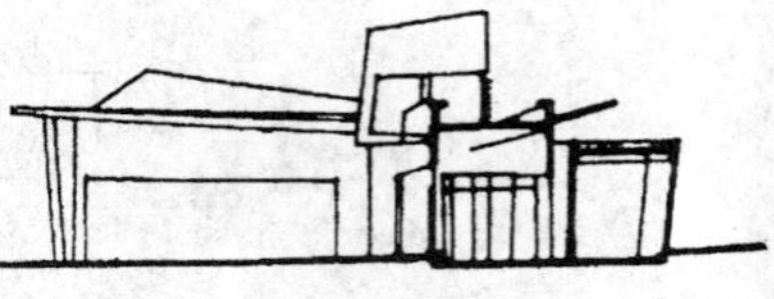

D-D 剖面

图 5-6 建筑设计作品（十）威尔 · 艾母 · 瑞恩消防站（德国）(3)

西汉南越王墓博物馆（中国）

设计 华南理工大学建筑设计研究院

该馆是为保护建于公元前120年的第二代南越王赵眛之墓而建。地址在广州，基地面积0.9hm²，建筑占地面积2069m²，建筑面积5272m²，建筑系数28.9%，容积率0.58。1989年10月建成。

主要设计构思：

(1) 总体布局突出了“古代文化”的主题。以古墓为中心，由古墓陈列、文物展览和文物库等组成建筑群体。古墓的处理和修复完全尊重历史原貌，其上部采用覆斗形钢架玻璃光棚罩保护墓室，保证了原有古墓的完整性。

(2) 空间布局满足使用功能要求。陈列楼高三层，一层为接待和录音播放室，二、三层为出土文物陈列，分四个展厅，展厅四周为实体展墙，利用中间直跑主要楼梯上部拱形光棚采光，反映现代陈列馆特色。妥善解决了小部分观众下墓室参观，大部分观众在墓室上部观望的两股参观流线。

(3) 建筑造型体现了历史文脉和现代的结合。由于位于广州闹市之中，用地紧凑。利用楼前台阶作为闹市到博物馆的环境过渡，建筑立面用整体粗犷石墙浮雕，中间入口为反射玻璃幕墙，形象壮观、粗犷。由1300块红砂岩垒成巨幅浮雕，象征驱逐邪恶和锐意进取的精神。

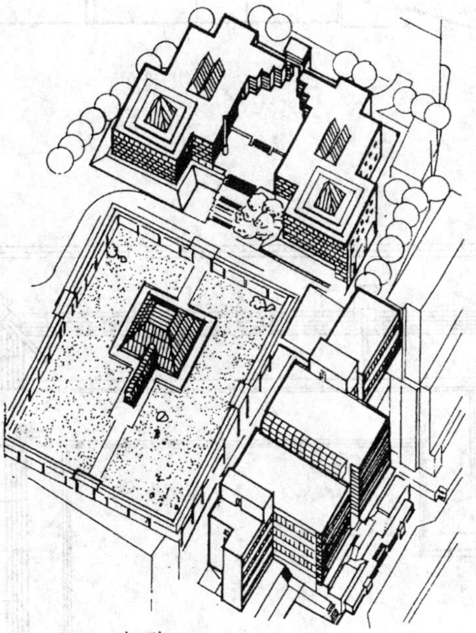

鸟瞰

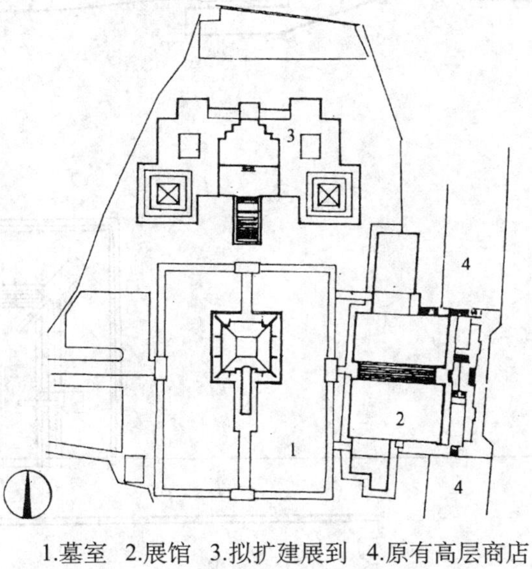

1.墓室 2.展馆 3.拟扩建展到 4.原有高层商店

总平面

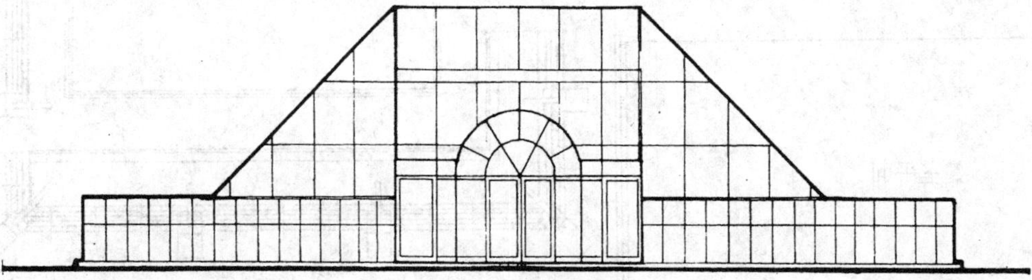

主立面

图5-6 建筑设计作品（十一）西汉南越王墓博物馆（中国）(1)

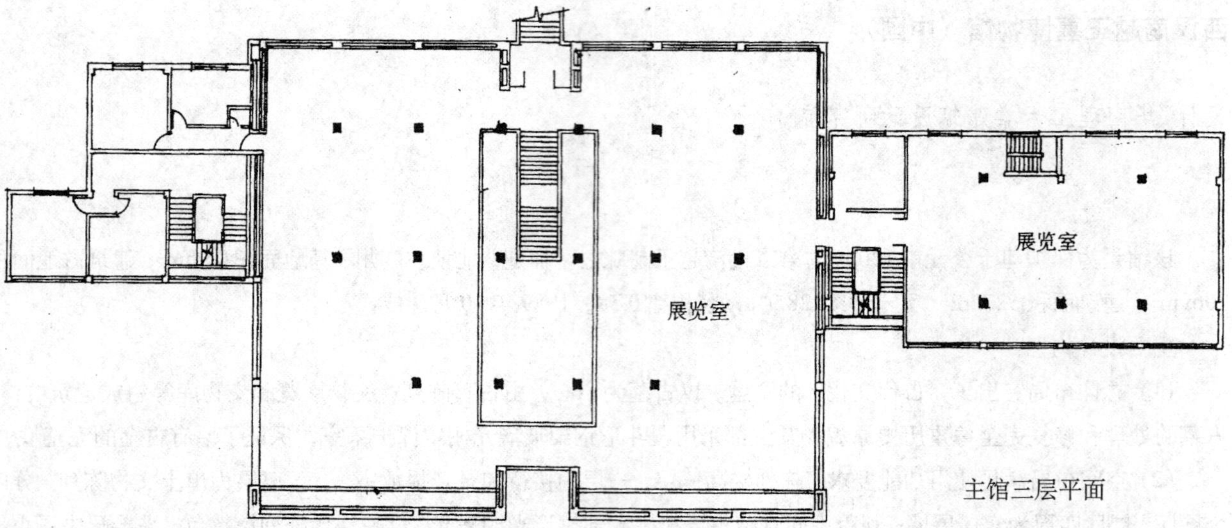

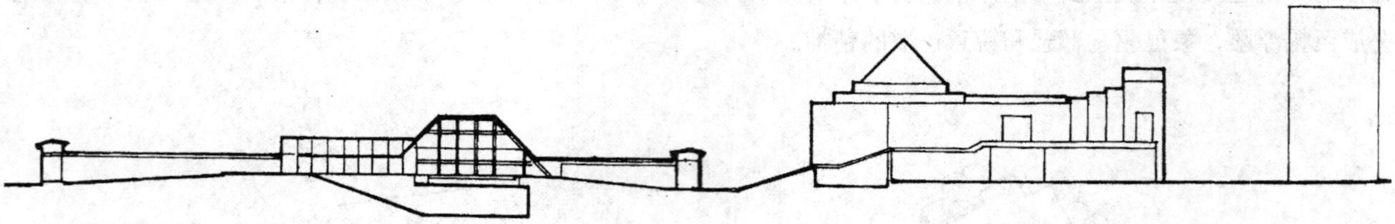

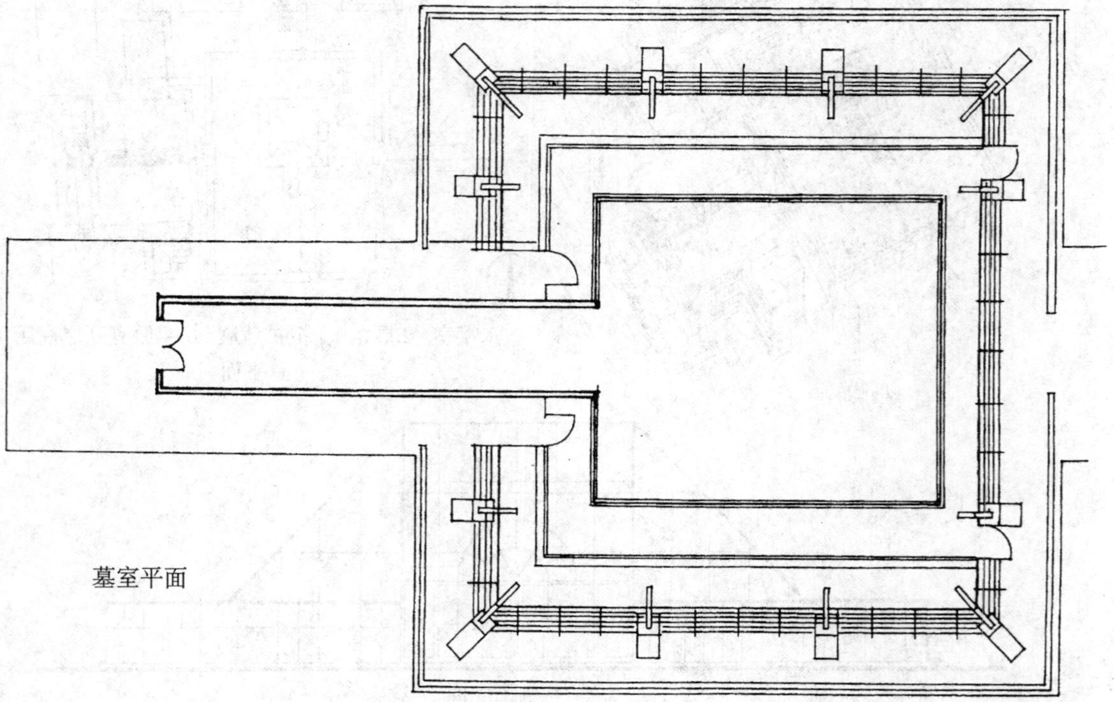

图 5-6 建筑设计作品（十一）西汉南越王墓博物馆（中国）（2）

京都市郊餐厅（日本）
Suburban Restaurant of Kyoto, Japan

该餐厅主要为到京都郊区威士忌酒厂的顾客和参观者提供的便利设施。威士忌酒厂具有70年的历史，近期得到更新，并扩建几幢新建筑。

餐厅设计构思别致，富有情趣。平面呈一字形，地形有坡度，建筑物共两层，主要布置餐室、贵宾室、露天剧场、瞭望台。建筑造型由不同几何体形组合，并在整体上保持和谐。餐室采用四方锥形玻璃顶，像威士忌酒厂蒸馏炉的造型。露天剧场用圆形外墙限定空间。

人流流线组织由南端室外踏步上来，再反向走向瞭望台，可参观全城景色，然后通过长的空廊经过露天剧场至餐室。沿着这条流线主要组成三个空间序列：即入口至瞭望台的室外空间；露天剧场圆形围墙内的西方风格空间；餐室内的东方风格空间。设计者试图使东、西方文化融为一体。

鸟瞰

图 5-6 建筑设计作品（十二）京都市郊餐厅（日本）(1)

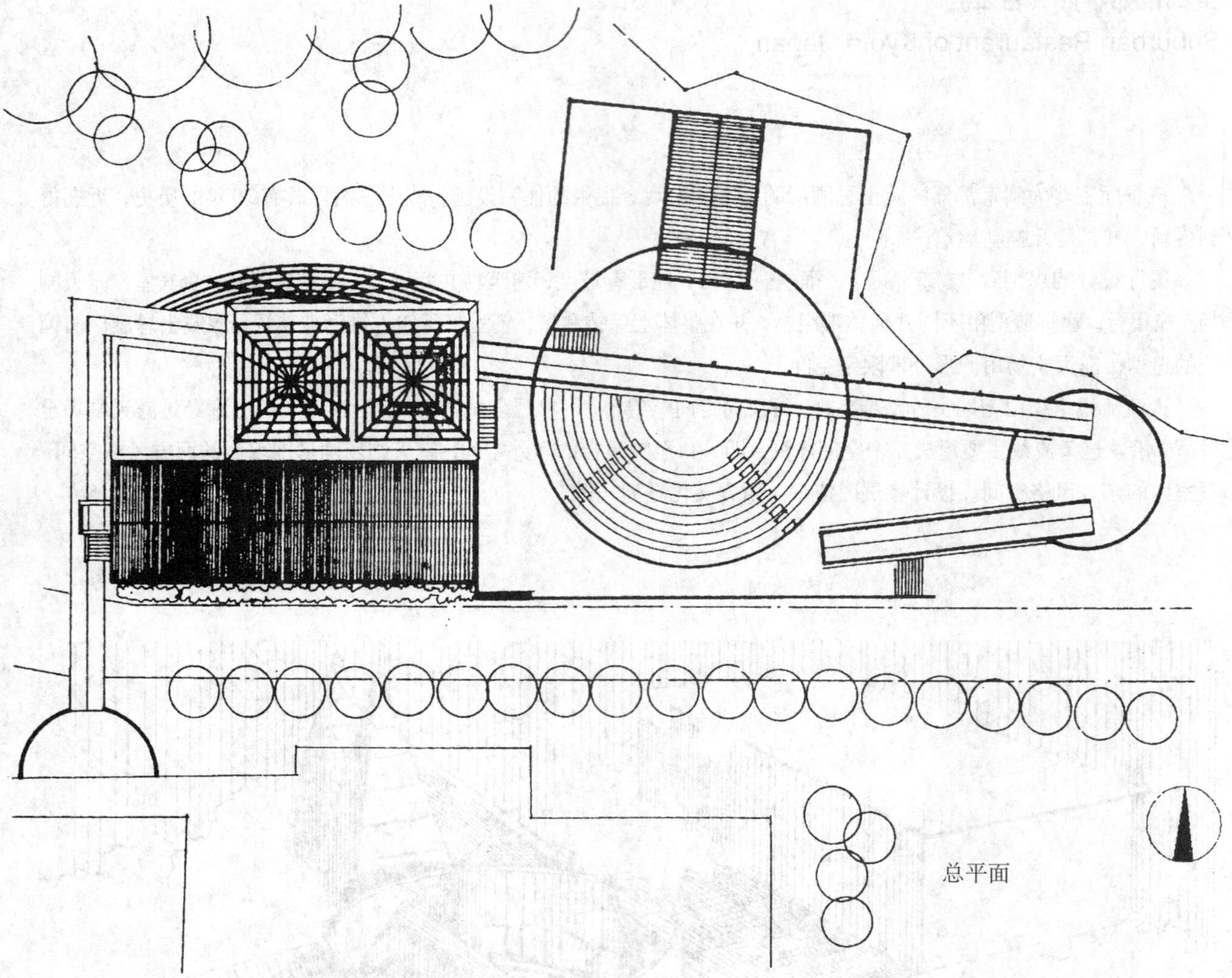

总平面

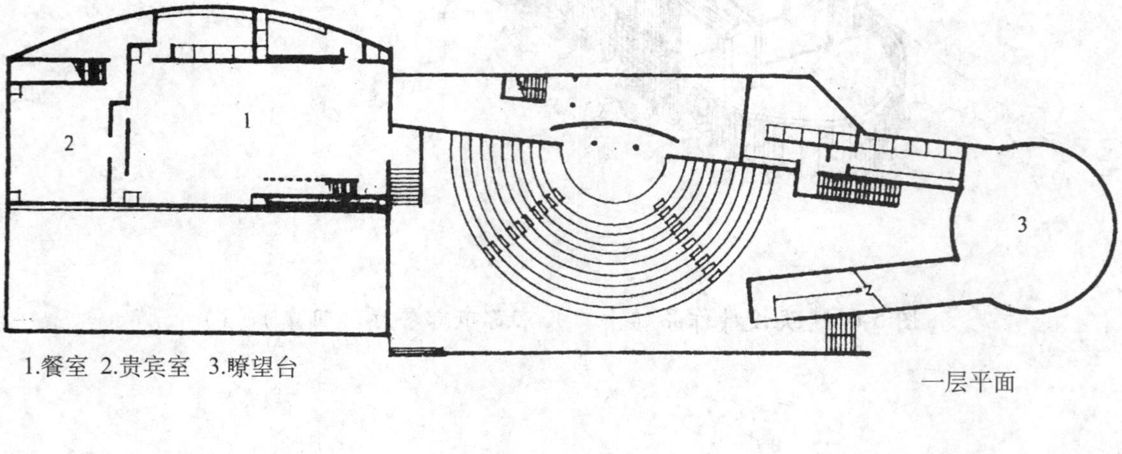

1.餐室 2.贵宾室 3.瞭望台

一层平面

图 5-6 建筑设计作品（十二）京都市郊餐厅（日本）(2)

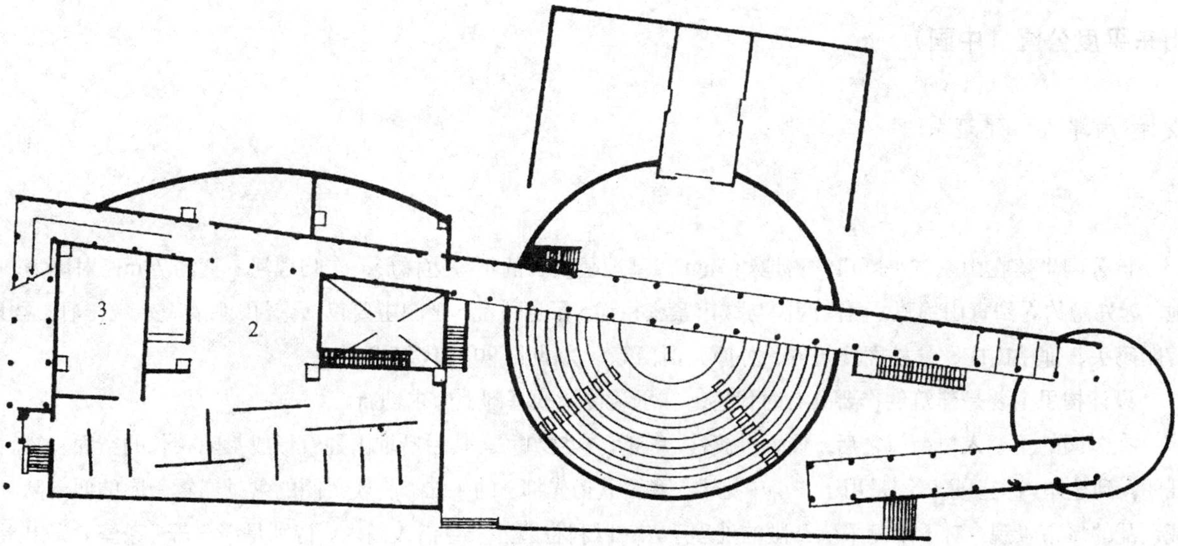

二层平面　　1.露天剧场 2.餐厅 3.会议厅

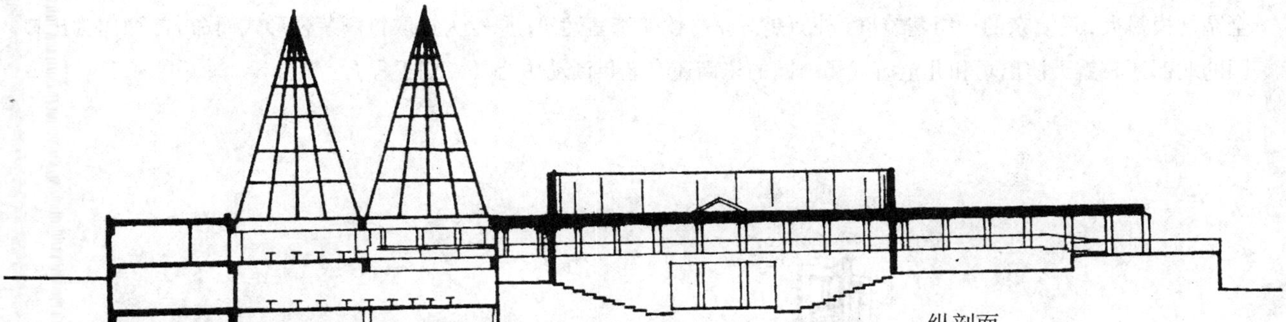

纵剖面

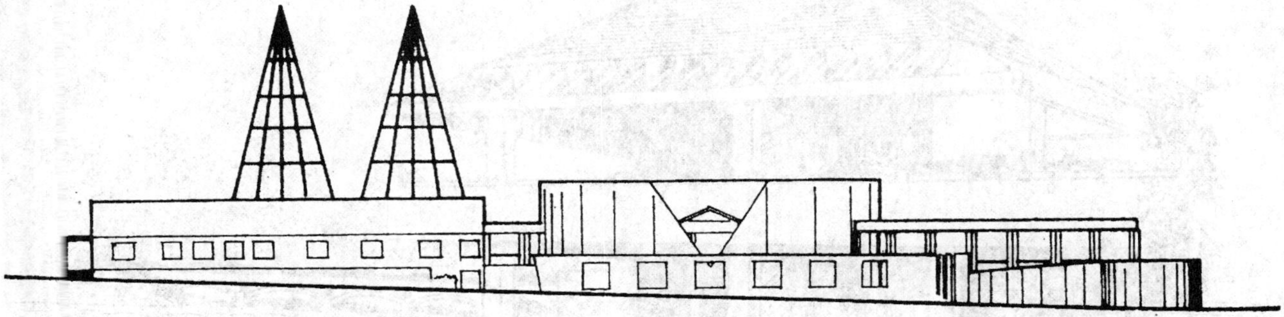

南立面

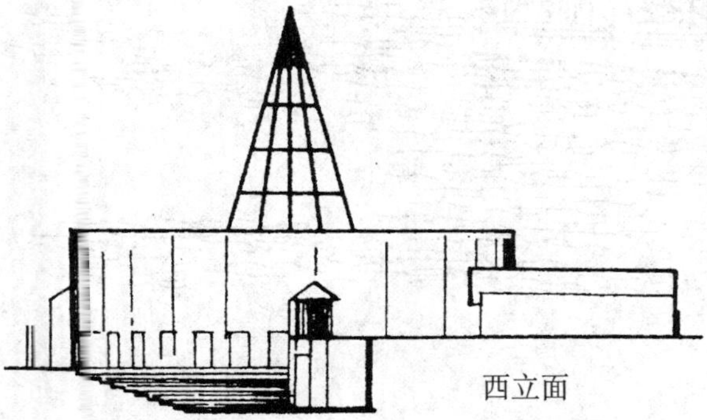

西立面

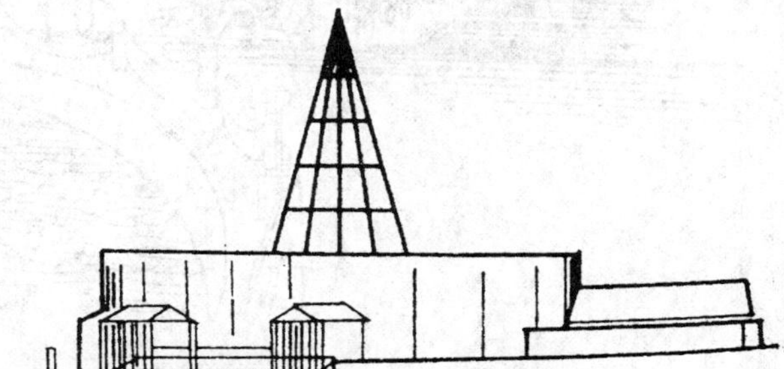

东立面

图 5-6 建筑设计作品（十二）京都市郊餐厅（日本）(3)

山东平度公园（中国）

设计 天津大学建筑系

该公园坐落在山东省平度市，占地约 $7hm^2$。基地呈狭长的不等边梯形，东临现河，宽约 70m，对岸为一片田地，远处隐约看到青山绵亘，西南两侧与城市紧密相连，景色纷乱。全园主要包括南汀、临渊坊、绮玉轩、盆景园、游船码头、郁秩山庄、凭柱阁建筑群、朴庐、西门等，20 世纪 90 年代建成。

设计构思主要是建筑创作要具有时代感，在承袭传统的基础上力求创新。

在公园的主要入口南门之后，设置过渡性小空间“小萝蔓”。其后借堆山叠石形成封闭狭长的空间，然后豁然开朗，到达园内主要景区，采用了“小中见大”和“欲扬先抑”的手法。将较封闭的盆景园置于园的西南隅，可屏蔽杂乱的城市景观。对于东侧采取开敞的处理手法，以利将园外景色借入园内。特别是绮玉轩（茶室）突出于园的东侧，伸向河南，游客可在此休憩品茗，心旷神怡。临渊坊（牌楼）起空间界定作用。盆景园为园中园，由曲尺游廊和园墙围合而成。游船码头由五个楼形方亭对角相连而成，并在临水的西侧插入一个披厦，南端竖一钟塔，使建筑外轮廓富有韵律感。郁秩山庄 - 凭柱阁建筑群位于人工小岛上，包括餐厅、风味小吃、咖啡、酒吧、厨房等，为全园规模最大、最复杂的一组建筑群。朴庐是一座冷饮兼茶室建筑，原意为拟取竹篱茅舍形式而命名。西门为出口，园的北部还有露天演出场和儿童游戏场，园的东南还有老年活动中心（二期工程）。

绮玉轩外景

图 5-6 建筑设计作品（十三）山东平度公园（中国）(1)

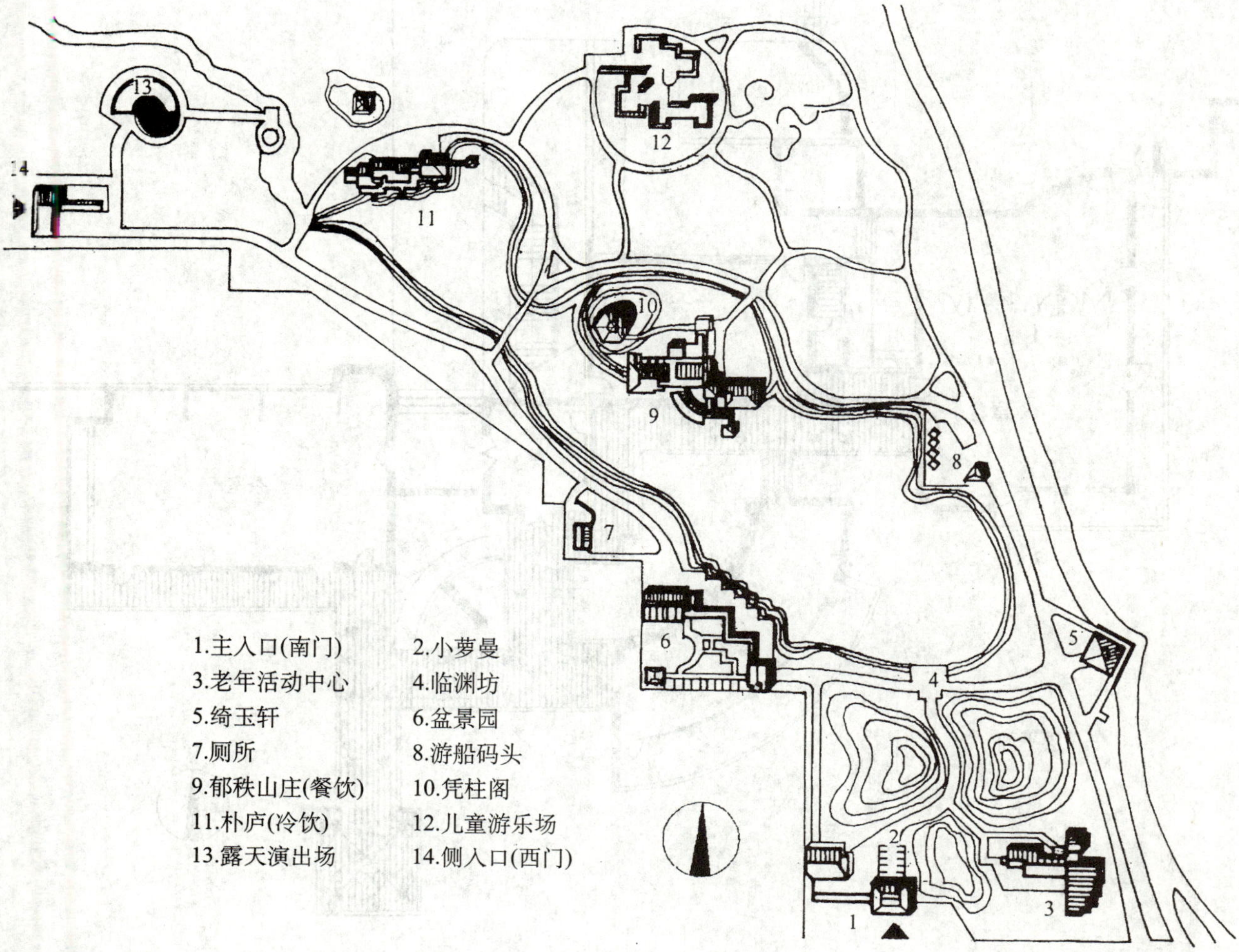

游船码头外景

图 5-6 建筑设计作品（十三）山东平度公园（中国）(2)

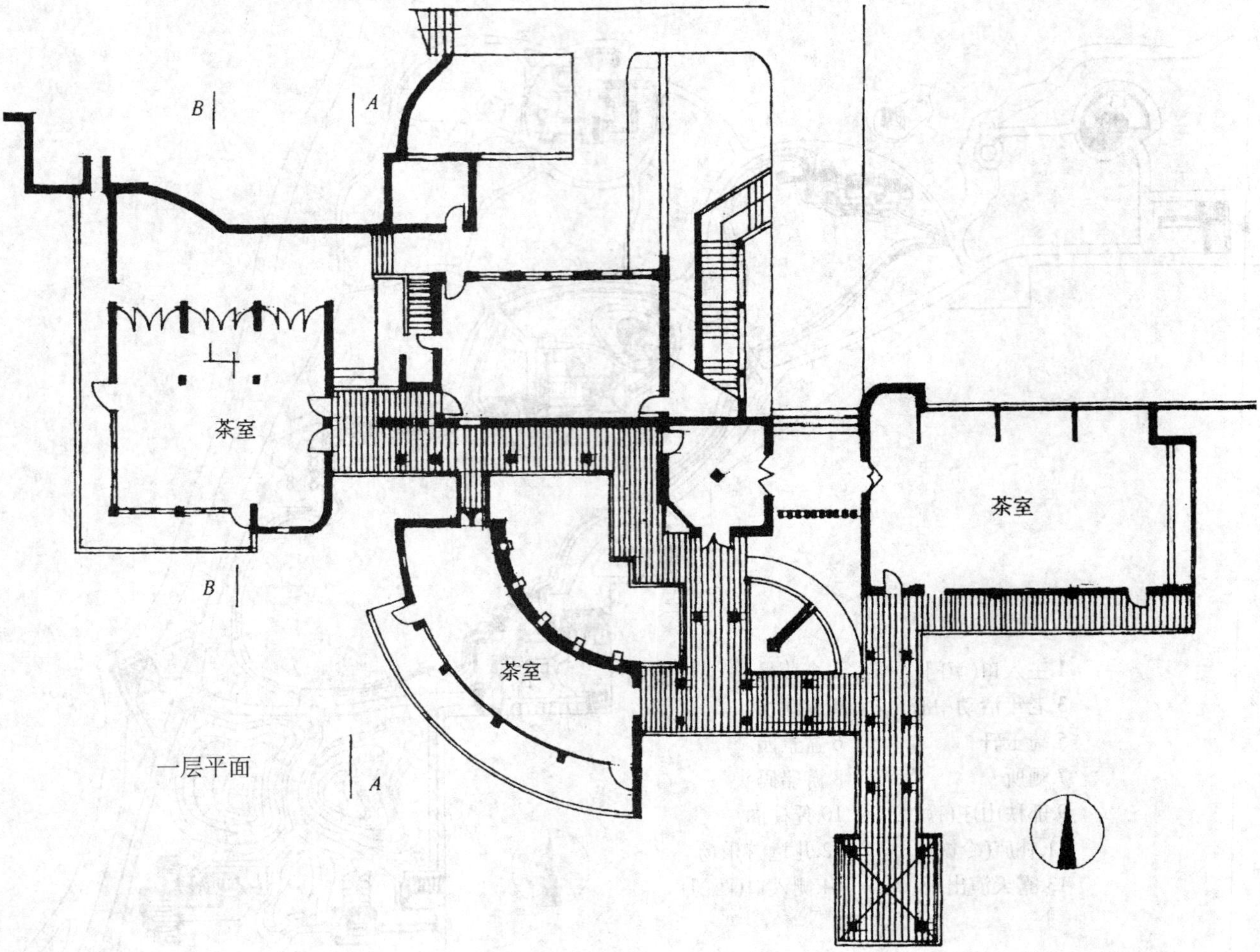

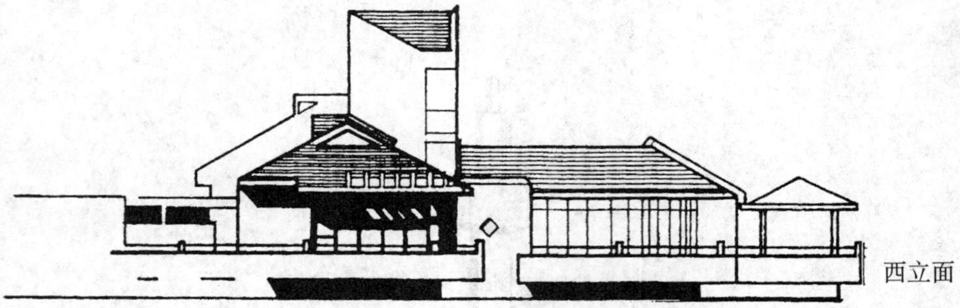

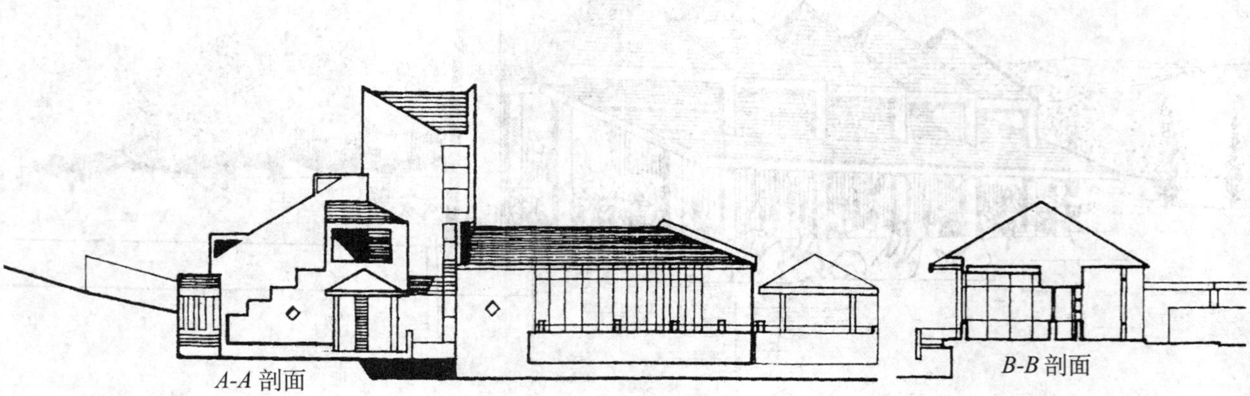

图 5-6 建筑设计作品（十三）山东平度公园（中国）（3）

扎瓦哈·卡拉·甘地艺术中心（印度）

Jawahar Kala Kendra-Art Center, India

设计 Charles Correa

该艺术中心坐落在印度西北部的斋浦尔（Jaipur）城北印度镇，此镇为中世纪的城镇。中心内容包括展览馆、图书馆、剧场、纺织展部、手工艺部及珍藏原稿部等。总建筑面积9000m²，1991年建成。

设计构思独特，根据印度教教徒对宇宙的描述，将艺术中心同太阳系的九个星座，即火星、月球、水星、金星、土星、木星、太阳及两个想象中的科图（Ketu）和瑞户（Rahu）星座相联系，由9个座命名的四方形广场组成。每个广场设计不同。

火星星座广场：用红色，象征力量，布置管理和馆长办公用房。

月球星座广场：用乳白色，象征心灵的情操、浪漫与多情，布置餐厅、贵宾室。

水星星座广场：用金黄色，象征教育，布置五个展览馆。

科图星座广场：用棕褐和黑色，象征蛇，布置纺织馆。

土星星座广场：用日光色和暗灰色，象征知识，布置剧场。

瑞户星座广场：用珍珠灰色，象征日食，布置电影院。

木星星座广场：用柠檬黄色，布置图书馆和研究中心。

金星星座广场：用白色，布置一个艺术馆（300座），一个实验剧场（125座）。

太阳星座广场：用红色，象征创造能力，位于星座中心，参观者可参加演出的露天剧场。建筑采用简洁的钢筋混凝土框架结构。将九个方块连成整体，作为神话和信仰的标志。

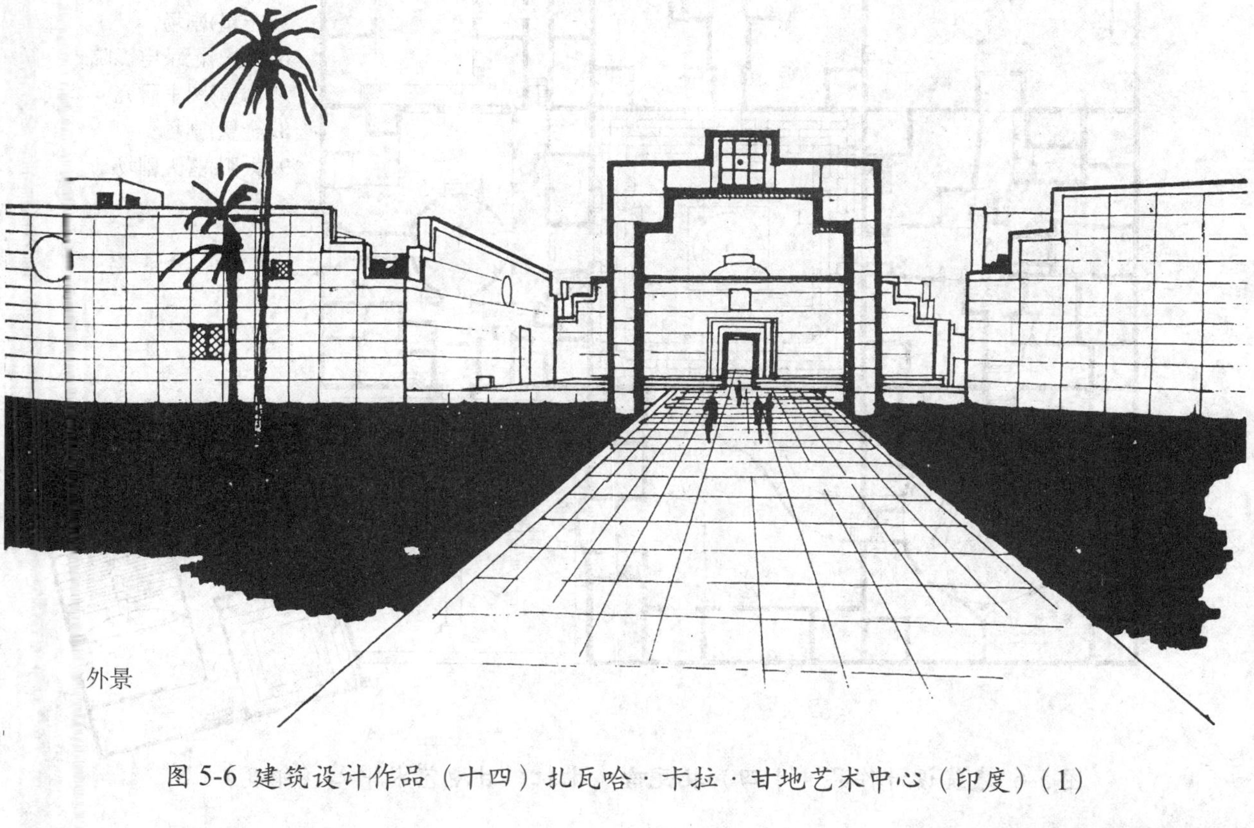

外景

图5-6 建筑设计作品（十四）扎瓦哈·卡拉·甘地艺术中心（印度）(1)

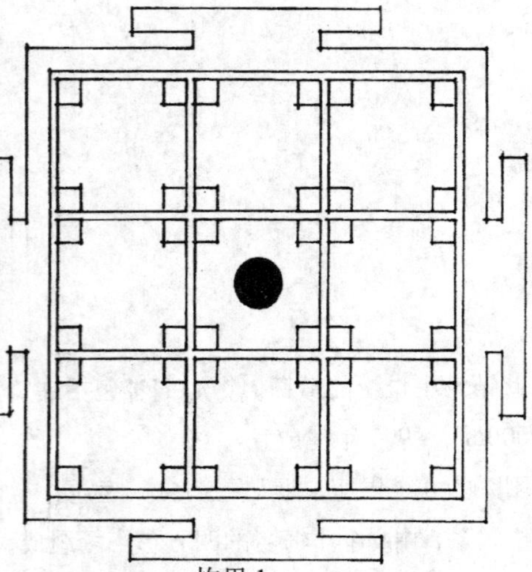

构思 1

总平面

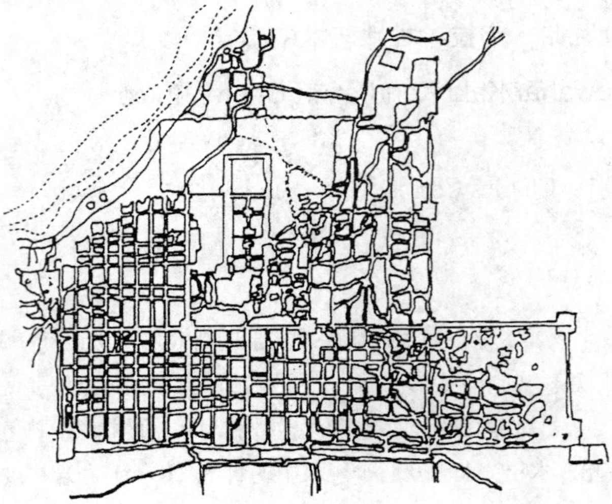

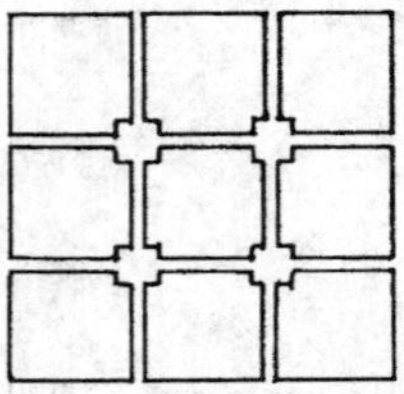

构思 2

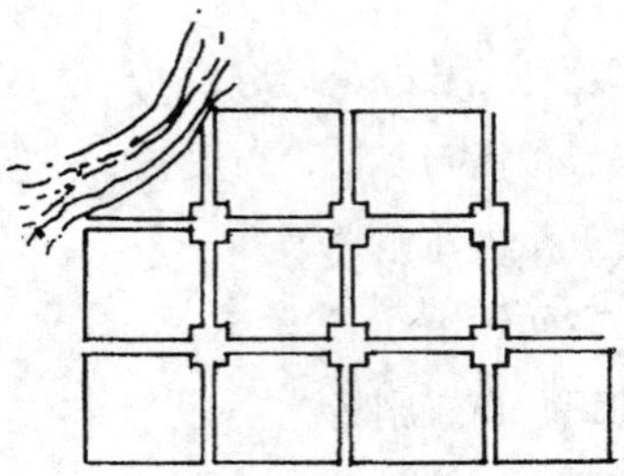

构思 3

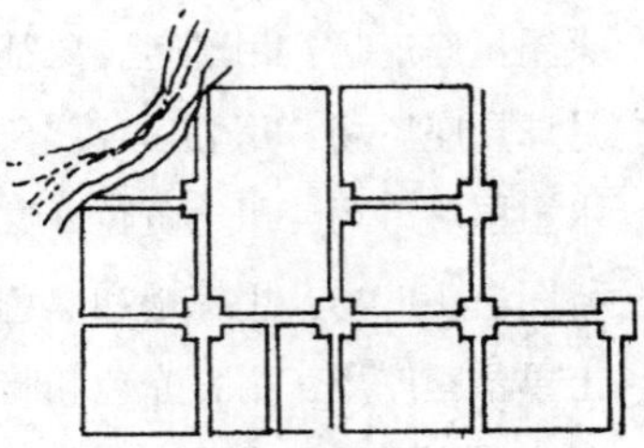

构思 4

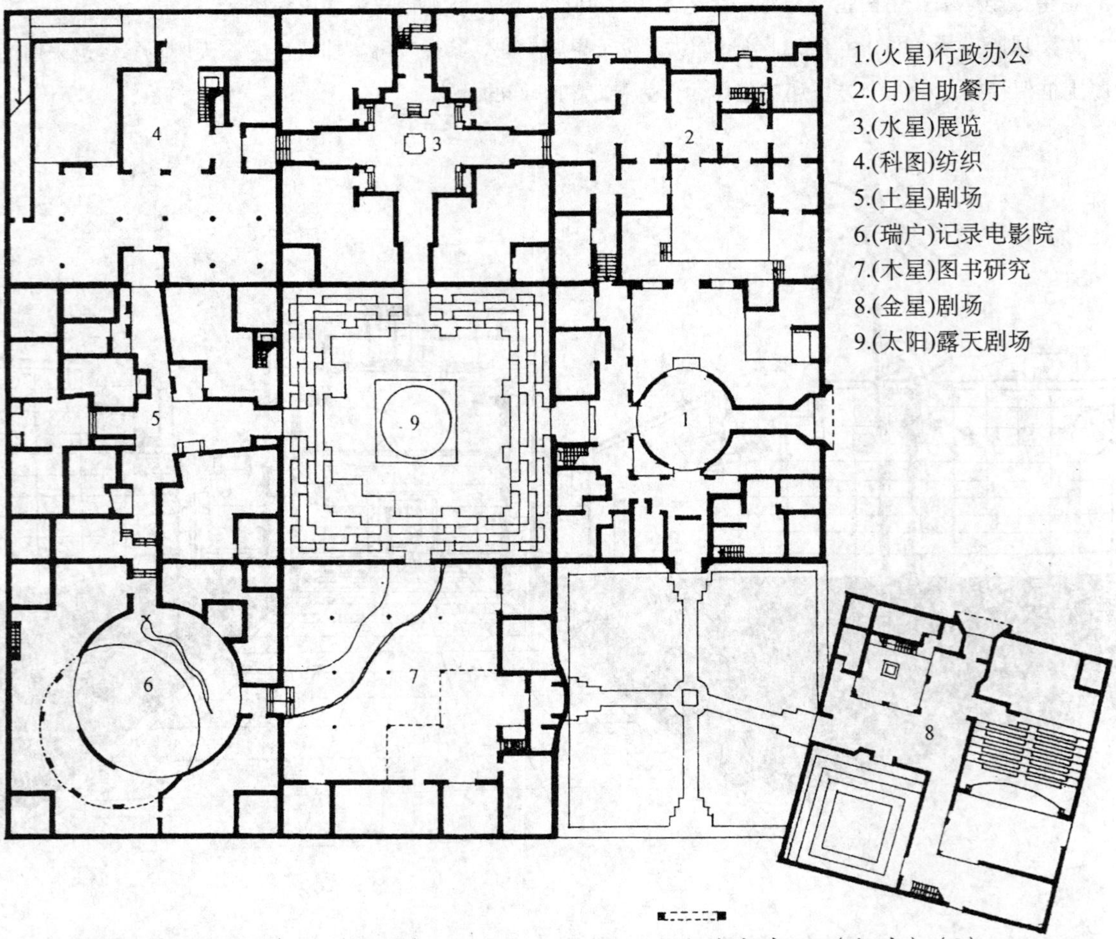

图 5-6 建筑设计作品（十四）扎瓦哈·卡拉·甘地艺术中心（印度）(2)

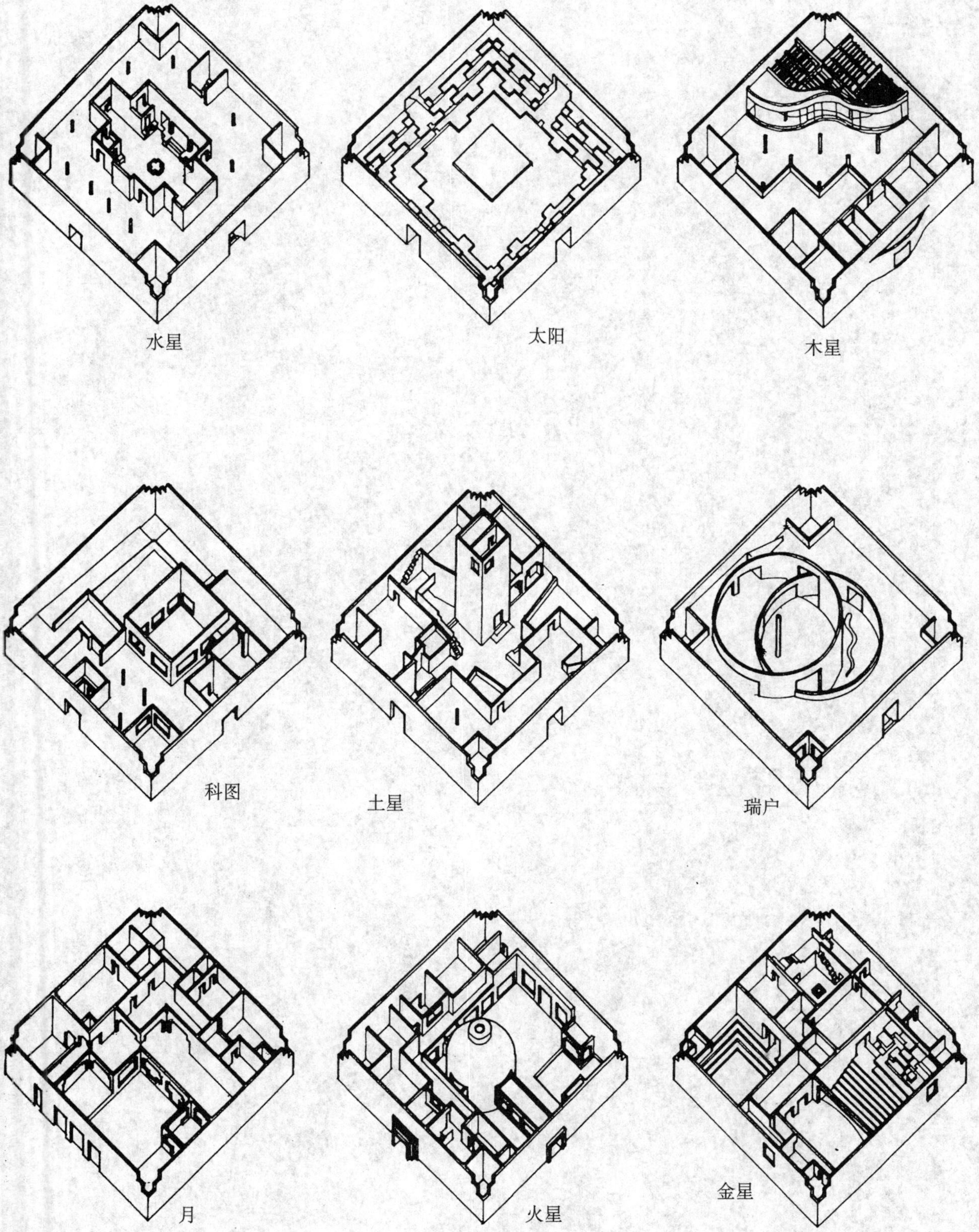

图 5-6 建筑设计作品（十四）扎瓦哈·卡拉·甘地艺术中心（印度）(3)

附 录

附录1 常用建筑图例

(1) 图纸编排顺序

① 一般工程的图纸编排顺序，应为图纸目录、总图及说明、建筑、结构、给水排水、采暖通风、电气、动力；以某专业为主体的工程，应突出该专业的图纸。

② 各专业的图纸应按主次关系有系统的编排，总体在先、局部在后，主要在先、次要在后，布置图在先、构造图在后，底层在先、上层在后，同一系列的构配件按类型、编号的顺序编排。

(2) 图纸幅面规格

尺寸代号 \ 幅面代号	A0	A1	A2	A3	A4
$b \times l$	841×1189	594×841	420×594	297×420	210×297
c	10			5	
a	25				

(3) 图纸幅面及图框尺寸

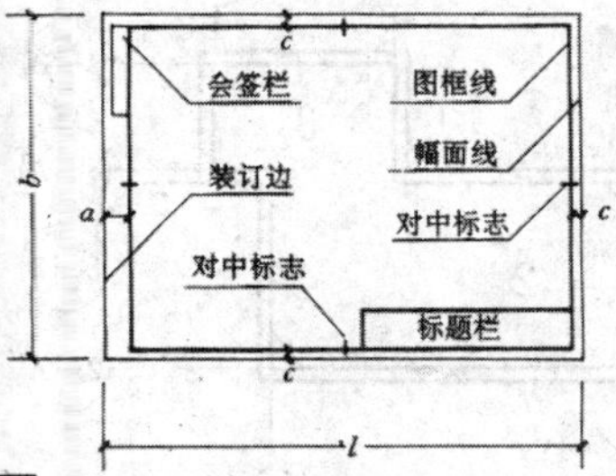

1 A0~A3横式

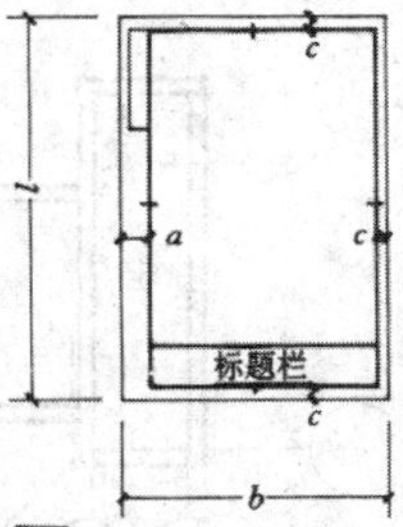

2 A4

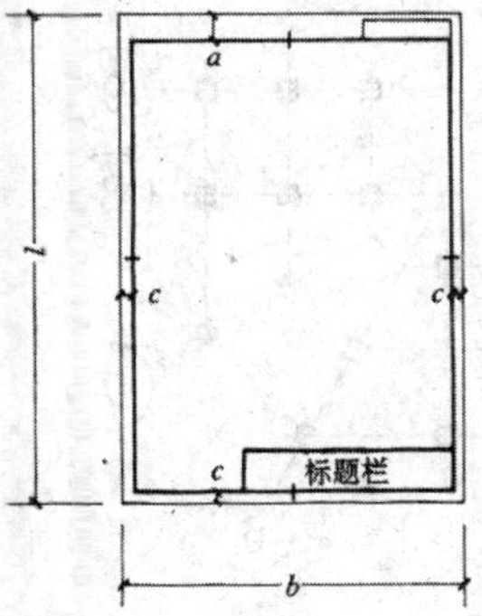

3 A0~A3立式

注：

① 有特殊需要的图纸，可采用 $b \times l$ 为 841mm × 892mm 或 1189mm × 1261mm 的幅面。

② 需要缩微复制的图纸，其一个边上应附有一段准确的米制尺度，四个边上均应附有对中标志。

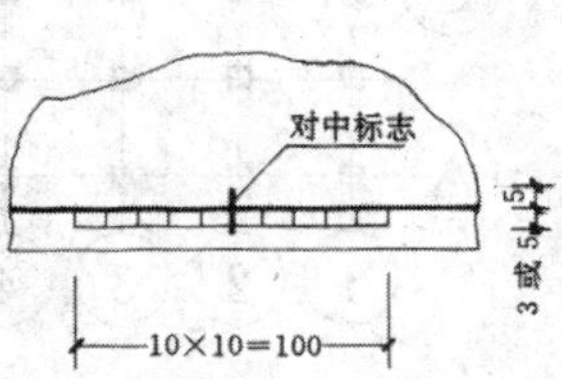

4 米制尺度

(4) 图纸加长尺寸（只允许加长图纸的长边）

幅面代号	长边尺寸	长边加长后尺寸
A0	1189	1338 1487 1635 1784 1932 2081 2230 2378
A1	841	1051 1261 1472 1682 1892 2102
A2	594	743 892 1041 1189 1338 1487 1635 1784 1932 2081
A3	420	631 841 1051 1261 1472 1682 1892

(5) 标题栏

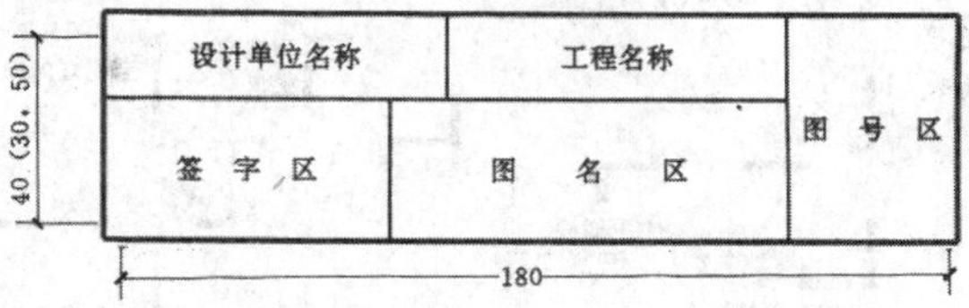

(6) 会签栏

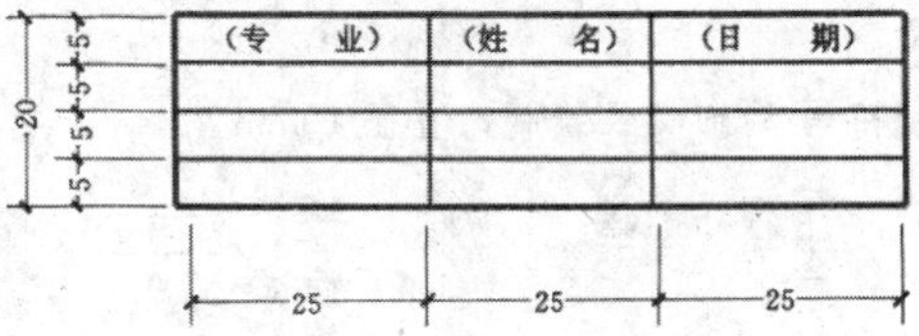

(7) 比例

常用比例	**1∶1**	**1∶2**	**1∶5**	**1∶10**	**1∶20**	**1∶50**
	1∶100	**1∶200**	**1∶500**	1∶1000	1∶2000	1∶5000
	1∶10000	1∶20000	1∶50000	1∶100000	1∶200000	
可用比例	1∶3	1∶15	1∶25	**1∶30**	**1∶40**	1∶60
	1∶150	1∶250	**1∶300**	**1∶400**	1∶600	1∶1500
	1∶2500	1∶3000	1∶4000	1∶6000	1∶15000	1∶30000

注：优先采用常用比例；黑体字用于建筑制图。

(8) 图线

① 图线宽度：0.18、0.25、0.35、0.5、0.7、1.0、1.4、2.0mm。

② 线宽比：每个图样的线宽不得超过3种，其线宽比应为 b∶$0.5b$∶$0.35b$。若选用两种线宽，宜为 b∶$0.35b$。

③ 线型的选用见下表

名称	线型	线宽	用途
粗实线	(0.5~2.0mm)	b	1. 平、剖面图中被剖切的主要建筑构造（包括构配件）的轮廓线 2. 建筑立面图的外轮廓线 3. 建筑构造详图中被剖切的主要部分的轮廓线
中实线		$0.5b$	1. 平、剖面图中被剖切的次要建筑构造（包括构配件）的轮廓线 2. 建筑平、立、剖面图中建筑构配件的轮廓线 3. 建筑构造详图及构配件详图中一般轮廓线
细实线		$0.35b$	小于 $0.5b$ 的图形线、尺寸线、尺寸界线、图例线，索引符号、标高符号等
中虚线		$0.5b$	1. 建筑构造及建筑构配件不可见的轮廓线 2. 建筑平面图中的起重机轮廓线 3. 拟扩建的建筑物轮廓线
细虚线		$0.35b$	图例线，小于 $0.5b$ 的不可见轮廓线
粗点划线		b	起重机轨道线
细点划线		$0.35b$	中心线，对称线，定位轴线
折断线		$0.35b$	不需画全的断开界线
波浪线		$0.35b$	1. 不需画全的断开界线 2. 构造层次的断开界线

(9)**剖切符号** 用粗实线绘制，剖切位置线长 6～10mm 方向线长 4～6mm。

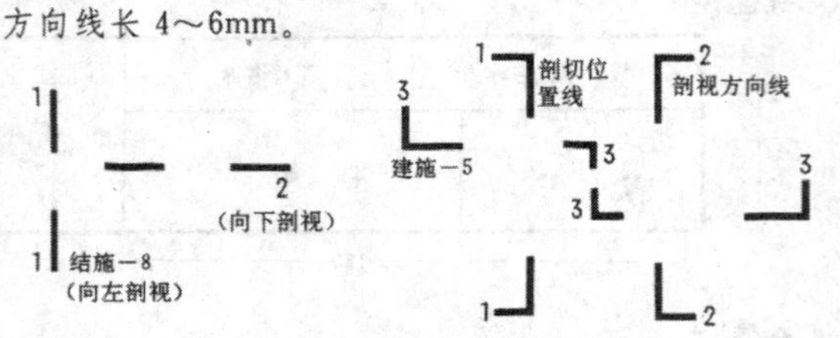

a 断(截)面剖切符号　　b 剖面剖切符号

(10)**索引符号** 用细实线绘制，直径 10mm

a 被索引详图在本张图纸　　b 被索引详图在另张图纸

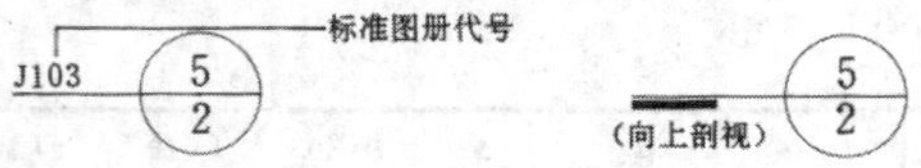

a 索引标准图　　b 索引剖面详图

(11)**详图符号** 圆用粗实线绘制，直径 14mm，圆内横线用细实线绘制。

a 被索引部位在另张图纸　　b 被索引部位在本张图纸

(12)**指北针** 用细实线绘制，直径 24mm，指针尾部宽约 d/8。

a 用于一般工程　　b 用于涉外工程

(13)**连接符号　零件符号　对称符号** 用细实线绘制。

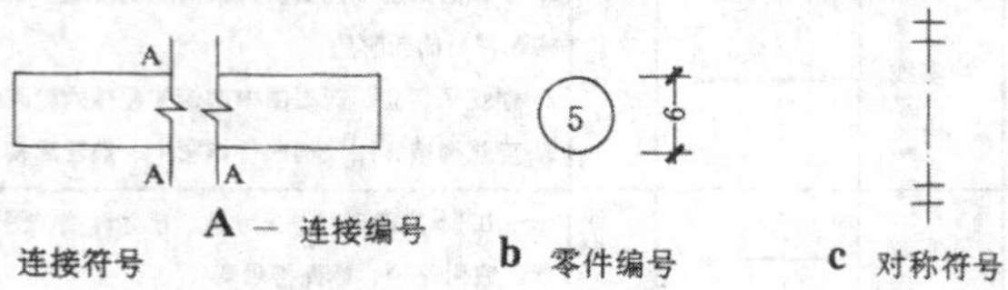

a 连接符号　　b 零件编号　　c 对称符号

(14)**多层构造引出线** 用细实线绘制，引出线应通过各层。

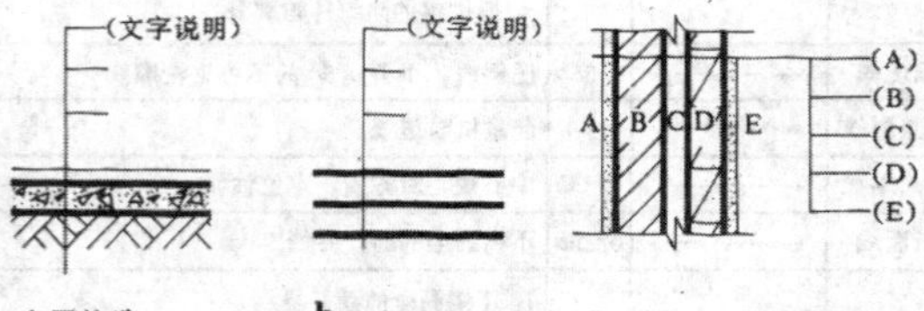

a 多层构造　　b 多层管道　　c 横向排列多层构造

(15)**定位轴线**

① 编写规定

1. 定位轴线编号的圆圈用细实线绘制，直径 8mm，用于详图时可增为 10mm。

2. 轴线编号宜编注在平面图的下方与左侧。

3. 编号顺序应从左至右用阿拉伯数字编写，从下至上用拉丁字母编写，其中 I、O、Z 不得用作轴线编号，以免与数字 1、0、2 混淆。如字母数量不够，可用 A_A、B_A……或 A_1、B_1……等。

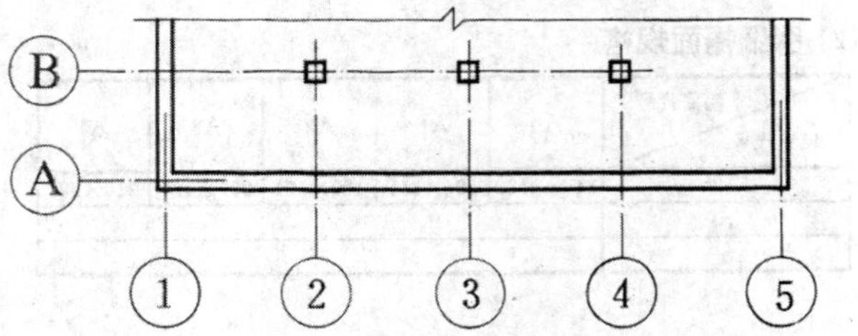

② 轴线分区编号

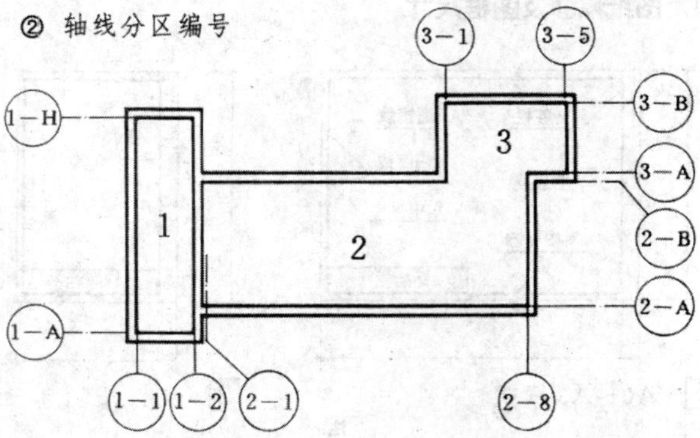

③ 折线形平面轴线编号

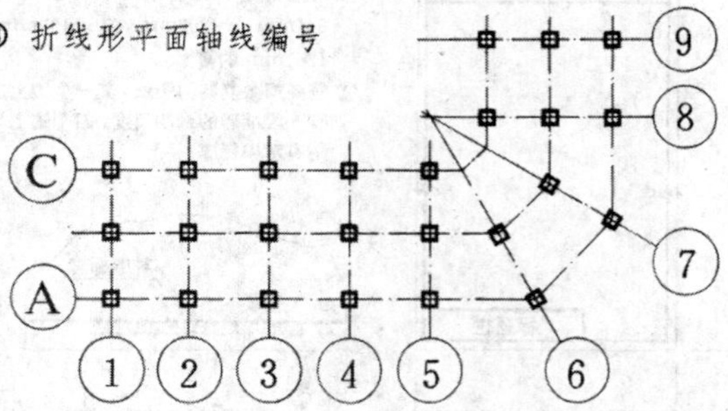

④ 附加轴线

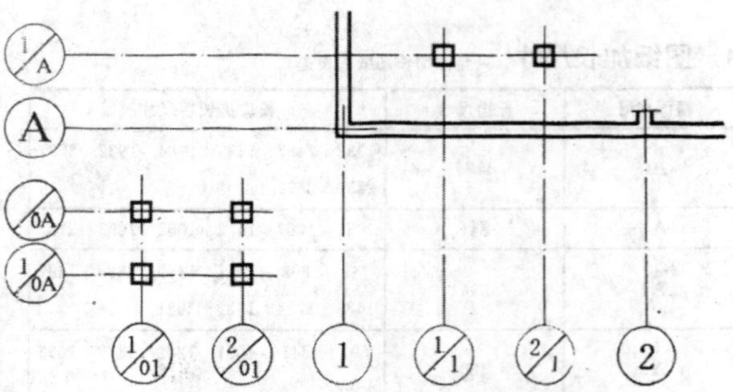

常用建筑材料图例

一、使用规定

1. 图例线要正确、清楚，间隔均匀、疏密适度。

2. 不同品种的同类材料使用同一图例时，应在图上附加必要的说明。

3. 一张图内的图样只用一种材料，或图形小而无法画出图例时，可不画图例，但应加以必要的说明。

4. 使用本图例中未包括的材料而自编图例时，不得与本图例重复，并应在图上适当的位置画出该图例。

二、相同图例相接时画法

三、涂黑图例相邻时画法

四、图例（27 个）

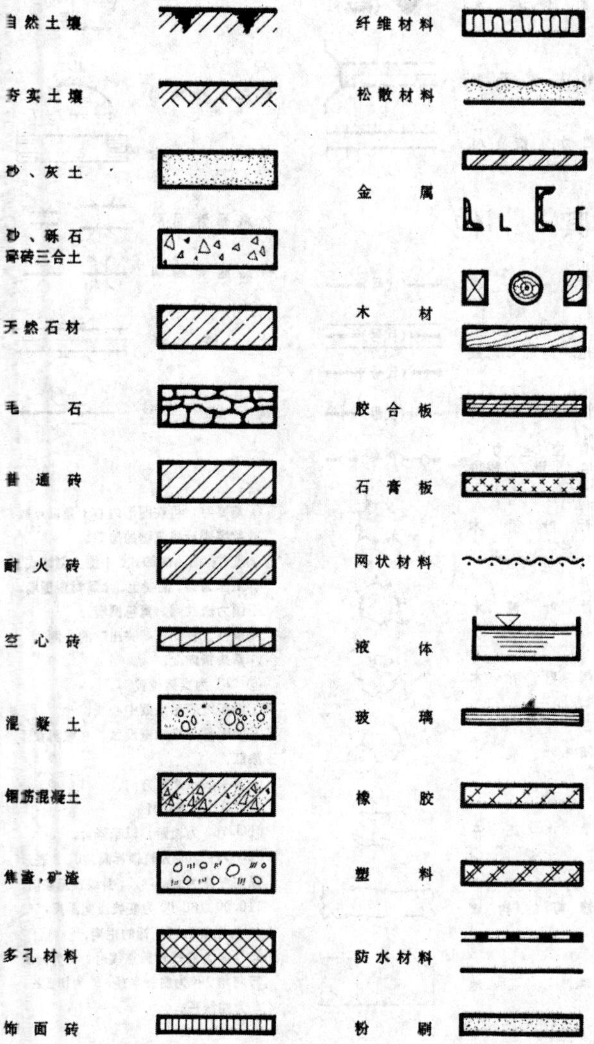

运输设施图例

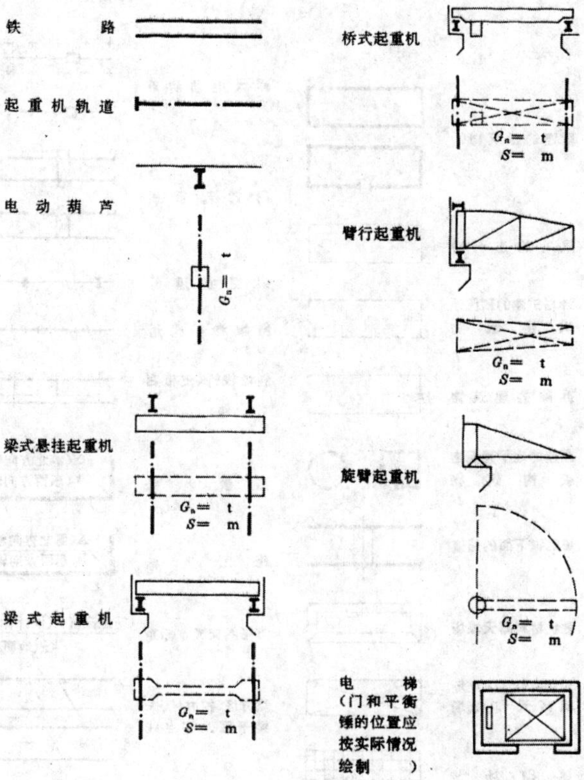

断面与剖面的区别

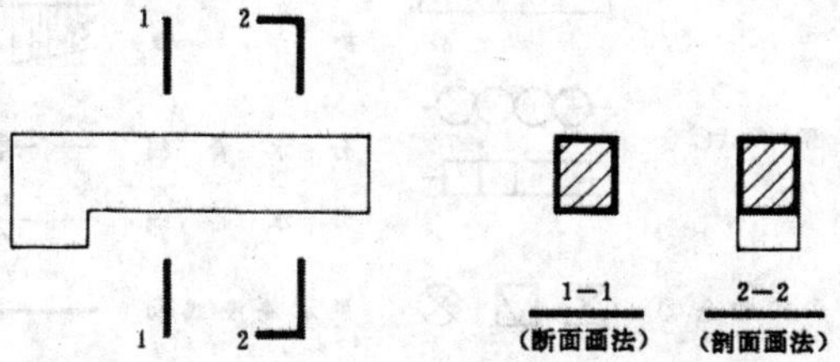

剖切方法

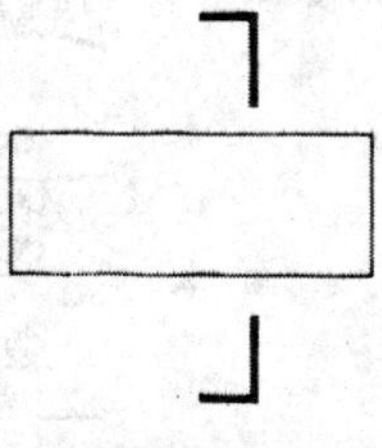

1 一个剖切面

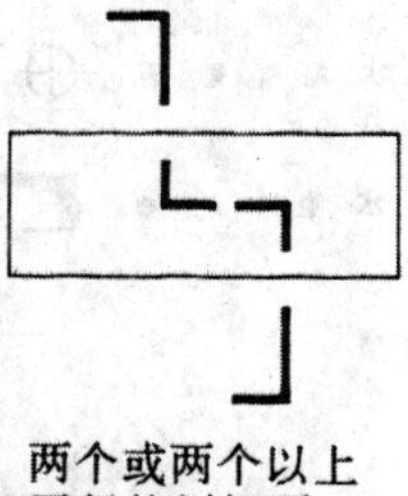

2 两个或两个以上平行的剖切面

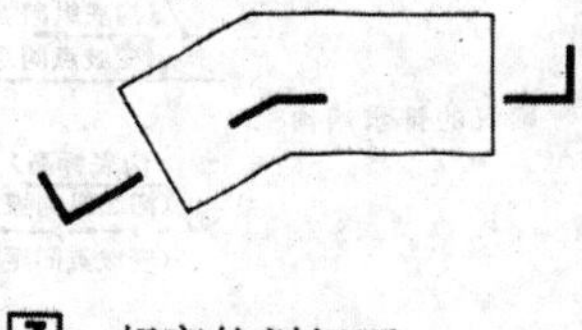

3 相交的剖切面

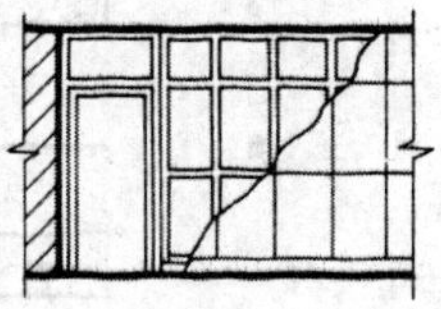

4 分层剖切

总 平 面

新建的建筑物①

原有的建筑物

计划扩建的预留地或建筑物

拆除的建筑物

新建的地下建筑物或构筑物

建筑物下面的通道

散状材料露天堆场

其它材料露天堆场或露天作业场

铺砌场地

敞棚或敞廊

高架式料仓

漏斗式贮仓②

冷却塔（池）

水塔、贮罐

水池、坑槽

烟囱

围墙及大门③

挡土墙④

台阶⑤

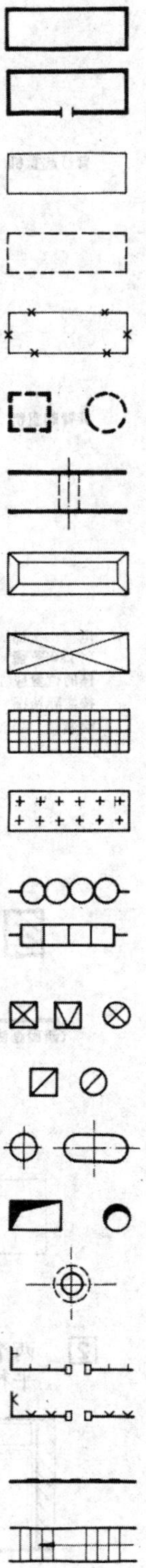

露天桥式起重机

露天电动葫芦

门式起重机

架空索道⑥

斜坡卷扬机道

斜坡栈桥（皮带廊等）⑦

测量坐标

施工坐标

方格网交叉点标高

填方区、挖方区、未整平区及零点线

填挖边坡

护坡

分水脊线

分水谷线

洪水淹没线⑧

截水沟或排洪沟

排水明沟

砌筑的排水明沟

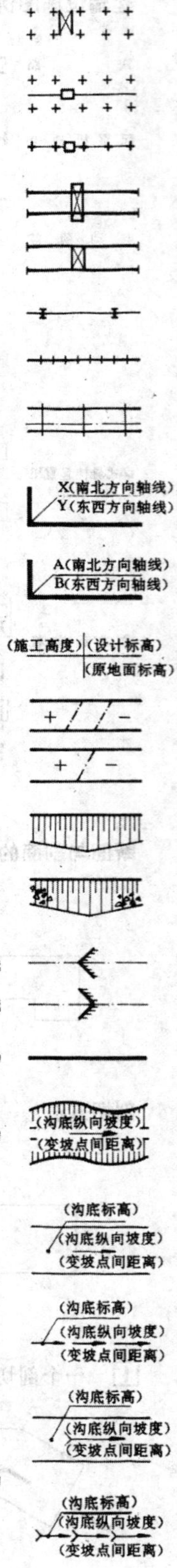

有盖的排水沟

雨水井

消火栓井

急流槽⑨

跌水⑨

透水路堤

过水路面

室内设计标高（注到小数后二位）

室外标高

斜井或平洞

拦水（渣）坝

其 他

管线

地沟管线

管桥管线

架空电力、电讯线⑩

针叶乔木

针叶灌木

阔叶乔木

阔叶灌木

草本花卉

修剪的树篱

草地

花坛

新建的道路

原有的道路

计划扩建的道路

拆除的道路

新建标准轨距铁路

新建有架线的标准轨电气铁路

新建窄轨铁路⑪

铁路坡度标⑫

铁路曲线段⑬

站台

公路涵管涵洞

铁路涵管涵洞

公路桥

铁路桥

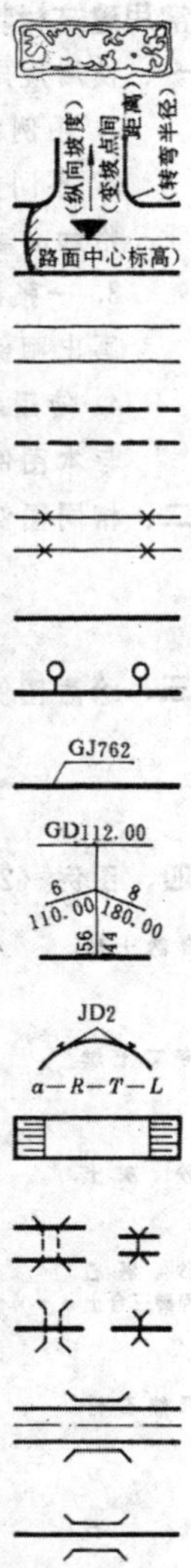

注：

①需要时，可在图形内右上角以点数或数字表示建筑物的层数。

②左、右图为底卸式，中图为侧卸式。

③上图为砖、混凝土、金属材料围墙，下图为铁丝网、篱笆围墙。

④被挡土在图例“突出”的一侧。

⑤箭头指向上。

⑥“I”为支架位置。

⑦细实线表示支架中心线。

⑧阴影部分表示淹没区，在底图背面涂红。

⑨箭头表示水流方向。

⑩“O”代表电杆。

⑪GJ762 为轨距，以毫米计。

⑫GD112.00 为轨顶标高，6、8 表示纵向坡度为6‰、8‰，斜线表示坡向，110.00、180.00 为变坡点间距离，56、44 为至前后百尺标的距离。

⑬JD2 为曲线转折点编号，α 为曲线转向角，R 为曲线半径，T 为切线长，L 为曲线长。

建筑构造

门

窗

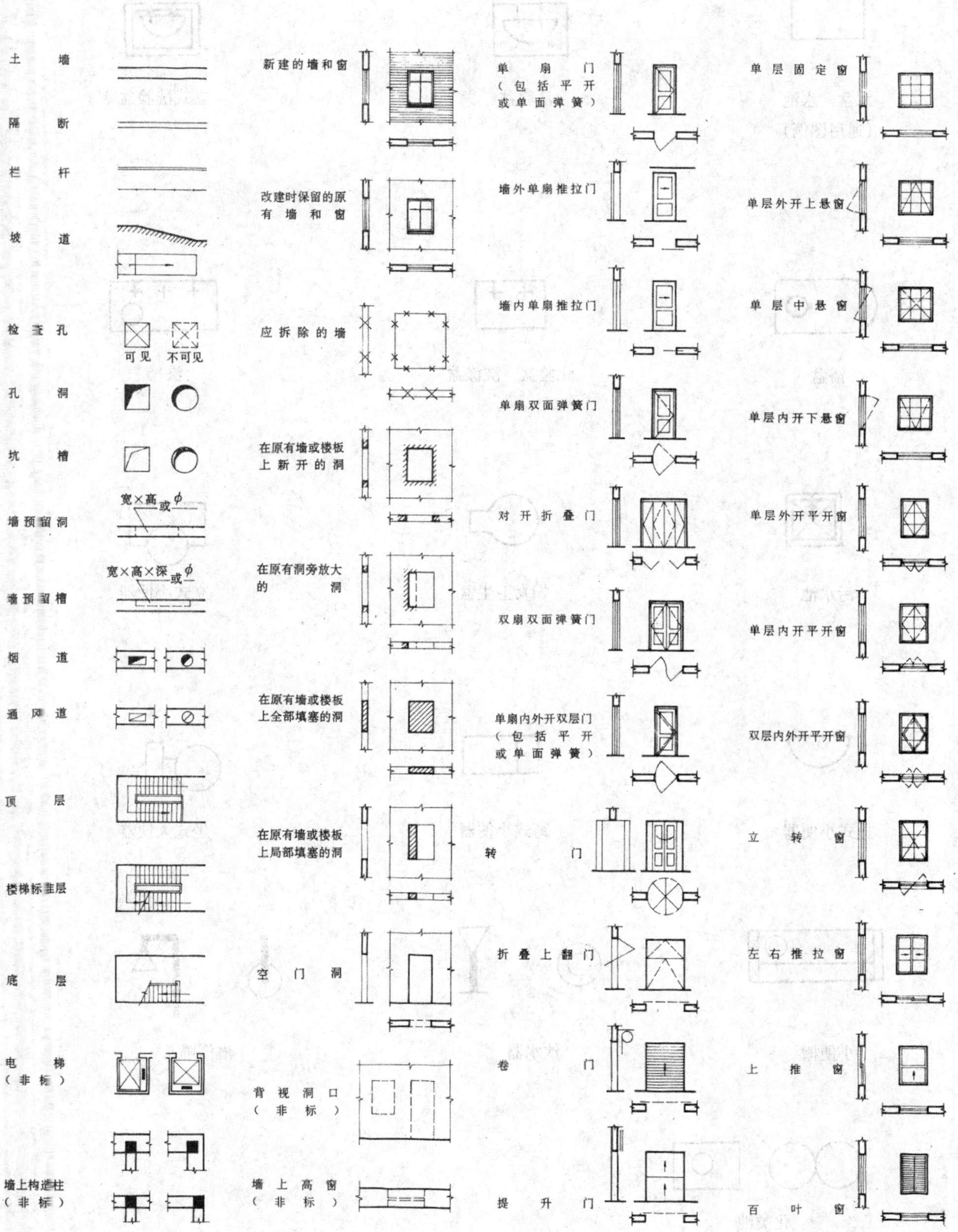

土墙
隔断
栏杆
坡道
检查孔
可见
不可见
孔洞
坑槽
墙预留洞
宽×高或φ
墙预留槽
宽×高×深或φ
烟道
通风道
顶层
楼梯标准层
底层
电梯（非标）
墙上构造柱（非标）
新建的墙和窗
改建时保留的原有墙和窗
应拆除的墙
在原有墙或楼板上新开的洞
在原有洞旁放大的洞
在原有墙或楼板上全部填塞的洞
在原有墙或楼板上局部填塞的洞
空门洞
背视洞口（非标）
墙上高窗（非标）
单扇门（包括平开或单面弹簧）
墙外单扇推拉门
墙内单扇推拉门
单扇双面弹簧门
对开折叠门
双扇双面弹簧门
单扇内外开双层门（包括平开或单面弹簧）
转门
折叠上翻门
卷门
提升门
单层固定窗
单层外开上悬窗
单层中悬窗
单层内开下悬窗
单层外开平开窗
单层内开平开窗
双层内外开平开窗
立转窗
左右推拉窗
上推窗
百叶窗

卫生器具等

水盆、水池
（通用图例）

洗脸盆

立式洗脸盆

浴盆

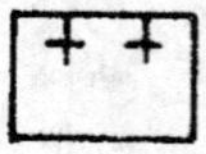

化验盆、洗涤盆

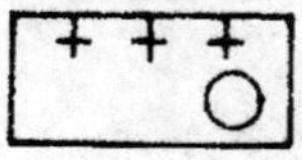

洗槽

污水池

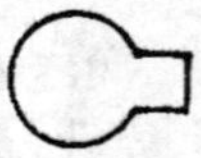

妇女卫生盆

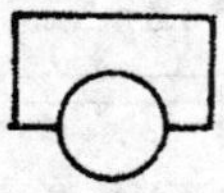

立式小便器

挂式小便器

蹲式小便器

坐式大便器

小便槽

饮水器

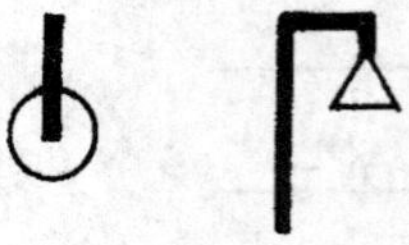

淋浴喷头

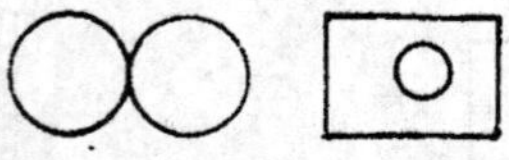

化粪池

附录2　中国古代单体建筑屋顶形式

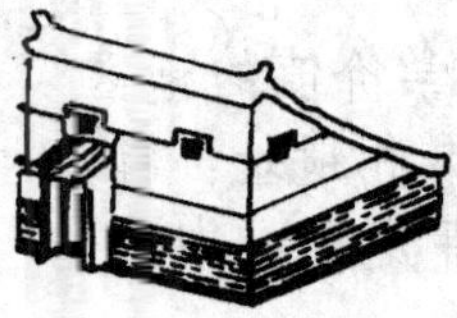
单坡

平顶

圆顶

硬山

悬山

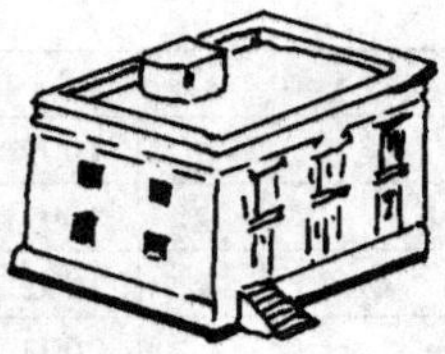
藏族平顶

毡包式圆顶

拱顶

庑殿

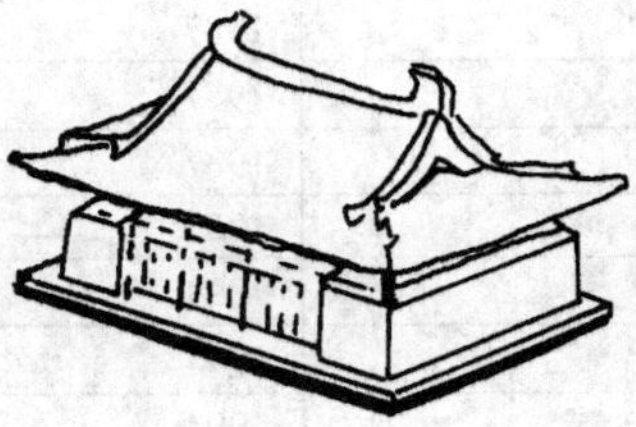
歇山

卷棚

重檐

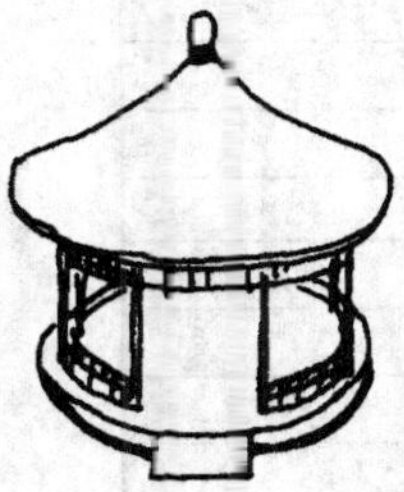
圆攒尖

盔顶

三角攒尖

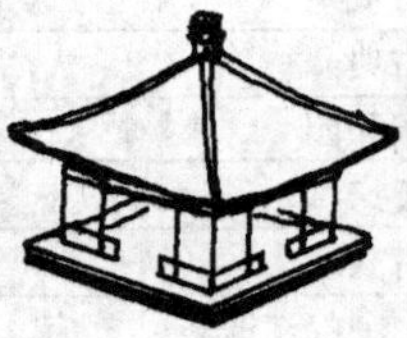
四角攒尖

扇面

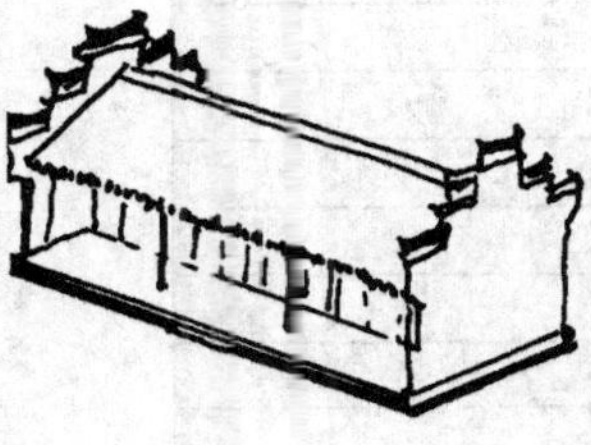
凤火山墙

穹窿顶

盝顶

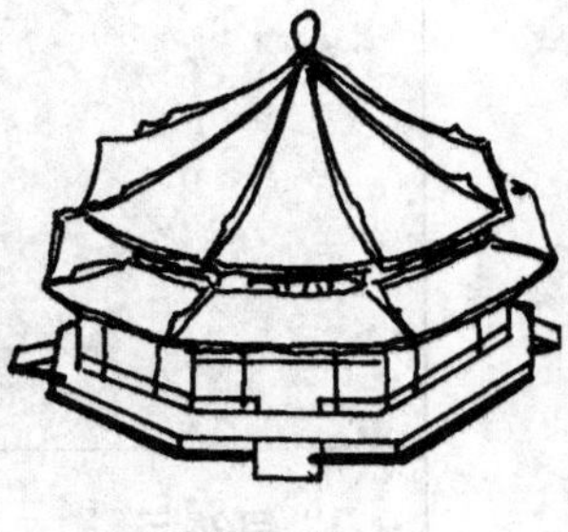
八角攒尖

附录3 中国的世界遗产

世界遗产包括自然遗产、文化遗产和自然与文化双重遗产三大类。自然遗产是指突出的自然、生态和地理结构，濒临动植物品种的生态环境以及具有科学、保存或美学价值的地区；文化遗产是指具有历史、美学、考古、科学、文化人类学价值的古迹、建筑群和遗址；自然与文化双重遗产指的是两者的混合体，必须分别符合文化遗产和自然遗产的评定标准中的一项或几项。

世界遗产由联合国教科文组织下属的世界遗产委员会负责评定。截止2009年6月，全球约有880多项文化和自然遗产被列入世界遗产名录。中国的世界遗产已达38处，其中自然遗产7项、文化遗产28项，自然与文化双重遗产4项。

类 型	中 称	列入年代
自然遗产	武陵源	1992
	九寨沟	1992
	黄龙	1992
	云南三江并流保护区	2003
	四川大熊猫栖息地	2006
	中国南方喀斯特	2007
	三清山	2008
文化遗产	万里长城	1987
	北京故宫	1987
	敦煌莫高窟	1987
	周口店“北京人”遗址	1987
	秦始皇陵及兵马俑	1987
	拉萨布达拉宫	1994
	承德避暑山庄及周围庙宇	1994
	曲阜孔庙、孔林、孔府	1994
	武当山古建筑群	1994
	庐山	1996
	丽江古城	1997
	平遥古城	1997
	苏州古典园林	1997
	北京颐和园	1998
	北京天坛	1998
	大足石刻	1999
	青城山和都江堰	2000
	皖南古村落：西递、宏村	2000
	龙门石窟	2000
	明清皇家陵寝	2000, 2003, 2004
	云冈石窟	2001
	高句丽王城、王陵及贵族墓葬	2004
	沈阳故宫	2004
	澳门历史城区	2005
	安阳殷墟	2007
	开平碉楼与村落	2007
	福建土楼	2008
	五台山	2009
自然与文化双重遗产	泰山	1987
	黄山	1990
	峨眉山—乐山大佛	1996
	武夷山风景区	1999

附录4 课程推荐参考书目

[1] 田学哲. 建筑初步[M]. 2版. 北京：中国建筑工业出版社，1999.
[2] (美)爱德华 · 艾伦.建筑初步[M]. 北京：中国水利水电出版社，知识产权出版社，2003.
[3] 彭一刚. 建筑绘画及表现图[M]. 2版. 北京：中国建筑工业出版社，1999.
[4] (美)余人道. 建筑绘画——绘图类型与方法图解[M]. 2版. 北京：中国建筑工业出版社，2004.
[5] 钟训正. 建筑画环境与表现技法[M]. 北京：中国建筑工业出版社，1985.
[6] 总编辑委员会. 建筑设计资料集[M]. 2版. 北京：中国建筑工业出版社，1994.
[7] 中华人民共和国国家质量检验检疫总局，中华人民共和国建设部. 房屋建筑制图统一标准 GB/T50001-2001. 2001.
[8] 中华人民共和国建设部. 建筑工程设计文件编制深度规定. 2003.